计算机

科学与技术丛书

嵌入式操作系统
原理与设计实现

严海蓉　田锐 ◎ 编著

清華大學出版社

北京

内 容 简 介

本书分为两部分。第一部分(第1~10章)介绍嵌入式操作系统原理。其中,第1章介绍嵌入式操作系统基础知识;第2章介绍嵌入式系统硬件与操作系统;第3章介绍嵌入式操作系统的体系结构、基本概念和设计嵌入式操作系统的基本要求;第4章详细介绍嵌入式操作系统常用数据结构;第5章详细介绍嵌入式操作系统的一般启动方式、BootLoader 的编写方式和 μCOS-Ⅱ、μCLinux;第6章详细介绍任务管理的各组成模块及其实现方式;第7章详细介绍嵌入式操作系统中资源管理的各种方式及实现,并通过对 μCOS-Ⅱ 的改造,讲解如何在已有嵌入式操作系统中实现所需功能模块的扩展;第8章详细介绍任务间通信方式及其实现;第9章详细介绍内存管理方式及实现;第10章详细介绍中断与异步通信的方式及实现。第二部分(第11~14章)介绍常用嵌入式操作系统及其应用。其中,第11章介绍 Linux 内核及其驱动的编写;第12章介绍 μCLinux 内核及驱动的编写;第13章介绍 Android 体系结构及蓝牙驱动的编写;第14章介绍 Windows CE 内核及驱动的编写。

本书以编写操作系统为目标,对现有操作系统进行剖析,层次清晰,语言通俗易懂。学习本书需要有一定的 C 语言阅读能力和硬件的入门知识。本书可作为高等院校嵌入式系统、物联网、计算机、电子信息、通信工程等专业本科生、研究生的程序设计课程教材,也适合作为编程开发人员的培训教材,还可供广大嵌入式系统技术爱好者自学使用。

图书在版编目(CIP)数据

嵌入式操作系统原理与设计实现/严海蓉,田锐编著.—北京:清华大学出版社,2023.5
(计算机科学与技术丛书)
ISBN 978-7-302-60168-5

Ⅰ.①嵌… Ⅱ.①严… ②田… Ⅲ.①实时操作系统 Ⅳ.①TP316.2

中国版本图书馆 CIP 数据核字(2022)第 030446 号

策划编辑:盛东亮
责任编辑:钟志芳
封面设计:吴 刚
责任校对:时翠兰
责任印制:丛怀宇

出版发行:清华大学出版社
    网 址:http://www.tup.com.cn,http://www.wqbook.com
    地 址:北京清华大学学研大厦 A 座   邮 编:100084
    社 总 机:010-83470000   邮 购:010-62786544
    投稿与读者服务:010-62776969,c-service@tup.tsinghua.edu.cn
    质量反馈:010-62772015,zhiliang@tup.tsinghua.edu.cn
    课件下载:http://www.tup.com.cn,010-83470236
印 装 者:艺通印刷(天津)有限公司
经 销:全国新华书店
开 本:186mm×240mm 印 张:15.75   字 数:353 千字
版 次:2023 年 6 月第 1 版   印 次:2023 年 6 月第 1 次印刷
印 数:1~2500
定 价:59.00 元

产品编号:092379-01

前 言
PREFACE

嵌入式系统与计算机系统的起源都比较久远。由于嵌入式系统的硬件形形色色,软件也带着各个行业的不同特点,因此一直没有像计算机系统一样被大众普遍认识。尤其是嵌入式操作系统,虽然也风风雨雨发展了很多年,但是由于它的应用范围比计算机操作系统小,因此不被大众所了解。随着智能制造的快速发展,读者对于编写操作系统方面的图书需求越来越大,但之前关于操作系统的图书大多是讲解如何使用操作系统,还没有讲解如何编写操作系统的。尤其是嵌入式操作系统涉及微处理器、高级编程技巧、数据结构等多方面的理论知识,这让很多想从事这方面工作的人无从下手。为此,本书以如何编写自己的操作系统为目标,细致分析了 μCOS-II 的结构和代码,给愿意编写操作系统的爱好者一条可借鉴的技术路线。

本书重点讲述嵌入式操作系统原理,尤其是不同于计算机操作系统的一些原理。由于有些嵌入式系统的规模较小,需要自己编写操作系统,因此本书侧重于介绍如何编写嵌入式操作系统内核;同时,介绍区块链操作系统的设计思路,让读者了解如何设计一个新型的嵌入式操作系统的思路;最后介绍各种常用的嵌入式操作系统,包括 Linux、μCLinux、Android、Windows CE 等。这些常用嵌入式操作系统的介绍主要以编写某设备驱动为主线,使读者能大略了解一个嵌入式操作系统的组成。

本书内容分两部分,介绍如下:

第 1~10 章为第一部分,介绍嵌入式操作系统原理。其中,第 1 章介绍嵌入式操作系统基础知识,如嵌入式操作系统发展历史、分类、编写方法等;第 2 章详细介绍嵌入式系统硬件与操作系统;第 3 章介绍嵌入式操作系统的体系结构和基本概念,以及嵌入式操作系统编写的要求;第 4 章详细介绍嵌入式操作系统常用数据结构;第 5 章详细介绍嵌入式操作系统的一般启动方式、BootLoader 的编写方式、μCOS-II 与 μCLinux 的启动方式和使用到的数据结构;第 6 章详细介绍任务管理的各个组成模块及其实现方式;第 7 章详细介绍嵌入式操作系统中资源管理的各种方式及实现,并通过对 μCOS-II 的改造,讲解如何在已有嵌入式操作系统中实现所需要功能模块的扩展;第 8 章详细介绍任务间通信方式及实现;第 9 章详细介绍内存管理方式及实现;第 10 章详细介绍中断与异步通信的方式及实现。

第 11~14 章为第二部分,介绍常用嵌入式操作系统及其应用。其中,第 11 章介绍 Linux 内核及其驱动的编写;第 12 章介绍 μCLinux 内核及驱动的编写;第 13 章介绍 Android 系统构架及蓝牙驱动的编写;第 14 章介绍 Windows CE 内核及驱动的编写。

　　根据我们的教学体会,本书的教学可以安排为 32~48 学时。如果安排的学时数较少,可以根据学生的水平适当删减内容。本书提供的实验实例全部在目标硬件上调试通过。另外,本书赠送了两个教辅文档——《综合案例——区块链操作系统设计》与《实验指导——5 个上机实验设计》,读者可到清华大学出版社网站本书页面获取下载链接。

　　本书内容新颖,立足点高,同时力求重点突出,层次清晰,语言通俗易懂,内容覆盖面广。学习本书需要有一定的 C 语言和硬件基础知识。尽管我们在写作过程中投入了大量的时间和精力,但由于水平有限,书中不足之处仍在所难免,敬请读者批评指正。我们会在适当时间对本书进行修订和补充。

作　者

2023 年 1 月

目 录
CONTENTS

视频目录
VIDEO CONTENTS

视 频 名 称	时长/分钟	位置
第 1 集 概述	7	1.1节
第 2 集 演变	4	1.1节
第 3 集 分类	6	1.2节
第 4 集 组成	13	1.3节
第 5 集 体系结构	8	3.2节
第 6 集 主流系统	4	1.4节
第 7 集 编写原则	10	1.6节
第 8 集 基本组成	16	2.1节
第 9 集 嵌入式系统硬件构成	7	2.1节
第 10 集 嵌入式微处理器	11	2.2节
第 11 集 其他处理器及指令	8	2.2节
第 12 集 指令流水线	9	2.2节
第 13 集 总线	13	2.4节
第 14 集 存储器	5	2.5节
第 15 集 操作系统是如何启动的	8	2.6节
第 16 集 系统引导及各种 boot 软件	9	2.6节
第 17 集 数据结构	12	4.3节
第 18 集 双向链表	12	4.4节
第 19 集 任务控制块	8	5.2节
第 20 集 注册表	12	5.2节
第 21 集 任务	12	6.1节
第 22 集 任务调度	6	6.8节
第 23 集 Ucos 任务的程序实现	6	6.9节
第 24 集 任务管理与调度	16	6.1节
第 25 集 任务状态及变迁	2	6.2节
第 26 集 任务控制块	7	6.3节

续表

视 频 名 称	时长/分钟	位 置
第 27 集 任务切换	9	6.5 节
第 28 集 任务列表	3	6.9 节
第 29 集 优先级管理	2	6.1 节
第 30 集 基本函数	10	6.9 节
第 31 集 资源共享、互斥和任务同步	16	7.1 节
第 32 集 信号量－主要函数	18	7.4 节
第 33 集 邮箱和消息队列	10	8.4 节
第 34 集 消息队列的主要函数	3	8.3 节
第 35 集 邮箱	2	8.4 节
第 36 集 事件集	10	8.6 节
第 37 集 主要功能函数	4	8.6 节
第 38 集 不同机制的比较	2	8.6 节
第 39 集 中断管理	8	10.1 节
第 40 集 中断处理的过程	6	10.3 节
第 41 集 实时内核的中断管理	4	10.3 节
第 42 集 用户中断服务程序	4	10.3 节
第 43 集 时间管理	14	10.4 节
第 44 集 内存管理	14	9.1 节
第 45 集 IO 管理	8	9.2 节

第一部分　嵌入式操作系统原理

第 1 章

绪　　论

　　无论是嵌入式操作系统,还是通用操作系统,都处于硬件平台和应用软件之间的一个重要位置,本身起到承上启下的作用,协助完成对系统的资源管理。简言之,它对上提供与硬件无关的接口,管理应用软件;对下提供各类硬件的驱动接口,管理系统硬件。

　　随着物联网的日益发展,从完全裸板开发到如今各行各业慢慢具有了其特有的软件和硬件,对嵌入式操作系统编写的需求也日渐重要起来。

　　各类嵌入式操作系统与通用操作系统是非常不同的,主要在于它们所面对的嵌入式硬件平台与通用操作系统硬件平台的不同。首先,嵌入式处理器比通用操作系统的处理器性能有所降低,体系结构不同;其次,通用操作系统的硬件平台中外围设备都是标准的配置,容易实现统一的设计,而嵌入式外围设备各种各样,对嵌入式操作系统提出的跨平台挑战也更大。另外,嵌入式应用软件往往带有极强的实时性要求、容错处理和某些分布自治的特点,嵌入式操作系统也必须为其提供相应的软件架构支持。

　　嵌入式操作系统的位置如图 1.1 所示。嵌入式操作系统是在嵌入式硬件平台之上的系统软件,可为嵌入式应用软件提供接口,对嵌入式处理器和嵌入式外围设备等硬件资源进行管理。其主要作用是对应用软件隐藏复杂的硬件驱动细节,从而简化软件开发。

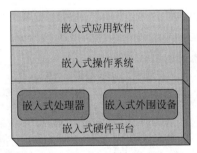

图 1.1　嵌入式操作系统的位置

1.1　嵌入式操作系统发展历史

　　嵌入式操作系统的发展与嵌入式系统的发展类似,都是以嵌入式处理器的发展为主线。随着芯片的集成度越来越高,嵌入式处理器的性能越来越强,嵌入式操作系统也越来越复杂。从最初的嵌入式操作系统和应用程序开发的 10:90 完成功能比例到最近的 90:10 的比例(见图 1.2),可以看出,人们期望嵌入式操作系统完成越来越多的功能,期望具体应用的开发工作越来越简单。换句话说,在形形色色的物联网开发中,人们期望嵌入式操作系统越来越智能,而应用程序开发越来越简单。

第 1 集
视频讲解

第 2 集
视频讲解

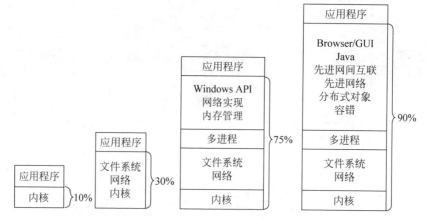

图 1.2 嵌入式操作系统在应用程序开发中所占的比例随时间的变化

嵌入式操作系统的发展经历了以下几个阶段。

第一阶段是无操作系统。嵌入式应用开发最初都是由程序员自己在裸板上编写所有的程序，没有专门的操作系统可以使用。

第二阶段是有简单操作系统。

（1）一般操作系统。随着嵌入式处理器的处理能力越来越强，集成了更多的存储空间，设备需要实现的功能越来越复杂，程序也越来越复杂，为了提高程序编写的效率，让芯片更好销售，有些芯片厂家把一些常用的软件功能模块集成起来，就形成了最初的嵌入式操作系统。因此嵌入式操作系统一开始绝不是从通用操作系统划分出来，而是从芯片厂家的片上/板级支持包开始。

（2）实时操作系统。由于运行在电子设备上并不需要用户的交互，所以实时性成为嵌入式操作系统的特殊需求。随着工业自动化的发展，实时嵌入式操作系统越来越多，使实时嵌入式操作系统成为一个独立的分支而蓬勃发展起来。

第三阶段是复杂操作系统。从互联网/物联网的出现，各种设备开始添加到网络连接中，使网络协议又被放到嵌入式操作系统中，形成网络操作系统。SoC（System on Chip，系统级芯片）技术的出现，使系统的集成性越来越高，多核操作系统出现在一个芯片封装中，从而对嵌入式操作系统也提出了新要求。

这三个阶段与计算机发展和嵌入式系统发展也是紧密结合的，具体如表 1.1 所示。

表 1.1 计算机、嵌入式系统和嵌入式操作系统的发展

阶 段	计 算 机	嵌入式系统	嵌入式操作系统
第一阶段	20 世纪 50 年代，大型机	1960—1970 年，兴起	无操作系统
第二阶段	20 世纪 70 年代，个人计算机	1971—1989 年，繁荣	一般操作系统
			实时操作系统
第三阶段	现代，个人计算机无处不在	1990 年至今，纵深发展	复杂操作系统（网络操作系统，多核操作系统）

1.2　嵌入式操作系统分类

可以根据多种原则对嵌入式操作系统进行如下分类。

按家族系统,嵌入式操作系统可以分为:基于 Windows 平台嵌入式操作系统,如 Embedded XP、Windows CE 和 Pocket Windows;风河系统的 VxWorks,遵从 POSIX(Portable Operating System Interface X,可移植操作系统接口,X 表明其对 UNIX API 的传承)和 ANSI C 标准;Linux 家族的 Blue Cat Linux(www.lynuxworks.com)、(Embedded)Red Hat Linux(www.redhat.com)、FSM RT-Linux(www.fsmlabs.com)、Monta Vista Linux(www.mvista.com)、TimeSys Linux(www.timesys.com);LynxOS(www.lynuxworks.com);遵从 POSIX 标准的 QNX(www.qnx.com);可实时扩展的 Solaris;日本的嵌入式操作系统标准 TRON 系列,如 eCOS(embedded Configurable Operating System,嵌入式可配置操作系统或嵌入式可配置实时操作系统)。

根据应用的不同领域,嵌入式操作系统也分为面向信息家电的嵌入式操作系统,如 Linux 和自主产权 Hopen OS;面向智能手机的嵌入式操作系统,如苹果的 iOS 和 Google 的 Android,以及 Microsoft 的 Windows Phone 7.0 等;面向汽车电子的嵌入式操作系统;面向工业控制的嵌入式操作系统等。这些不同的领域都有或将有自己的操作系统标准,如汽车电子的操作系统标准是 OSEK(汽车电子类开放系统和对应接口标准)。

从实时性的角度来分类,嵌入式操作系统可分为实时嵌入式操作系统:具有强实时特点,如 VxWorks、QNX、Nuclear、OSE(Operating System Embedded,嵌入式操作系统)、DeltaOS、μCOS(Micro-Controller Operating System,微控制器操作系统)及各种 ITRON OS(Industrial the Real-Time Operation System Nucleus Operating System,工业实时操作系统中心)等;非实时嵌入式操作系统:一般只具有弱实时特点,如 Windows CE、版本众多的嵌入式 Linux、PalmOS 等。

从商业模式来分类,可以分为商用型和开源型嵌入式操作系统。商用型嵌入式操作系统的功能稳定、可靠,有完善的技术支持和售后服务,但是费用较高,包括开发费用和版税;开源型嵌入式操作系统一般是开放源码,只收服务费,没有版税,如 Embedded Linux、RTEMS(Real Time Executive for Multiprocessor Systems,实时多处理器系统)和 eCOS。

1.3　嵌入式操作系统的组成

目前的嵌入式操作系统一般由内核、网络支持模块、嵌入式文件系统等组成。

内核是嵌入式操作系统的基础,也是必备的部分。它提供任务管理,内存管理,通信、同步和互斥机制,中断管理,时间管理等功能。内核还提供特定的应用编程接口,但目前没有统一的标准。

其中,任务管理是内核的核心部分,具有任务调度、创建任务、删除任务、挂起任务、解挂任务、设置任务优先级等功能。通用操作系统追求的是最大吞吐率,为了达到最佳整体性能,其调度原则是公平的,采用 Round-Robin 或可变优先级调度算法,调度时机主要以时间片为主驱动。而嵌入式操作系统多采用基于静态优先级的可抢占调度,任务优先级是在运行前通过某种策略静态分配好的,一旦有优先级更高的任务就绪,立刻进行调度。

嵌入式操作系统的内存管理比较简单。通常不采用虚拟存储管理,而采用静态内存分配和动态内存分配(固定大小内存分配和可变大小内存分配)相结合的管理方式。有些内核利用 MMU(Memory Management Unit,内存管理单元)机制提供内存保护功能。一般不采用被通用操作系统广泛使用的虚拟内存技术。

通信、同步和互斥机制提供任务间、任务与中断处理程序间的通信、同步和互斥功能。它一般包括信号量、消息、事件、管道、异步信号和共享内存等功能。与通用操作系统不同的是:嵌入式操作系统需要在这些机制的使用中采用简单、快速处理的原则,比如对可能的资源异常采用优先级反转的天花板或者优先级继承处理。

中断管理一般具有以下功能:安装中断服务程序;中断发生时,对中断现场进行保存,并且转到相应的服务程序上执行;中断退出前,对中断现场进行恢复;中断栈切换;中断退出时的任务调度。通过中断会为系统提供一些时间管理的功能,包括日历、延迟操作等。

由于目前的嵌入式系统大多数都需要网络支持,因此嵌入式操作系统中也往往容纳进了各种网络支持的模块,以实现对应用编程隐藏复杂的网络协议细节,保证正确收发数据。例如,一般会采用静态分配技术,在网络初始化时就静态分配通信缓冲区,设置了专门的发送和接收缓冲(其大小一般小于或等于物理网络上的 MTU,即 Maximum Transmission Unit,最大传输单元值),从而确保了每次发送或接收时处理的数据不会超过 MTU 值,也就避免了数据处理任务的阻塞等待。

相比之下,嵌入式文件系统较为简单,主要具有文件的存储、检索、更新等功能,一般不提供保护和加密等安全机制。它以系统调用和命令方式提供对文件的各种操作,主要包括设置和修改对文件和目录的存取权限;提供建立、修改、改变、删除目录等服务;提供创建、打开、读、写、关闭、撤销文件等服务。

1.4 主流嵌入式操作系统

第 6 集
视频讲解

国际上用于信息家电的嵌入式操作系统约有 40 种。目前,市场上流行的嵌入式操作系统有嵌入式 Linux、Windows CE、Windows XP Embedded、VxWorks、Android、iOS 等。

下面简单地介绍常用的嵌入式操作系统。

1. 嵌入式 Linux

嵌入式 Linux 是以 Linux 为基础的嵌入式操作系统,广泛应用于信息家电、PDA(Personal Digital Assistant,掌上电脑)、机顶盒、Digital Telephone(数字电话)、Answering

Machine(答录机)、数据网络、Ethernet Switches(交换机)、Router(路由器)、Bridge(桥)、Hub(集线器)、Remote Access Servers(远程访问服务器)、ATM(Automated Teller Machine,自动取款机)、Frame Relay(帧中继)、远程通信、医疗电子、交通运输计算机外设、工业控制、航空航天等领域。

使用嵌入式 Linux 系统的优势有很多,比如:

(1) Linux 是开放源代码的,不存在黑箱技术。遍布全球的众多 Linux 爱好者是 Linux 开发者的强大技术支持。

(2) Linux 的内核小、效率高,内核的更新速度很快。Linux 是可以定制的,其系统内核最小只有约 134KB。

(3) Linux 是免费的操作系统,在价格上极具竞争力。

(4) Linux 家族由于其丰富的资源和网络支持,因此遵从 POSIX 标准。为了应对嵌入式设备的不同微处理器结构、内存受限和实时性要求,Linux 家族为此也做了相应的改变。首先,利用尽可能的模块化提高系统的可裁剪性和硬件的可扩展性;其次,采用一些新方法提高系统的实时性,主要包括限制实时任务和非实时任务的交互,如 LynxOS/Blue Cat Linux、RTLinux/RTAI,以及采用新核或者资源核的方式集成实时和非实时任务,如 Monta Vista Linux 和 TimeSys Linux。

如图 1.3 所示是 Linux 资源核的方式。在资源核中,所有任务都运行在虚拟资源上,利用对资源的控制进行任务的调度,从而达到实时的方式。

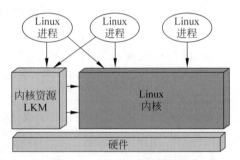

图 1.3 Linux 资源核的方式

2. Android

Android 是一种基于 Linux 的自由及开放源代码的操作系统。2003 年 10 月,Andy Rubin 等创建 Android 公司,并组建 Android 团队,22 个月后 Android 公司被 Google 收购。目前 Android 操作系统主要用于智能手机、平板电脑和智能电视等。

Android 运行于 Linux 内核(Linux Kernel)之上,但并不是 GNU/Linux。因为在一般 GNU/Linux 中支持的功能,Android 大都没有支持,包括 Cairo、X11、Alsa、FFmpeg、GTK、Pango,以及 Glibc 等都被移除。Android 又以 Bionic 取代 Glibc,以 Skia 取代 Cairo,再以 OpenCore 取代 FFmpeg 等。

Android 为了达到商业应用,必须移除被 GNU GPL 许可证所约束的部分,例如 Android 将驱动程序移到 Userspace(用户空间),使得 Linux 驱动与 Linux 内核彻底分开。Bionic/Libc/Kernel/并非标准的内核头文件(Kernel Header Files)。

3. iOS

iOS 是由苹果公司开发的手持设备操作系统。最初是设计给 iPhone 手机使用的,后来陆续套用到 iPod touch、iPad 以及 Apple TV 等苹果产品上。

iOS 与苹果的 Mac OS X 操作系统一样,它也是以 Darwin 为基础的,因此,同样属于类 UNIX 的商业操作系统。它和 Linux 操作系统有一定渊源,都可以追溯到 UNIX。

iOS 是商业操作系统,因此不是开源的。iOS 的开发工程师主要开发 iOS 的应用程序,使用的开发语言是 Objective-C 和 Swift。

4. Windows CE

Windows CE 是微软公司嵌入式、移动计算平台的基础,它是一个开放的、可升级的 32 位嵌入式操作系统,是基于掌上电脑类的电子设备操作系统,类似于精简的 Windows 95。Windows CE 的图形用户界面相当出色。

开发语言可以使用 C++、C♯、VB 等,可以使用系统自带丰富的图形库快速开发出界面程序,开发效率较高。但选择基于 Windows CE 开发产品,需要向微软公司缴纳一定的版权费。

5. Windows XP Embedded

Windows XP Embedded 是微软研发的嵌入式操作系统,是一个以组件模块展现出与 Windows XP Professional 操作系统一样的接口与操作模式,可依据各自需求组合出的操作系统镜像文件,确保有 Windows XP Professional 操作系统相依性以及完整的功能。

Windows XP Embedded 可以应用在各种嵌入式系统或硬件规格层次较低的计算机系统,例如很少的内存、较慢的中央处理器等计算机系统。

Windows XP Embedded 基于 Win32 编程模型,由于采用常见的开发工具,如 Visual Studio.NET,使用商品化 PC 硬件,与桌面应用程序无缝集成,因此可以缩短上市时间。使用 Windows XP Embedded 构建操作系统的常见设备类别包括零售销售点终端、瘦客户机和高级机顶盒。

Windows XP Embedded 有一个限制,它要求目标硬件平台必须是 x86 架构的,而且还需要向微软公司缴纳授权费。

6. VxWorks

VxWorks 操作系统是美国 WindRiver 公司于 1983 年设计开发的一种嵌入式实时操作系统(RTOS),是嵌入式开发环境的关键组成部分。它具有良好的持续发展能力、高性能的内核以及友好的用户开发环境,在嵌入式实时操作系统领域占据一席之地。

VxWorks 以其良好的可靠性和卓越的实时性被广泛地应用在通信、军事、航空、航天等高精尖技术及实时性要求极高的领域中,如卫星通信、军事演习、弹道制导、飞机导航等。在美国的 F-16、FA-18 战斗机、B-2 隐身轰炸机和爱国者导弹上,甚至连 1997 年 4 月在火星表面登陆的火星探测器、2008 年 5 月登陆的"凤凰号",以及 2012 年 8 月登陆的"好奇号"也都使用到了 VxWorks。

不过如此优秀的操作系统并不是在所有场合都是合适的。通常,VxWorks 用于实时性要求高、环境恶劣的场合,因为使用 VxWorks 需要的成本非常高,选择它之前,需要综合衡量评估后再决定。

7. μCOS-Ⅱ

μCOS-Ⅱ由于其实时性不错、内核小、并行运行的特点,很受单片机及低端 ARM
(Advanced RISC Machines,电子半导体微处理器智能手机)用户的喜爱。包含该内核的
应用程序编译后可以达到几千字节的级别,非常适合内存空间受限、价格低的电子产
品。同时,由于代码短小、结构性强,因此它非常适合初学者,被很多学校当成教学的
素材。

8. eCOS

eCOS 是由 Redhat 公司推出的小型实时操作系统(Real-Time Operating System),最
低编译核心可小至 10KB 的级别,适用于 BootLoader 增强及微小型系统。此系统和嵌入式
Linux 系统的差异是:它将操作系统做成静态链接的方式,让应用程序通过链接(Linker)产
生具有操作系统的特性的应用程序。eCOS 是开放源码的实时操作系统,这套操作系统是
针对嵌入式系统及应用而设计的,因此是以单一进程搭配多个线程的方式来执行,提供了较
多的元件和包供用户选择使用。

表 1.2 是几种主流嵌入式实时操作系统的性能比较。

表 1.2 几种主流嵌入式实时操作系统的性能比较

OS	VxWorks	μCOS-Ⅱ	RT-Linux	QNX6
供应商	Wind River	Micrium	FSMlabs	Quanturm
硬件平台	MC68000	80486/33MHz	80486/60MHz	80486/33MHz
任务切换	3.8μs	<9μs	不详	12.57μs
中断响应	<3μs	<7.5μs	25μs	7.54μs

从这几种嵌入式实时操作系统的比较可以看出,VxWorks 的实时性能最好,μCOS-Ⅱ
的表现也相当不错,作为黑莓(BlackBerry)手机的新操作系统的 QNX6 表现也很好,而
RT-Linux 因为沿袭了 Linux 的设计理念,所以实时性能表现不佳。

1.5 嵌入式操作系统的发展趋势

随着信息化和各种网络平台的发展,嵌入式操作系统也越来越多地呈现出以下发展
趋势。

(1) 网络化和云平台支持。随着网络化、云计算的发展,未来嵌入式操作系统需要支持
云平台,也就是说,不仅管理本地资源,还要能够分配和管理好网络、云端资源。

(2) 多核支持。随着 SoC 技术的继续发展,多核芯片逐步出现,从而使目前操作系统如
何支持多核化成为一个研究热点。首先,如何把顺序程序分配给多核处理成为嵌入式操作
系统的首要任务;其次,SoC 多核带来的低能耗问题也将是操作系统考虑的重要问题,在某
个核没有任务时,系统将可处于深度睡眠状态;再次,还需要提供给不同核一个抽象层,继

承对一些原有操作系统的支持；最后，当系统变得庞大时，还必须维护系统运行的高可靠性。

1.6　编写嵌入式操作系统的方法

要学习嵌入式操作系统原理，则必以编写系统程序为目的，立足于如何编写嵌入式操作系统，这将使初学者收到事半功倍的效果。编写嵌入式操作系统分成以下几步。

第 1 步，必须明确目标。例如，当初推出 C 语言的目的就是编写系统程序，定位清楚，什么是需要的，什么是不需要的，因此它成功了。而推出 PL 语言，当时是为了提供给 FORTRAN (FORmula TRANslatior，公式翻译器)、COBOL(Common Business-Oriented Language，面向商业的通用语言)、ALGOL(ALGOrithmic Language，算法语言)使用者一个标准的通用语言，因为目标不够明确，所以以失败告终。

编写一个操作系统要考虑以下几部分：

(1) 定义一个硬件抽象(Hardware Abstractions)，把硬件和软件隔离开。为此必须了解所需要涵盖的不同微处理器的结构、存储器特征和支持 I/O 的具体种类。

(2) 提供基本操作(Provide Primitive Operations)。基本操作的主要功能是维持系统的数据结构，并保持一致。既要对下层的硬件抽象负责，也要对上层的调用负责。可以说，操作系统的核心就是下层的硬件抽象以及对基本操作的调用。

(3) 保证隔离(Ensure Isolation)。因为可以有多个用户同时登录或使用操作系统，或者多个任务同时运行，所以操作系统既要保证它们在内存和上下文环境的隔离，又要能让它们之间互用一些资源，因此完成时比较困难。

(4) 管理硬件(Manage Hardware)。当然，操作系统是必须管理底层硬件的，如各种芯片和设备，尤其是要允许用户通过操作系统去管理一些常用的硬件设备，如 LCD 显示屏、串行接口等。

以 Android 为例，硬件抽象包括对蓝牙、电话、电池、屏幕、摄像头和天线等的支持，而不必考虑鼠标的支持。

基本操作包括电话簿、窗口和电话拨号等。

通过对上层的软件操作和对下层的硬件抽象，一步步地思考紧接的中间层，一个安卓操作系统架构和模块就逐步清晰了。Android 操作系统架构如图 1.4 所示。

第 2 步，了解编写操作系统的难点。

(1) 为了支持更多的功能，操作系统程序越变越大，可是没有哪个用户愿意花很长时间安装一个非常庞大的操作系统。

(2) 操作系统必须解决并行性，因而资源的竞争、死锁等一系列问题都必须考虑。

(3) 操作系统必须要面对一些恶意用户，如连接网络时想远程破坏系统等用户。

(4) 许多设备如何分享资源。

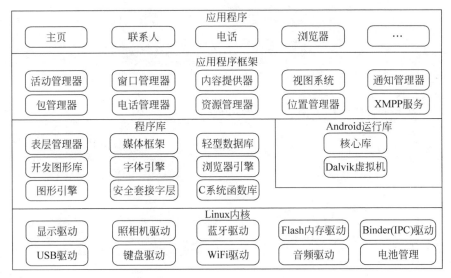

图1.4 Android 操作系统架构

（5）操作系统的设计往往面临一些新事物的挑战，如 Windows、UNIX 最初都没有设计 E-mail 支持。

（6）操作系统必须面对各种硬件，即使对硬件不兼容也不能瘫痪。

（7）操作系统必须兼容以前的系统。

第3步，了解编写嵌入式操作系统的基本原则。

原则1：简单。

原则2：完整。

原则1和原则2就是中国古人说的"增一分则肥，减一分则瘦"的道理。例如，MINIX 操作系统最初只设计了三个系统调用：send、receive 和 sendrec。send 就是发送一个消息；receive 就是接收信息；sendrec 是一个优化操作，为了方便在一个内核周期内完成发送并请求一个应答。Amoeba 操作系统只有一个系统调用 RPC(Remote Procedure Call，远程过程调用)。首先从简单入手，然后从能够完整表述所有系统的范例来验证这种设计，从而不断完善，反复推敲，最后才能确定方案。

原则3：效率。

如果一个系统调用不能用有效的代码完成，那么不如不要。因此对编程者的要求是必须知道每条代码的执行效率。例如，UNIX 编程者希望 lseek 调用要比 read 调用执行效率高，那么操作系统则必须满足这种效率要求来设计这两个系统调用。

第4步，从接口设计开始。操作系统必须为硬件和用户提供一些处理数据结构和硬件操作的接口，尤其要为一些用户开放权利，让其可以插入自己的驱动。

第5步，明确自己要采用的体系结构。体系结构划分详见3.2节。

通过上述步骤的介绍，嵌入式操作系统的设计基本成形，剩下的就是实现的问题了。

习题

1. 简述嵌入式操作系统的发展历史。
2. 嵌入式操作系统分为几类？
3. 编写嵌入式操作系统大体分为几步？基本原则是什么？

第2章

嵌入式系统硬件与操作系统

因为操作系统首先要能够管理硬件,为此读者要先对嵌入式系统的硬件做一个粗略的了解,甚至可以对整个物理世界如何变成数字世界的做一个整体了解。

如图 2.1 所示是一个测量距离的嵌入式系统。

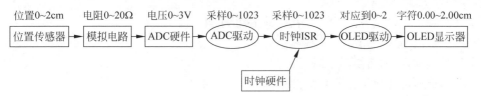

图 2.1　测量距离的嵌入式系统

在物理世界中,将米尺放在待测物体之间,然后读出米尺上的数字,就可测得两物体间的距离。

为了能够把这个物理测量过程数字化,就得用到一系列硬件,比如位置传感器、模拟电路、OLED(Organic Light-Emitting Diode,有机发光二极管)显示器;为了能够读出数字,就需要电路和程序配合;为了能够在合适的节拍下控制程序反复工作,就需要时钟来控制节奏。

看到的 1cm 距离需要经过几次变换,比如位置传感器给出电阻变化,电阻变化变成电压变化被程序采集,再映射到 OLED 通过相应的明灭来表示字符"1cm"。

如图 2.2 所示,程序主要由主程序(main)和时钟 ISR(中断服务程序)两大部分组成。

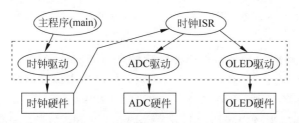

图 2.2　程序由主程序(main)和时钟 ISR(中断服务程序)两大部分组成

虚框部分如果被广泛用到,抽象完成后,就会变成嵌入式操作系统的组成部分。说到底,嵌入式操作系统就是一堆程序,而且是经过很多组织和抽象以后的程序。学习编写嵌入式操作系统就是在学习如何优雅编程的艺术,就像搭积木一样,既要平衡又要美。

第8集
视频讲解

第9集
视频讲解

2.1 嵌入式系统的硬件构成

嵌入式操作系统究竟在哪个硬件上存放和运行?提及这个问题,不得不讲一下嵌入式系统的硬件构成。

任何一个嵌入式系统都由4大部分组成:微处理器、存储器、I/O(Input/Output,输入/输出)和总线,如图2.3所示。所谓复杂的嵌入式系统,只是在I/O设备的连接上更复杂,微处理器更多或者能力更强,存储器更多,空间更大而已。

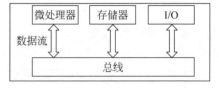

图2.3 嵌入式系统的4大组成部分

微处理器(也称为MCU),是指其核心处理单元,能够完成逻辑运算、指令的解释等。

存储器主要用来存储程序、数据。

I/O用来连接各种传感器和执行器,甚至各种网络。有模拟I/O和数字I/O之分。

总线其实就是连接各部分的线。根据功能可以分成数据总线、地址总线;根据速度可以分成高速总线、低速总线;根据物理位置分为内部总线和外部总线等。

嵌入式系统中,微处理器相当于物联网世界的大脑,就是执行逻辑系统;存储器就像人类的大脑可以记忆;I/O是一些接口,像人的眼睛、鼻子、触觉、手和脚等,可以与实际物理世界接触,感受或者改变物理世界;而总线就像人类的神经、肌肉和骨骼,把各个部分连接起来。

那么毋庸置疑,嵌入式操作系统一定是由微处理器部分负责执行的。但是这些程序存放在哪里?得先对以上各部分充分了解后才能给出结论。

第10集
视频讲解

2.2 微处理器

微处理器跟计算机系统的CPU一样,所有的程序都归微处理器来执行。其内部构造就是一个逻辑机器。

所谓逻辑,最基础的就是判断是与非。这些是与非的逻辑被电子电路表达成0和1。而0和1的逻辑运算表达成"与""非""或",在元器件世界中最基础的电子器件单元就是与非门。一堆与非门按照一定的规则连在一起,就可以表达加、减、乘、除这些数学运算。经常把能进行计算的部件称为ALU(Arithmetic and Logic Unit,数学运算单元)。

为了在计算过程中能够临时保存这些0和1,做成时序锁存电路,形成寄存器的概念。寄存器是按照"位"的概念设计的,有8位、16位、32位等。微处理器有8位、16位、32位之分,是因为其运算数是 8 位、16 位或者 32 位。位数越多,计算复杂度越高,电路设计的复杂度相对也越高。目前大部分计算机都已经是 64 位处理器,但是嵌入式系统 8 位、16 位和 32 位都有。嵌入式系统追求个性化、小巧,满足要求即可。

计算需要一个节拍,即时钟周期。微处理器的时钟周期也就是常说的处理器主频,它反映了其每秒钟的运算能力。微处理器的主频不如计算机的主频高,也是由其运算能力要求没有那么强所决定的。

微处理器的这些要求导致了其体系架构彻底与计算机不同。计算机大部分都是冯·诺依曼的体系结构,而微处理器多采用哈佛体系结构。

这两者的区别在于:数据和程序空间是一起的,还是分开的。哈佛体系结构中数据与程序空间分开;而冯·诺依曼体系结构中两者在一起。计算机多采用冯·诺依曼的体系架构,从根本上来说,其运算速度快,完全可以依靠处理器来区分两个空间。而嵌入式系统中使用的微处理器却没有这个能力,只有在物理上将二者分开。所谓"空间换时间",就是这个用法。

同时我们还运用了更多的技术来弥补其运算不够快的缺点。比如,采用了更多寄存器的方式,让微处理器在切换状态时可以用多套寄存器来切换,这样可以不用更新寄存器,便于压栈和弹栈。例如图 2.4 ARM 微处理器保留 32 个以上的寄存器,确保其在 8 种不同的执行状态切换时快速使用。

User32	Fiq32	Supervisor32	Abort32	IRQ32	Undefined32
R0	R0	R0	R0	R0	R0
R1	R1	R1	R1	R1	R1
R2	R2	R2	R2	R2	R2
R3	R3	R3	R3	R3	R3
R4	R4	R4	R4	R4	R4
R5	R5	R5	R5	R5	R5
R6	R6	R6	R6	R6	R6
R7	R7	R7	R7	R7	R7
R8	R8_fiq	R8	R8	R8	R8
R9	R9_fiq	R9	R9	R9	R9
R10	R10_fiq	R10	R10	R10	R10
R11	R11_fiq	R11	R11	R11	R11
R12	R12_fiq	R12	R12	R12	R12
R13(SP)	R13_fiq	R13_svc	R13_abt	R13_irq	R13_und
R14(LR)	R14_fiq	R14_svc	R14_abt	R14_irq	R14_und
R15(PC)	R15(PC)	R15(PC)	R15(PC)	R15(PC)	R15(PC)

CPSR	CPSR	CPSR	CPSR	CPSR	CPSR
	SPSR_fiq	SPSR_svc	SPSR_abt	SPSR_irq	SPSR_und

图 2.4 ARM 微处理器保留 32 个以上的寄存器

比如,采用最佳流水线技术(见图 2.5)。微处理器中指令处理、取指令、逻辑计算、回写结果等硬件是分开的。为了加快指令处理速度,可以在第一条指令执行到"指令处理"时,让第二条指令"取指令"开始执行,如同流水线工作,每个部件都不停歇。总体看来,就可以让工作效率增加。

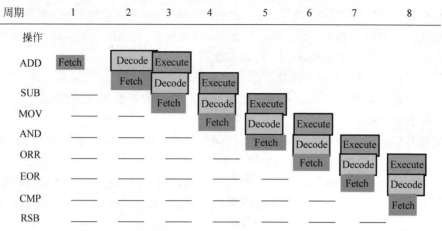

注：该例中用 6 个时钟周期(只算 3 个黑块都满足的)执行了 6 条指令,

所有操作都在寄存器中(单周期执行),指令周期数(CPI)＝1

图 2.5　最佳流水线

　　程序本身是要有存放的地方的,即存储空间。存储空间是一个虚拟的概念,指能够存放程序的地方(可看成"盒子")。为了表示存放的"盒子",每个盒子设置了一个访问"地址"。

　　程序是在微处理器中运行的,这里就依靠"寄存器"表示当前正在进行的操作和指令临时存放的情况。

　　给 I/O 用的寄存器表示了 I/O 设备的简单状态。

　　看图 2.6 就会发现,只有地址和寄存器才是程序所关心的。自然这一堆硬件对于嵌入式操作系统来说,也只有地址和寄存器。

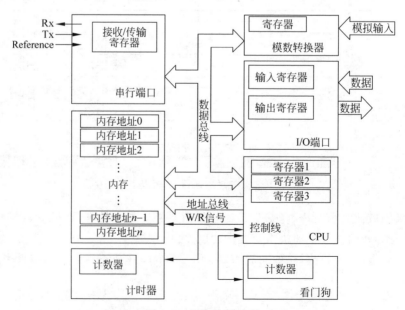

图 2.6　程序执行过程

而为了更加方便编写程序,有时也将寄存器编上地址,这样程序只需要处理地址即可。

这里还要提到每种微处理器都会定义自己的指令语言,也就是指令汇编语言,比如ARM的语言。

ARM是三地址指令格式,指令的基本格式如下:

```
< opcode > {< cond >} {S} < Rd > ,< Rn >{,< operand2 >}
```

其中,<>括号内的项是必选的,{}括号内的项是可选的。各项说明如下:

opcode:指令助记符;

cond:执行条件;

S:是否影响 CPSR 寄存器的值;

Rd:目标寄存器;

Rn:第 1 个操作数的寄存器;

operand2:第 2 个操作数。

执行加法指令时各寄存器存储状态如表 2.1 所示。

表 2.1　执行加法指令时各寄存器存储状态

指 令 语 法	目标寄存器(Rd)	源寄存器 1(Rn)	源寄存器 2(Rm)
ADD r3,r1,r2	r3	r1	r2

这个汇编指令只是为了把二进制的 0、1 组合变得好读一些。如图 2.7 所示,每个指令都可以查到与二进制数的对应。

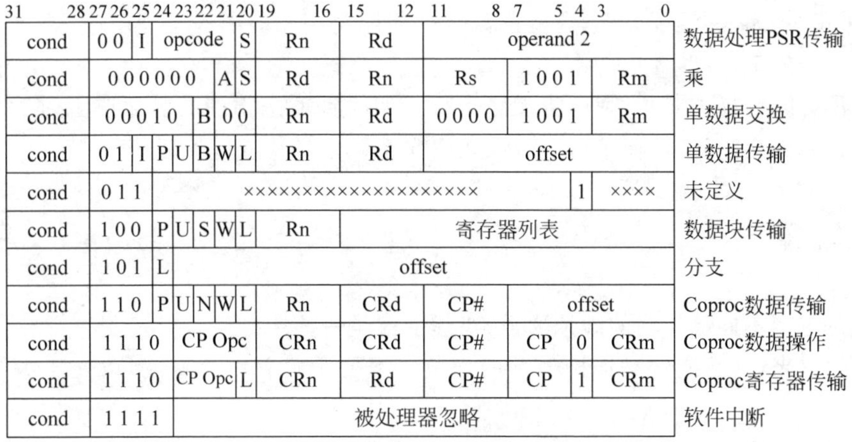

31	28 27 26 25 24 23 22 21 20	19　　16	15　　12	11　　8	7　　5 4 3　　0	
cond	00 I opcode S	Rn	Rd	operand 2		数据处理PSR传输
cond	000000 A S	Rd	Rn	Rs	1001　　Rm	乘
cond	00010 B 00	Rn	Rd	0000	1001　　Rm	单数据交换
cond	01 I P U B W L	Rn	Rd	offset		单数据传输
cond	011	××××××××××××××		1	××××	未定义
cond	100 P U S W L	Rn	寄存器列表			数据块传输
cond	101 L	offset				分支
cond	110 P U N W L	Rn	CRd	CP#	offset	Coproc数据传输
cond	1110 CP Opc	CRn	CRd	CP#	CP 0 CRm	Coproc数据操作
cond	1110 CP Opc L	CRn	Rd	CP#	CP 1 CRm	Coproc寄存器传输
cond	1111	被处理器忽略				软件中断

图 2.7　每个指令与二进制数的对应

这也是可以反汇编的原因:为一种微处理器编写嵌入式操作系统,因为要处理器硬件,所以程序中有一部分要用其指令编写,这也是为什么嵌入式操作系统(或者操作系统)会那么难写的原因之一。

2.3　I/O

I/O 就是输入/输出。一个嵌入式操作系统的输入一般都是通过传感器,输出一般都是通过执行器。对于传感器输入,嵌入式操作系统需要读取;对于执行器输出,嵌入式操作系统需要写入。读取和写入并不是真的从传感器和执行器上读写,而是从传感器和执行器的寄存器上读写。

寄存器的功能就是锁住某个长度的数字进行存放。I/O 一般会有三个主要寄存器:包括读/写控制寄存器、数据寄存器和状态寄存器。

而读取和写入首先都要有一个时机。这个时机表明了 I/O 的数据寄存器是周期性改变还是随某个中断产生的改变而改变。

另外,有的 I/O 比较复杂,不能够直接与处理器连接,那么就需要总线。

按照接口是否通用,比如 ST(意法半导体)公司的 STM32 的 ARM 芯片采用通用 I/O (也就是 GPIO)和专用 I/O 的区别:GPIO 是一般性的 I/O,可以根据需要去接不同传感器;专用 I/O,比如模数转换的 ADC 口、串行通信的 UART(Universal Asynchronous Receiver/Transmitter,通用异步收发传输器)口等,接的是专门的一些接口。

对于程序来说,I/O 口需要分配寄存器地址,并进行初始化。初始化需要按照硬件手册的要求编写相关程序,与程序代码的顺序有关,如果顺序写错,会造成程序无法运行。这就是时序的概念。

另外,因为外设与处理器的速度不同,往往会在程序中加入等待语句,便于速度能够匹配,或者采用"中断"的编程方式,这些都与时钟周期密切相关。为了理解嵌入式编程,必须理解一个特殊的 I/O,也就是时钟。

如果没有时钟提供节拍,程序将无法运行。而时钟就是物理的晶振或者时钟电路。这部分内容在后面会讲到,需要单独在嵌入式操作系统中对其进行管理。

第 13 集
视频讲解

2.4　总线

总线是连接不同部件间的虚拟通道,物理上就是一些线。

对于编程来讲,总线就是连接外部的通道。需要了解总线的速度,以便于编写合拍的程序。

总线往往会强调一个概念——总线协议。所谓总线协议,指的是其硬件电器应该遵守的特性,也指编写程序应遵守的约定。就像汽车行驶在高速公路一样,得知道速度,也需要了解交通规则,才能保证安全。如图 2.8 所示是常用的 UART 串口总线协议。

图 2.8　常用的 UART 串口总线协议

表示读取需要有开始位,然后才是 8 位的数据,最后还得有停止位。

当然,UART 只是用来连接外部设备的慢速总线。高速总线包括 AXI、SPI 和 I2C 等总线。高速总线协议一般都由芯片设计厂家发布。

2.5　存储器

第 14 集
视频讲解

由于摩尔定理,电子元器件的发展迅猛,现在的微处理器在不断集成,呈现出越来越多的计算单元、图形单元、寄存器和存储器等,使得存储器容量不断扩大。根据在微处理器内部还是在微处理器外部,存储器分为内存和外存。内存直接配合微处理器完成计算等工作;外存则在速度压力上没那么高,可以存放文件等相对不经常被访问的数据。

由于微处理器的速度非常快,内存一般也采用速度比较快的存储技术。根据速度的快慢,将内存一般排列为 Flash、ROM(Read-Only Memory,只读存储器)和 RAM(Random Access Memory,随机存取存储器)这三种,系统物理内存布局如图 2.9 所示。

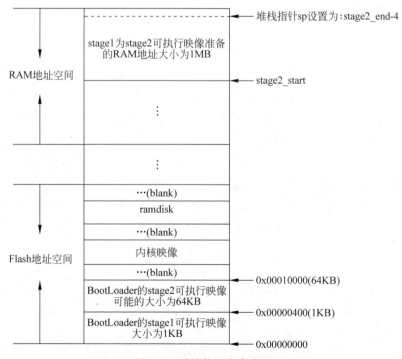

图 2.9　系统物理内存布局

Flash 由于采用了新技术,访问的速度非常快,单成本相对 RAM 和 ROM 来讲也较高。但由于价格、电能消耗和易改变等问题,最受微处理器厂家欢迎的还是 ROM。

ROM 是只读存储器,所以厂家会写入自己的名称、重要的标记和重要的程序。可由于 ROM 的价格问题,以及只能存储很小一部分内容,因此厂家会把 BOOT 和一些中断向量放在 ROM 中。

从图 2.9 可知,为了编程方便,会把芯片内部和外部的 Flash、RAM 进行连续编址。Flash 由于速度快,会被编到更贴近 0 的地址,并安排存放非常重要的一些映像;而 RAM 则安排到 Flash 之后,用来存放一些可执行的程序或者做堆栈使用。

映像实质就是一些地址的对应关系。比如堆栈从哪里开始,操作系统程序将从哪里开始执行。这些内容非常重要,如果丢失,则整个系统就无法运行。

2.6　BOOT、BootLoader 和操作系统

第 15 集
视频讲解

第 16 集
视频讲解

BOOT 也称为 BIOS(Basic Input Output System,基本输入输出系统)。其实,它是一组固化到微处理器内一个 ROM 芯片上的程序,保存着最重要的基本输入输出的程序、系统设置信息、开机后自检程序和系统自启动程序。其主要功能是为微处理器提供最底层的、最直接的硬件设置和控制。

BootLoader 是在操作系统内核运行之前运行的,可以初始化硬件设备、建立内存空间映射图,从而将系统的软、硬件环境带到一个合适状态,以便为最终调用操作系统内核准备好正确的环境。在嵌入式系统中,通常并没有像 BOOT 那样的固件程序(有的嵌入式 CPU 也会内嵌一段短小的启动程序),因此整个系统的加载启动任务就完全由 BootLoader 来完成。在一个基于 ARM7TDMI 核的嵌入式系统中,系统在上电或复位时通常都从地址 0x00000000 处开始执行,而在这个地址处安排的通常就是系统的 BootLoader 程序。

BootLoader 程序被分为两部分:一部分采用微处理器指令语言进行编写,称为 stage1;另一部分采用 C 语言进行编写,称为 stage2。

微处理器一旦加电,程序就自动找到 BOOT 入口进行硬件初始化,然后再执行 BootLoader 工作。BootLoader 执行后才执行操作系统部分。

再说操作系统,它可以在 Flash 中存放启动的一部分程序,RAM 中存放数据部分,也可以在 RAM 中存放起始部分,然后在高端 RAM 中存放数据部分,还可以在 RAM 中存放起始部分,然后在外部文件中存放其他部分。在 RAM 开辟区域用到哪部分内容再从外部文件导入,所以嵌入式操作系统有从 Flash 加载、RAM 加载和文件加载三种执行方式。图 2.10 是采用从 RAM 加载方式的操作系统的工作情况。

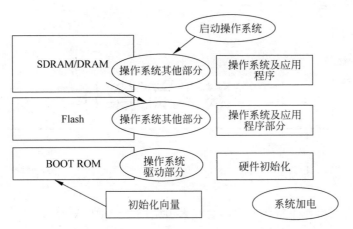

图 2.10　采用从 RAM 加载方式的操作系统的工作情况

习题

1. 操作系统有哪几种执行方式？
2. BootLoader 分为哪几部分？如何从 C 语言跳转到汇编语言？

第 3 章

嵌入式操作系统

首先，对嵌入式操作系统的基本概念和术语做一个详细的解释，以便后面讲述时查询并使用。

3.1 嵌入式操作系统的定义

嵌入式操作系统(Embedded Operation System,EOS)从连接功能上看，是硬件与上层应用软件的连接软件。其主要责任是为上层软件提供脱离硬件运行的支撑平台，同时为与下层硬件沟通提供访问程序接口；从功能上看，嵌入式操作系统要能够管理好系统的各种资源和硬件，负责嵌入式系统的全部软、硬件资源的分配、任务调度，控制、协调并发活动，使系统高效可用。一般地，它将体现其所在系统的特征，能够通过装卸某些模块来达到系统所要求的功能。

嵌入式操作系统是随着嵌入式设备的开发而产生的。这些嵌入式设备就是通过微处理器来控制，如微波炉、电视机或者手机等电子设备。因此嵌入式操作系统具有一些实时系统的特性，另外还有如内存、能量的限制等。

为此，设计嵌入式操作系统是一个"量体裁衣"的过程。首先要熟悉所要运行的软、硬件环境；其次，对于具体的应用，要明确其微处理器是什么，是否要跨平台、跨语言、跨应用，是否要有网络支持和文件支持；最后才能确定设计目标，更好地进行功能划分。

第 5 集
视频讲解

3.2 嵌入式操作系统的体系结构

设计一个嵌入式操作系统，必须先定义好其体系结构，可分为整体型、层次型、微内核和客户-服务器体系结构。同时，嵌入式操作系统体系结构也体现了一个操作系统的整体脉络，了解了这个脉络，对整个操作系统的理解和使用也就有了着手点。

3.2.1 整体型体系结构

整体型体系结构其实就是无结构。任何过程都可以随意调用其他过程，因此没有信息隐藏的概念。这类结构中,过程代码接口需要精心设计,以方便其他过程调用。

在这种类型的嵌入式操作系统中,如图 3.1 所示,把所有处理分成 3 个层次,使设计显得比较有条理。其与层次型体系结构的不同在于:上下层处理都不隐藏信息,都可以互相调用。例如,最早的 DOS(Disk Operating System,磁盘操作系统)就是一个整体型体系结构,模块之间可以相互调用。

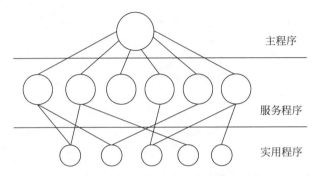

图 3.1　嵌入式操作系统整体型体系结构

3.2.2　层次型体系结构

层次型体系结构是最简单和自然的划分方法,也就是把整个设计按照离硬件的远近层次来划分。层次型体系结构设计一般来说每层都会对相邻层隐藏一些信息,非相邻层完全不能够互相调用。

用这种结构设计一个新系统时必须小心地安排各层的功能。最底层是最靠近硬件的,主要目的是对上层隐藏硬件细节。紧挨着的上一层就可以设计成中断处理、上下文切换、内存管理单元等。再往上的层次就跟硬件完全无关了。例如第 3 层用于线程、线程同步和线程调度,可以设计成多任务、多线程管理,第 4 层可以设计一些任务之间的通信等。这样的设计可以简化 I/O 处理的结构。当 I/O 中断产生后,可以利用进程间通信,由调度程序关掉使用该中断需要的资源的线程,使中断处理程序处于获得所有资源的状态。UNIX 就采用这种方式,但是 UNIX、Linux 和 Windows 都没有使用这样主动处理中断的方式。其实操作系统中最复杂的部分就是 I/O 的处理,任何可以简化操作的技术都是可取的。

例如,图 3.2 中内存管理放在文件系统下层是为了能够完成文件读/写时高速缓存的换入、换出操作。

图 3.2　嵌入式操作系统层次型体系结构

又如,Linux 就是一个层次型体系结构,如图 3.3 所示。

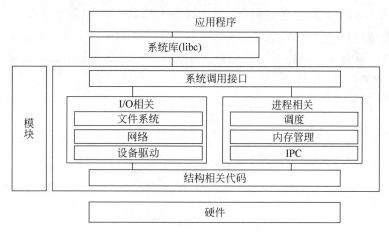

图 3.3　Linux 的层次型体系结构

3.2.3　微内核体系结构

与层次型体系结构划分相反的是,一些人认为没有必要由嵌入式操作系统完成那么多功能,必须把一部分开发的自由交给编程者,使他们可以根据自己的需要为嵌入式操作系统做自己的功能扩展。为此,他们主张采用微内核体系结构设计嵌入式操作系统,也就是只提供一个基本的嵌入式操作系统内核,完成如硬件的屏蔽、任务调度等,其余的如网络支持或者文件支持设计成可选模块,交给编程者来决定使用或者做拓展。嵌入式操作系统微内核体系结构如图 3.4 所示。

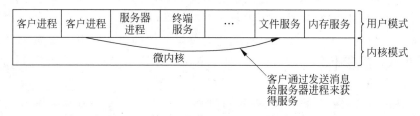

图 3.4　嵌入式操作系统微内核体系结构

3.2.4　客户-服务器体系结构

客户-服务器体系结构是针对网络环境的,在不同功能的计算机上装不同的嵌入式操作系统。在客户端用轻负载的嵌入式操作系统,一般地,其功能就是收集数据;在服务器端则装比较大的操作系统,支持更复杂的任务和更复杂的硬件。从图 3.5 可以看出,客户-服务器体系结构的嵌入式操作系统同时也是具有微内核的嵌入式操作系统,支持不同的应用程序,内核部分主要完成网络通信功能。

如图 3.6 所示是 QNX4.25 的体系结构,这就是一种客户-服务器体系结构。2011 年年底,RIM 公司整合黑莓与 QNX 公司发布 BBX 系统,也说明了这种体系结构是具有优势的。

QNX具备一个很小的内核,同时也是微内核体系结构的操作系统。QNX的内核一般只有几万字节,整个操作系统可根据需要定制模块。不同的客户应用可以选择不同的模块,但是都必须选择微内核部分。服务器包含微内核和更多的模块部分。

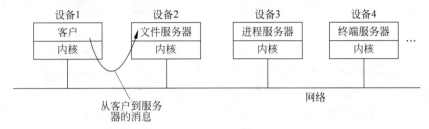

图 3.5　嵌入式操作系统客户-服务器体系结构

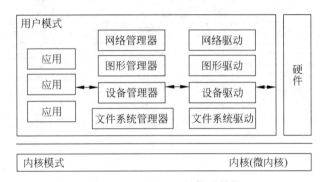

图 3.6　QNX4.25 的体系结构

当然,以上几种体系结构是可以混合运用的。

3.3　嵌入式操作系统的组成要素及概念

嵌入式操作系统虽然各有不同,但是基本来讲,都是针对各类硬件资源管理的,包括针对分享MCU(Microcontroller Unit,微控制单元)的任务管理、消息机制、同步机制等,针对接口硬件的中断处理,针对内存的内存管理、文件管理,以及针对网络的网络支持、网络管理等。在深入学习嵌入式操作系统之前,先介绍嵌入式操作系统的组成要素及其概念,如任务、实时、多任务、任务状态及转化、内核、调度等。

1. 任务

任务是一个抽象的概念,进程和线程都只是任务的一个特例。简单而言,嵌入式操作系统中的任务是一段无限循环的代码,在这段代码执行的过程中有相应的堆栈、内存的分配。

每种特定的嵌入式操作系统都有自己的描述单位。例如,Windows CE中以进程为基本单位来描述资源,每个进程一旦运行,操作系统要为其开辟相应的内存空间,供其进行临时数据存储等操作。线程则被MCU实际调度,是调度的实体。一个进程创建之后,同时将创建一个主线程,可以在主线程中创建该进程的其他线程。进程可以被视为线程的容器。一个线程默认的栈大小为64KB,也可以在创建线程时自定义栈的大小。同一个进程中,一个线程分配的内存可以被其他线程所访问。不同进程中的线程如要互相访问,则需要通过进程间通信来处理。在Symbian操作系统中,每个进程都有一个或多个线程。线程是执行的基本单位。Linux中线程和进程则更加含混,都使用任务这个结构来描述。

比较线程和进程,总地来说,进程的描述粒度较大,涉及内存空间的划分,不涉及具体微处理器的寄存器等,离硬件的距离比线程远。线程在运行时涉及具体寄存器等保存和上下文环境切换,由微处理器进行调度,与微处理器的资源联系紧密。图3.7(a)是单线程进程的内存运行模式,图3.7(b)是多线程进程的内存运行模式。在图3.7中,每个线程都拥有自己的寄存器和堆栈,而每个进程只拥有自己的代码、数据和文件。

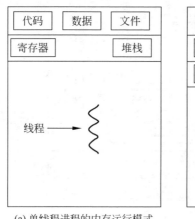 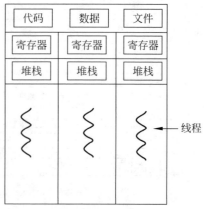

(a) 单线程进程的内存运行模式　　　　　(b) 多线程进程的内存运行模式

图3.7　单线程进程和多线程进程

2. 实时

实时性是一般嵌入式操作系统有别于其他通用操作系统的一个特点。这里的实时性是指系统的正确性不仅取决于逻辑运算结果的正确,而且取决于结果传递的时间必须在时限要求内。能支持这样的实时性的嵌入式操作系统称为实时嵌入式操作系统,换句话说,就是需要能为不确定发生时间的外部事件做出时间确定的反应。好的实时嵌入式操作系统必须在所有情况下运行都能获得确定的结果。这样的操作系统小到10KB,大到100KB。必须满足的时限称为硬实时。如果允许偶尔地打破时限,并在这种不正常情况下还能恢复到常态,即满足时限状态,则称为软实时。

3. 多任务

多任务是实现实时性的一个好方法。如果是在一个处理器上实现多任务,则是一种多任务的伪同步方式。此时,多任务分时使用处理器。在一段时间内看起来多任务同时使用处理器,也称为多任务并行。这种方式需要额外的控制,如时间的划分、当前运行任务的退出,以及选取任务进入处理器进行处理等。如果是多处理器,在同一时刻,多个任务可以运行在多个处理器上,但是需要额外的控制机制来保证任务运行整体的确定性。多处理器上的多任务目前仍在研究阶段。

对于单处理器的这种多任务同步的实时性,需要考虑任务从微处理器换入、换出的时间。而进程的概念比较大,这种换入、换出所涉及的内容太多,无法满足实时的要求。为此,在多任务的系统中常常使用线程作为基本单元。这也就是现在对于实时系统只提及任务或者线程的原因。

4. 任务状态及转化

嵌入式操作系统中任何任务一般都处于以下 3 种状态(见图 3.8)。

运行状态(Running):此任务正占有微处理器并正在获得执行。在单处理器系统中,某个时刻仅有一个任务在运行。

就绪状态(Ready):此任务已获得所有可拥有的微处理器来运行的条件,而此时某个其他任务正占有微处理器,此任务必须等着微处理器空闲。

阻塞状态(Blocked):此任务还不具备一些条件,此时就算将微处理器分给该任务,在此状态下也无法运行。在此状态下的任务意味着在

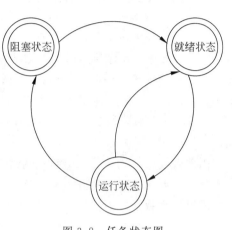

图 3.8　任务状态图

等待一些外部事件,如在等待网络传来数据,而数据还没有到达的情况。

5. 内核

嵌入式操作系统中有一部分功能是所有操作系统都有并构成操作系统的核心,纵使如何裁剪系统,也无法去掉的部分,称为内核。一般内核可以按功能分为几块:任务调度、消息处理、内存管理、中断处理和时间管理。

6. 调度

调度是嵌入式操作系统的灵魂。所谓调度包括两个大概念和一个小概念。第一个大概念是指如何分配微处理器给就绪状态的任务的换入策略;第二个大概念是指正在占有微处理器的任务的换出策略。小概念是指当有正在执行的任务被中断换出时,中断结束后是回到刚才的任务还是重新选择任务,也就是抢占还是不抢占的调度问题。

在就绪状态等待微处理器的任务不止一个,到底哪个能占有微处理器而进入处理状态,是需要策略的。最简单的换入策略,如先进先出,哪个先到达就绪状态,就先分微处理器给哪个。但是在嵌入式操作系统中一般采用基于优先级分配策略。所谓基于优先级分配策略,就是每个任务根据重要程度分配其优先级别,哪个就绪任务的优先级高,哪个任务就可以占有微处理器。

正在执行的任务何时换出? 任务执行完自然会换出。但是一般任务都是一段循环代码,执行起来会进入反复操作,为此给每个任务分配的时间,又称为分配的时间片。该任务

的处理时间用完了,也就是该换出的时候了。另外,按照优先级的思路,如果有比正在运行的任务优先级更高的任务到了就绪状态,正在运行的任务也该让出微处理器,此时也需要换出。

特殊的是中断,中断是来自硬件的信号,必须及时处理。一般中断到达后,当前在运行的任务需要换出,让出微处理器给中断使用。中断处理后返回刚才被中断的任务称为非抢占式调度。中断处理后所有任务重新按换入策略选择,称为抢占式调度。

3.4 嵌入式操作系统编写的要求

嵌入式操作系统对程序编写有特殊的要求。

第一个要求:程序执行时间可知。在写嵌入式操作系统时,查询不可以采用循环嵌套。比如要找一个等于 3 的数,不可以采用循环方式来写,那样,如果 3 存放在第 2 个数组中的前面,则找 2 次就能找到,循环执行 2 次;而如果 3 存放在第 100 个数组中,则需要循环执行 100 次。2 次循环与 100 次循环程序的执行时间长短变化太大,将导致操作系统执行时间未知范围过大。

因此需要精心构造算法,使得查找快速,完成查询基本定时长。

第二个要求:建立索引。为了能够定时长并且能在大量数据的情况下快速查找,需要大数思维。大数思维,就是指在如图书馆那么多的图书时,为了快速查询到一本书,需要建立索引。操作系统会对内存、任务、消息等进行管理。运行过程必须有索引,方便快速找到所要的内存块、任务指针等。

第三个要求:程序模块尽量抽象重用。这个要求是为了能够尽量避免错误,也为了能够使得程序模块化更好。

第四个要求:空间重用,大小可知。采用空间可回收机制。本身就是操作系统,没有更底层的程序会来打扫空间,所以对于空间的使用,必须自己用、自己清理。如前面讲过的存储器,存储地址空间是连续的。如果操作系统不能够自己限制自己的执行空间大小,将可能造成程序越界的情况,而使得系统陷入瘫痪。所以一般操作系统的使用空间大小是可以确定的。比如在配置系统时就已经可以限制任务的多少,从而决定要使用多少地址的空间开销。整个系统在执行过程会时刻保持边用边回收的策略。

第五个要求:灵活性。要为高级程序员开放内核,便于修改内核。嵌入式操作系统将会在程序中采用一些面向对象可重构的思想,让程序既可以完整运行,又可以在需要的时候改变重构内核来运行。

习题

1. 嵌入式操作系统的体系结构是什么?
2. 嵌入式操作系统的定义是什么?
3. 任务有几个状态?是如何相互转化的?

第4章 嵌入式操作系统常用数据结构

任何软件都是由数据结构构造起来的。数据结构就像盖大楼的砖瓦钢筋,只有把这些材料按照一定的数量、一定的算法思想组织起来,才能构成一个合适的程序。嵌入式操作系统也是一种软件,自然也有自己的常用数据结构。设计和学习嵌入式操作系统,首先要弄清楚其核心数据结构。在整个操作系统的编写中,很大一部分工作都在维护整个系统的数据结构上,先对嵌入式操作系统中常用的数据结构做个深入的分析和了解是十分必要的。

4.1 数组

数组可以看成固定长度的连续内存单元,可以用作同一类型数据的集合,占用连续内存空间,其中的所有元素名称都相同,但每个元素都有一个编号。数组的名称可以作为指针来使用,通过"数组名＋1"操作,可以完成对所有数据元素的访问。如图 4.1 所示,a＋1 和 a[1]起到的作用是相同的。

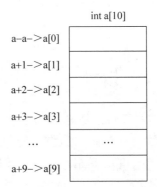

图 4.1 数组内存存放和访问方式

在嵌入式操作系统中,数组常用作记录同类事物的表,方便分类存放。它的检索速度快且恒定。但是其缺点是占用连续内存空间大,当内存分配过程中产生碎片太多时,可能无法安排数组的存放,这个问题在内存资源有限的嵌入式系统编程中体现得比较突出。

在 μCOS 中,任务优先级别表(OSTCBPrioTbl)就是采用数组完成的。如图 4.2 所示,中间的 OSTCBPrioTbl[]是一个指针数组,它以优先级为序号,数组元素中存放的是一个指针。每个元素在数组中的索引就是优先级号,而 OSTCBPrioTbl 中每个元素指向OSTCBPrioTbl 数组中相应的优先级的任务控制块。

数组的优势就在于它必须预先知道最大的容量。如第 3 章所讲,必须知道系统的空间大小,所以数组是操作系统数据结构的良好选择之一。为了能够使操作系统满足不同数量任务的要求,可以在配置时对数组大小进行设置。比如在 μCOS 中任务优先级别表

（OSTCBPrioTbl）采用数组，就使系统最大只能运行 64 个任务。如果只有 1 个任务在运行，那么在系统设置里最大任务数改为 3（μCOS 要求必须包括空闲任务和统计任务）。那么数组 OSTCBPrioTbl 最大值就是 3。

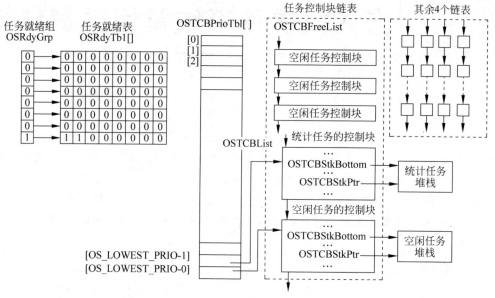

图 4.2 μCOS-Ⅱ初始化的数据结构

4.2 指针

指针恰恰是解决数组固定长度问题的一个方法。指针从明确意义上来说，就是数据地址的一种表示。通过对指针的操作，可以完成对某一个内存单元的数据访问。

＊和 & 是指针的常用运算符号。＊p 操作返回 p 的值。& p 操作返回声明 p 时开辟的地址。

下面的代码声明一个指针数组 OSTCBPrioTbl，元素的类型是指针，并且是 OS_TCB 类型的指针。

```
OS_TCB      * OSTCBPrioTbl[OS_LOWEST_PRIO + 1];
```

程序中的如下语句表示指针的赋值：

```
OSTCBPrioTbl[prio] = (OS_TCB * )0;
```

该语句表示给任务优先级表的当前优先级元素赋值，所赋值是一个指针类型。其中，(OS_TCB＊)0 表示的意思和 NULL 差不多，只不过用了 C 语言的强制类型转换，把空指针转换成了 OS_TCB 类型。使用了指针后，任务控制块可以离散地分布在内存中，也可以根据当前的运行任务数配合 OSTCBPrioTbl 灵活地申请新块和退回不使用的块。

4.3 结构体

第 17 集
视频讲解

C 语言的结构体是不同数据类型数据的集合。它占用连续内存空间,适合描述具有结构的事物(如数据库的记录)。它不需要分类存放,检索速度快且恒定。

在 C 语言中,结构地址和结构中第一个元素的地址是相同的,因此在 μLinux 内核中经常出现使用结构第一个元素的地址来表示结构地址的情况,在读代码时要注意这一点。

例如:

```
struct my_struct{
int a;
int b;
}c;
if(&c == &c.a){      // always true
...
}
```

上面的 c 和 c.a 的地址是一样的,所以判断语句永远为真。

μCOS 中的结构体,如任务控制块(os_tcb)代码如下:

```
typedef struct os_tcb{
    OS_STK  * OSTCBStkPtr;           /* 指向当前栈顶 */
# if OS_TASK_CREATE_EXT_EN > 0
    void * OSTCBExtPtr;              /* 指向用户定义的 TCB 扩展数据 */
    OS_STK  * OSTCBStkBottom;        /* 指向栈底 */
    INT32U OSTCBstkSize;             /* 堆栈大小 */
    INT32U OSTCBOpt;                 /* OSTaskCreateExt 传递的堆栈参数 */
    INT32U OSTCBstkId;               /* 堆栈标识(0~65535) */
# endif
    struct os_tcb * OSTCBNext;       //下一个任务控制块
    struct os_tcb * OSTCBPrev;       //上一个任务控制块,这两个参数将任务控制
//块连成一个双向链表,在时钟节拍函数 OSTimeTick()中会用到
# if (OS_Q_EN && (OS_MAX_QS >= 2)) || OS_MBOX_EN || OS_SEM_EN
    OS_EVENT      * OSTCBEventPtr;   //事件指针
# endif
# if (OS_Q_EN && (OS_MAX_QS >= 2)) || OS_MBOX_EN
    void          * OSTCBMsg;        //事件消息
# endif
    INT16U   OSTCBDly;               //任务延时节拍
    INT8U    OSTCBStat;              //任务状态,当它等于 OS_STAT_READY 时,任务进入就绪状态
    INT8U    OSTCBPrio;              //任务优先级
    INT8U    OSTCBX;                 //任务优先级的低 3 位,例如,任务的优先级为 25,换成 2
//进制后,则 OSTCBX = 1
    INT8U    OSTCBY;                 //任务优先级的高 3 位
```

```
    INT8U    OSTCBBitX;              //优先级别表快查用
    INT8U    OSTCBBitY;              //优先级组对应的位数

#if OS_TASK_DEL_EN
    BOOLEAN OSTCBDelReq;
#endif
} OS_TCB;
```

　　struct 是结构定义的关键字,struct 后面的 os_tcb 是结构体的名字。后面大括号内部的定义就是对成员变量的定义。一般来说,结构体的成员个数是一定的,成员类型可以各不相同。

　　上述结构体代码中包含的第一个成员变量是 OS_STK 指针类型的 * OSTCBStkPtr,指向当前的任务堆栈。#if…#endif 是宏定义段,是为了增强系统的扩展性,也就是一种可以改变成员个数的结构的方法。用结构体和上述的指针结合可以完成一些更加复杂的嵌入式操作系统数据结构,包括链表、树等。

第 18 集
视频讲解

4.4　链表

　　链表是一种复杂的数据结构,一般语言不提供此类数据结构。例如 C 语言就是通过指针和结构体来形成链表的。其特点是在结构体中有一成员变量是指针,用来指向自身的结构体。

　　例如:

```
Struct Point
{ int I;
Struct Point * next;
 Char p[20];
}
```

　　前面 μCOS 中 os_tcb 的例子就是一个链表。其中,struct os_tcb * OSTCBNext 就是指向自身的结构体。如果把前面的例子在内存中部署,如图 4.3 所示为链表内存中的情况。

　　双向链表也称为双链表,是链表的一种特殊形式,含有两个指针域:一个向后指;另一个向前指,从而形成一个双向的链接。双向链表可以用作同数据类型数据的集合,不占用连续内存空间,不需要大量的连续存储空间。与一般链表相比,由于有前后向指针,检索速度较快,尤其是查找邻近节点耗费的时间较短。双向链表在嵌入式操作系统中用得很多,因为这个方式对内存的要求比较低,而且非常方便查找。

　　下面对链表的操作进行总结,以便在设计和学习嵌入式操作系统代码时参考。

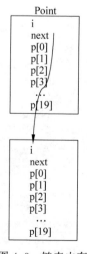

图 4.3　链表内存中的情况

1. 线性表的双向链表存储结构定义

```
typedef struct DuLNode
{
    ElemType data;
    struct DuLNode * prior, * next;
}DuLNode, * DuLinkList;
```

2. 带头节点的双向循环链表的空链表产生

```
void InitList(DuLinkList * L)
{ / * 产生空的双向循环链表 L * /
    * L = (DuLinkList)malloc(sizeof(DuLNode));
    if( * L)
        ( * L) - > next = ( * L) - > prior = * L;
    else
        exit(OVERFLOW);
}
```

3. 销毁双向循环链表中 L 节点

```
void DestroyList(DuLinkList * L)
{
    DuLinkList q, p = ( * L) - > next;        / * p指向第一个节点 * /
    while(p!=  * L)                           / * p没到表头 * /
    {
        q = p - > next;
        free(p);
        p = q;
    }
    free( * L);
    * L = NULL;
}
```

4. 重置链表为空表

```
void ClearList(DuLinkList L)                  / * 不改变 L * /
{
    DuLinkList q, p = L - > next;             / * p指向第一个节点 * /
    while(p!= L)                              / * p没到表头 * /
    {
        q = p - > next;
        free(p);
        p = q;
    }
    L - > next = L - > prior = L;             / * 头节点的两个指针域均指向自身 * /
}
```

5. 验证是否为空表

```
Status ListEmpty(DuLinkList L)
{ /* 初始条件:线性表 L 已存在 */
    if(L->next==L&&L->prior==L)
        return TRUE;
    else
    return FALSE;
}
```

下面是对元素操作的示例。

（1）计算表内元素个数。

```
int ListLength(DuLinkList L)
{ /* 初始条件:L 已存在,操作结果: */
    int i=0;
    DuLinkList p=L->next;               /* p 指向第 1 个节点 */
    while(p!=L)                          /* p 没到表头 */
    {
        i++;
        p=p->next;
    }
    return i;
}
```

（2）赋值。

```
Status GetElem(DuLinkList L, int i,ElemType *e)
{ /* 当第 i 个元素存在时,其值赋给 e 并返回 OK;否则,返回 ERROR */
    int j=1;                            /* j 为计数器 */
    DuLinkList p=L->next;               /* p 指向第 1 个节点 */
    while(p!=L&&j<i)
    {
        p=p->next;
        j++;
    }
    if(p==L||j>i)                        /* 第 i 个元素不存在 */
        return ERROR;
    *e=p->data;                          /* 取第 i 个元素 */
    return OK;
}
```

（3）查找元素。

```
int LocateElem(DuLinkList L,ElemType e,Status(*compare)(ElemType,ElemType))
{ /* 初始条件:L 已存在,compare()函数是数据元素判定函数 */
    /* 操作结果:返回 L 中第 1 个与 e 满足关系 compare()的数据元素的位序 */
    /* 若这样的数据元素不存在,则返回值为 0 */
```

```
    int i = 0;
    DuLinkList p = L - > next;              /* p指向第1个元素 */
    while(p!= L)
    {
        i++;
    if(compare(p - > data,e))              /* 找到这样的数据元素 */
        return i;
    p = p - > next;
    }
    return 0;
}
```

(4) 查找元素前驱。

```
Status PriorElem(DuLinkList L,ElemType cur_e,ElemType * pre_e)
{ /* 操作结果:若 cur_e 是 L 的数据元素,且不是第1个,则用 pre_e 返回它的前驱, */
  /* 否则操作失败,pre_e 无定义 */
    DuLinkList p = L - > next - > next;       /* p指向第2个元素 */
    while(p!= L)                            /* p没到表头 */
    {
        if(p - > data == cur_e)
        {
            * pre_e = p - > prior - > data;
            return TRUE;
        }
        p = p - > next;
    }
return FALSE;
}
```

(5) 查找元素后继。

```
Status NextElem(DuLinkList L,ElemType cur_e,ElemType * next_e)
{/* 操作结果:若 cur_e 是 L 的数据元素,且不是最后一个,则用 next_e 返回它的后继, */
  /* 否则操作失败,next_e 无定义 */
    DuLinkList p = L - > next - > next;       /* p指向第2个元素 */
    while(p!= L)                            /* p没到表头 */
    {
        if(p - > prior - > data == cur_e)
        {
            * next_e = p - > data;
            return TRUE;
        }
        p = p - > next;
    }
    return FALSE;
}
```

（6）查找元素地址。

```
DuLinkList GetElemP(DuLinkList L, int i)      /* 另加 */
{ /* 在双向链表 L 中返回第 i 个元素的地址。若 i 为 0,则返回头节点的地址;若第 i 个元素不存在,
    则返回 NULL */
    int j;
    DuLinkList p = L;                         /* p 指向头节点 */
    if(i < 0||i > ListLength(L))              /* i 值不合法 */
        return NULL;
    for(j = 1; j <= i; j++)
        p = p -> next;
    return p;
}
```

（7）元素的插入。

```
Status ListInsert(DuLinkList L, int i, ElemType e)
{ /* 在带头节点的双链循环线性表 L 中第 i 个位置之前插入元素 e,i 的合法值为 1≤i≤表长 + 1 */
    /* 改进算法,否则无法在第(表长 + 1)节点之前插入元素 */
    DuLinkList p, s;
    if(i < 1||i > ListLength(L) + 1)          /* i 值不合法 */
        return ERROR;
    p = GetElemP(L, i - 1);                   /* 在 L 中确定第 i 个元素前驱的位置指针 p */
    if(!p)           /* p = NULL,即第 i 个元素的前驱不存在(设头节点为第 1 个元素的前驱) */
        return ERROR;
    s = (DuLinkList)malloc(sizeof(DuLNode));
    if(!s)
    return OVERFLOW;
    s -> data = e;
    s -> prior = p;                           /* 在第 i - 1 个元素之后插入 */
    s -> next = p -> next;
    p -> next -> prior = s;
    p -> next = s;
    return OK;
}
```

（8）元素的删除。

```
Status ListDelete(DuLinkList L, int i, ElemType * e)
{ /* 删除带头节点的双链循环线性表 L 的第 i 个元素,i 的合法值为 1≤i≤表长 */
    DuLinkList p;
    if(i < 1)                                 /* i 值不合法 */
        return ERROR;
    p = GetElemP(L, i);                       /* 在 L 中确定第 i 个元素的位置指针 p */
    if(!p)                                    /* p = NULL,即第 i 个元素不存在 */
        return ERROR;
    * e = p -> data;
    p -> prior -> next = p -> next;
```

```
p - > next - > prior = p - > prior;
free(p);
return OK;
}
```

（9）正序查找。

```
void ListTraverse(DuLinkList L, void( * visit)(ElemType))
{ / * 由双链循环线性表 L 的头节点出发,正序对每个数据元素调用函数 visit() * /
    DuLinkList p = L - > next;                / * p 指向头节点 * /
    while(p!= L)
    {
        visit(p - > data);
        p = p - > next;

    }
    printf("\n");
}
```

（10）逆序查找。

```
void ListTraverseBack(DuLinkList L, void( * visit)(ElemType))
{ / * 由双链循环线性表 L 的头节点出发,逆序对每个数据元素调用函数 visit(). * /
    DuLinkList p = L - > prior;                / * p 指向尾节点 * /
    while(p!= L)
    {
        visit(p - > data);
        p = p - > prior;
    }
    printf("\n");
}
```

　　如上面表述,如果程序采用链表查询,就不能保证操作系统的定时性,为此把 OSTCBPrioTbl 与链表连在一起(见图 4.2)。OSTCBPrioTbl 中存放的是相应优先级的链表节点指针。这样查找就可以直接用 OSTCBPrioTbl[Prio]来找到链表上的节点了。只要一次查找就可以定位到相应链表位置。

4.5　差分链表

　　在嵌入式操作系统中,为了管理任务的等待时间,时间到就进行调度,使用的一种特殊链表称为差分链表。

　　在差分链表中,链头指针表示当前时刻,每个块表示一个事件,块中所包含的计时值并非当前时刻到该事件被激活时刻的绝对计数,而是该事件到上一事件的相对值。通过该事件块和先于它的所有事件块的计数值之和来表示该事件激活时刻到当前时刻的时间距离。

如图 4.4 所示,在当前时刻,对象 A 需要等待 3 个时间单位被激活,对象 B 需要等待 5(3+2)个时间单位被激活,对象 C 需要等待 10(3+2+5)个时间单位被激活。

如图 4.5 所示,在当前时刻,如果有一个等待 9 个时间单位的对象 E 需要插到队列中,由于 9−3−2=4(符合条件),而 9−3−2−5=−1(不符合实际),因此对象 E 需要插到差分链表中介于对象 B 和对象 C 之间的位置。

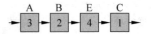

图 4.4　三个节点的差分链表　　　　图 4.5　插入一个节点后的差分链表

假设链表为 a,链上的元素为 a_i,前一个元素为 a_{i-1},后一个元素为 a_{i+1},$\mathrm{val}(a_i)$ 是时间,表示前一个事件结束后过 $\mathrm{val}(a_i)$ 时间就到下一个事件了。假设第一个事件在 0 时刻发生,那么第 i 个事件发生的时间就是之前所有节点之和 $\sum_{t=0}^{i-1} \mathrm{val}(a_t)$。

1. 插入算法

插入一 m 时间发生的事件,先要计算插入位置,$\sum_{t=0}^{i-1} \mathrm{val}(a_t) < m < \sum_{t=0}^{i} \mathrm{val}(a_t)$,则插入 i 后,新插入的 a_i' 的值是 $m - \sum_{t=0}^{i} \mathrm{val}(a_t)$,如果不是末尾,则 a_{i+1} 的值也要做改变,变为 $\mathrm{val}(a_{i+1}) - \mathrm{val}(a_i')$。

2. 删除算法

删除一 m 时间发生的事件,过程和插入一样,只是计算不同。先要找到删除点,然后删除节点 a_i。如果不是末尾,那么就把后一个元素的值加上刚才删掉的值。

对于差分链表,系统每接收到一个 tick(时钟中断),就修订链首对象的时间值。如果链表对象的时间单位为 tick,则每发生一个 tick,链首对象的时间值就减 1。当减到 0 时,链首对象就被激活,并从差分链表中取下来,下一个对象又成为链首对象。这种算法是基于时间的调度算法。

4.6　树

使用指针和结构体还可以构成另一种嵌入式操作系统常用的数据结构——树。例如,树的定义如下:

```
typedef struct node * tree_pointer;
struct node{
 char ch;
 tree_pointer left_child,right_child;
};
```

根节点赋初值语句:

```
tree_pointer root = NULL;
```

生成树的函数如下：

```
tree_pointer create(tree_pointer ptr)
{
     char ch;
    scanf(" % c",&ch);
    if(ch == ' ')
         ptr = NULL;
    else
    {
        ptr = (tree_pointer)malloc(sizeof(node));
        ptr -> ch = ch;
        ptr -> left_child = create(ptr -> left_child);
        ptr -> right_child = create(ptr -> right_child);
    }
     return ptr;
}
```

二叉树是一种特殊的树，每个节点都只有左、右两个分支，连接左、右两个儿子节点。

（1）前序遍历二叉树：一种按照从左儿子节点、该节点到右儿子节点顺序的树节点的访问方式。

```
void preorder(tree_pointer ptr)
{
 if(ptr){
  printf(" % c",ptr -> ch);
  preorder(ptr -> left_child);
  preorder(ptr -> right_child);
 }
}
```

（2）中序遍历二叉树：一种先查该节点，再查左儿子节点，最后查右儿子节点的访问方式。

```
void inorder(tree_pointer ptr)
{
 if(ptr){
  inorder(ptr -> left_child);
  printf(" % c",ptr -> ch);
  inorder(ptr -> right_child);
 }
}
```

（3）后序遍历二叉树：一种先查右儿子节点，再查该节点，最后查左儿子节点的访问方式。

```
void postorder(tree_pointer ptr)
{
 if(ptr){
  postorder(ptr -> left_child);
  postorder(ptr -> right_child);
  printf(" % c",ptr -> ch);
 }
}
```

使用上面的函数构建一个主程序的例子如下：

```
void main()
{
 printf("构建一棵二叉树：\n");
 root = create(root);
 printf("前序遍历二叉树：\n");
 preorder(root);
 printf("\n");
 printf("中序遍历二叉树：\n");
 inorder(root);
 printf("\n");
 printf("后序遍历二叉树：\n");
 postorder(root);
 printf("\n");
}
```

4.7 位图

位图是数组的一种特殊应用，可以用来注册事物，有该事物就写 1，没有该事物就写 0，如图 4.6 所示。

在 μCOS-Ⅱ 中，位图被用来注册就绪的任务，并用来做优先级的查找。后续在 μCOS-Ⅱ 操作系统部分做进一步讨论。

使用位图的好处就是使得程序运行不需要多重循环嵌套，所有的查询只需要巧妙地利用 2 句位操作指令就能够完成，从而使得程序执行时间可知。这是设计操作系统的关键。

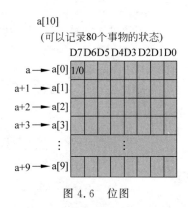

图 4.6　位图

4.8 文件

文件是一种带存储格式的数据集合，结构灵活，一般包括文件头、数据、格式控制 3 部分。文件头中包括指示文件的存储方式、大小、起始和结束位置等信息；格式控制包括一些特殊的格式说明、格式符号等。

对文件的操作包括打开、定位、读、写、关闭等。

因为 μCOS-Ⅱ没有很好的文件结构,所以下面以 Linux 为例来解释嵌入式操作系统中对文件如何实现和操作。

Linux 系统的核心数据结构在文件操作中全部可以找到,所以弄懂 Linux 文件操作涉及的各种数据结构,就可以弄懂 Linux。下面列举一些主要的数据结构。

1. inode 和 file_operations

inode 用于描述目录节点,它描述了一个目录节点物理方面的属性,如大小、创建时间、修改时间、uid、gid 等;file_operations 是目录节点提供的操作"接口",它包括 open、read、write、ioctl、llseek、mmap 等操作。一个 inode 通过成员 i_fop 对应一个 file_operations。打开文件的过程就是寻找目录节点对应的 inode 的过程。文件被打开后,inode 和 file_operations 都已经在内存中建立,file_operations 的指针也已经指向了具体文件系统提供的函数,此后该文件的操作都由这些函数来完成。

例如,打开了一个普通文件/root/file,其所在文件系统格式是 ext2,那么,内存中结构如图 4.7 所示。

2. 目录节点入口 dentry

本来,inode 中应该包括目录节点的名称,但由于符号链接的存在,导致一个物理文件可能有多个文件名,因此把和目录节点名称相关的部分从 inode 中分出来,放在一个专门的 dentry 结构中。这样,一个 dentry 通过成员 d_inode 对应到一个 inode 上,寻找 inode 的过程变成了寻找 dentry 的过程。因此,dentry 变得更加关键,而 inode 常被 dentry 所遮掩。可以说,dentry 是文件系统中最核心的数据结构,它的身影无处不在。由于符号链接的存在,导致多个 dentry 可能对应到同一个 inode 上。例如,有一个符号链接/tmp/abc 指向一个普通文件/root/file,那么 dentry 与 inode 之间的关系图大致如图 4.8 所示。

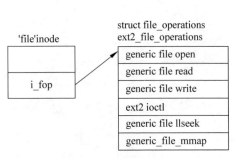

图 4.7 inode 和 file_operations 关系图

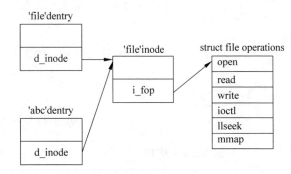

图 4.8 dentry、inode 和 file_operations 关系图

3. super_block 和 super_operations

一个存放在磁盘上的文件系统,如 ext2 等,在它的格式中通常包括一个"超级块"或者"控制块"的部分,用于从整体上描述文件系统,如文件系统的大小,是否可读可写等。

虚拟文件系统中也通过"超级块"这种概念来描述文件系统整体的信息,对应的结构是 struct super_block。

super_block 除了要记录文件大小、访问权限等信息外,更重要的是提供一个操作"接口"——super_operations。

4. file 结构

一个文件每被打开一次,就对应着一个 file 结构。每个文件对应着一个 dentry 和 inode,每打开一个文件,只要找到对应的 dentry 和 inode 不就可以了吗?为什么还要引入这个 file 结构?这是因为一个文件可以被同时打开多次,每次打开的方式也可以不一样,而 dentry 和 inode 只能描述一个物理的文件,无法描述"打开"这个概念。因此有必要引入 file 结构描述一个"被打开的文件"。每打开一个文件,就创建一个 file 结构。

file 结构中包含以下信息:

(1)打开这个文件的进程的 uid 和 pid。

(2)打开的方式。

(3)读/写的方式。

(4)当前在文件中的位置。

实际上,打开文件的过程正是建立 file、dentry 和 inode 之间关联的过程,如图 4.9 所示。

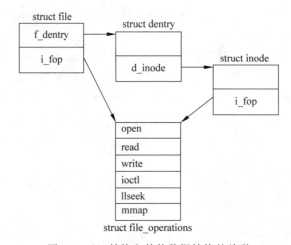

图 4.9 file 结构和其他数据结构的关联

5. files_struct 结构

一个进程可以打开多个文件,每打开一个文件,就创建一个 file 结构。所有的 file 结构的指针都保存在一个数组中,而文件描述符正是这个数组的下标。读者在刚开始学习编程的时候,可能不容易理解这个"文件描述符"的概念。如果从内核的角度去看,就很容易明白"文件描述符"是怎么回事了。用户仅看到一个"整数",实际底层对应着的是 file、dentry、inode 等复杂的数据结构。files_struct 用于管理这个"打开文件"表。例如:

```
struct files_struct {
    atomic_t count;
    rwlock_t file_lock;                    /* 保护所有的成员变量,内部有 tsk→alloc_lock */
    int max_fds;
    int max_fdset;
    int next_fd;
    struct file ** fd;                     /* 当前 fd */
    fd_set * close
_on_exec;
    fd_set * open_fds;
    fd_set close_on_exec_init;
    fd_set open_fds_init;
    struct file * fd_array[NR_OPEN_DEFAULT];
};
```

以上程序中的 fd_array[]就是"打开文件"表。task_struct 中通过成员 files 与 files_struct 关联起来。

4.9　内核线程

例如,µLinux 内核中新线程的建立可以用 kernel_thread 函数实现,该函数在 kernel/fork.c 中定义:

```
long kernel_thread(int ( * fn)(void * ), void * arg, unsigned long flags)
```

fn：内核线程主函数。

arg：线程主函数的参数。

flags：建立线程的标志。

内核线程函数通常都调用 daemonize()函数进行后台化并作为一个独立的线程运行,然后设置线程的一些参数,如名称、信号处理等,这不是必要的。之后就进入一个死循环,这是线程的主体部分,这个循环不能一直在运行,否则系统就死在这里了。它或者是某种事件驱动的,在事件到来前是睡眠的,事件到来后唤醒进行操作,操作完后继续睡眠;或者是定时睡眠,醒后操作完再睡眠;或者加入等待队列,通过 schedule()调度获得执行时间。总之,这个线程不能一直占着 MCU。

以下是内核线程的一个示例,取自 kernel/context.c。

```
int start_context_thread(void)
{
        static struct completion startup __ initdata = COMPLETION_INITIALIZER(startup);
        kernel_thread(context_thread, &startup, CLONE_FS | CLONE_FILES);
        wait_for_completion(&startup);
        return 0;
}
```

```
static int context_thread(void * startup)
{
        struct task_struct * curtask = current;
        DECLARE_WAITQUEUE(wait, curtask);
        struct k_sigaction sa;
        daemonize();
        strcpy(curtask -> comm, "keventd");
        keventd_running = 1;
        keventd_task = curtask;
        spin_lock_irq(&curtask -> sigmask_lock);
        siginitsetinv(&curtask -> blocked, sigmask(SIGCHLD));
        recalc_sigpending(curtask);
        spin_unlock_irq(&curtask -> sigmask_lock);
        complete((struct completion * )startup);
        /* 安装一个句柄,让 SIGCHLD 被传送 */
        sa.sa.sa_handler = SIG_IGN;
        sa.sa.sa_flags = 0;
        siginitset(&sa.sa.sa_mask, sigmask(SIGCHLD));
        do_sigaction(SIGCHLD, &sa, (struct k_sigaction * )0);
        /* 如果一个在任务队列的任务函数又把自己加入任务队列,就在 TASK_RUNNING 状态下调
用 schedule() */
        for (;;)
         {
            set_task_state(curtask, TASK_INTERRUPTIBLE);
            add_wait_queue(&context_task_wq, &wait);
            if (TQ_ACTIVE(tq_context))
            set_task_state(curtask, TASK_RUNNING);
            schedule();
            remove_wait_queue(&context_task_wq, &wait);
            run_task_queue(&tq_context);
            wake_up(&context_task_done);
            if (signal_pending(curtask))
            {
                while (waitpid( - 1, (unsigned int * )0, __ WALL|WNOHANG) > 0);
                spin_lock_irq(&curtask -> sigmask_lock);
                flush_signals(curtask);

                recalc_sigpending(curtask);
                spin_unlock_irq(&curtask -> sigmask_lock);
            }
        }
}
```

习题

1. 用 C 代码编写差分链表的插入模块和删除模块。
2. 简述嵌入式操作系统的主要数据结构。
3. 打开 μCOS-Ⅱ源码，找寻其中链表操作的例子。

第 5 章 嵌入式操作系统初始化

大部分操作系统是由一个名为 BootLoader 的小程序调入内存并开始运行的。那么 BootLoader 引导程序是如何构造的呢？下面进行具体介绍。

5.1 BootLoader

简单地说，BootLoader 就是在操作系统内核运行之前运行的一段小程序。通过这段小程序，可以初始化硬件设备，建立内存空间的映像图，从而使系统的软硬件环境工作在一个合适的状态，以便为最终调用操作系统内核做好准备。每种不同的 MCU 体系结构都有不同的 BootLoader 方式。有些 BootLoader 支持多种体系结构的 MCU，如 U-Boot 就同时支持 ARM 体系结构和 MIPS 体系结构。除了依赖于 MCU 的体系结构外，BootLoader 实际上也依赖于具体的嵌入式板级设备的配置。也就是说，对于两块不同的嵌入式板而言，即使它们是基于同一种 MCU 构建的，要想让运行在一块板子上的 BootLoader 程序也能运行在另一块板子上，通常也都需要修改 BootLoader 的源程序。

5.1.1 BootLoader 装在哪里

系统加电或复位后，所有的 MCU 通常都从由 MCU 制造商预先安排的某个地址上取指令。例如，基于 ARM7TDMI Core 的 MCU 在复位时通常都从地址 0x00000000 处取它的第一条指令。某种类型的物理存储设备（如 ROM、EEPROM 或 Flash 等）被映像到这个预先安排的地址上，BootLoader 程序就放在这里。

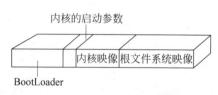

图 5.1 物理存储设备的典型空间分配结构

如图 5.1 所示就是一个同时装有 BootLoader、内核的启动参数、内核映像和根文件系统映像的物理存储设备的典型空间分配结构。

5.1.2 BootLoader 的启动过程

多阶段的 BootLoader 能提供更为复杂的功能，以及更好的可移植性。一般从存储设备上启动的 BootLoader 大多都是两个阶段,即启动过程可以分为 stage1 和 stage2 两部分。stage1 中通常存放依赖于 MCU 体系结构的代码,如设备初始化代码等,通常都用汇编语言来实现,以达到短小、精悍的目的。stage2 的代码则通常用 C 语言来实现,这样可以实现更复杂的功能,而且代码会具有更好的可读性和可移植性。一个典型简单的 BootLoader 启动流程如图 5.2 所示。

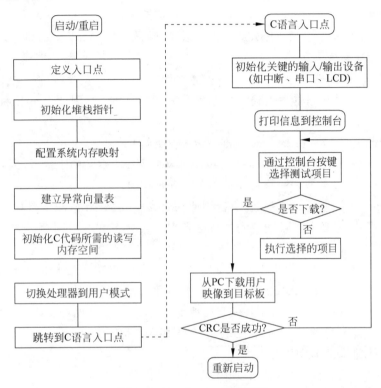

图 5.2　BootLoader 启动流程

1. stage1 中的初始化操作

BootLoader 的 stage1 主要包含依赖于 MCU 的体系结构硬件初始化的代码,通常都用汇编语言来实现。这个阶段的任务通常包括基本的硬件设备初始化(屏蔽所有的中断、关闭处理器内部指令/数据 cache 等),为 stage2 准备 RAM 空间;如果是从某个固态存储到媒质中,则复制 BootLoader 的 stage2 代码到 RAM,然后设置堆栈,最后跳转到第二阶段的 C 程序入口点。

BootLoader 一开始就执行的这些操作,其目的是为 stage2 的执行以及随后的内核的执行准备好一些基本的硬件环境。它通常包括以下步骤(按执行的先后顺序):

(1) 屏蔽所有的中断。在 BootLoader 的执行全过程中可以不必响应任何中断,以免去太庞大和复杂的设计。中断屏蔽可以通过写 MCU 的中断屏蔽寄存器或状态寄存器(如 ARM 的 CPSR 寄存器)来完成。

（2）设置 MCU 的速度和时钟频率。有些 MCU 有多种速度模式，可工作在多个时钟频率下，此时需要选择其工作速度和时钟频率。

（3）RAM 初始化。这包括正确地设置系统的内存控制器的功能寄存器以及各内存控制寄存器等。

（4）初始化 LED。一般是通过 GPIO 来驱动 LED 的。LED 不是系统必要的硬件配置，设置 LED 的目的是向系统安装调试人员表明系统的状态是正常（OK）的还是错误（ERROR）。如果板子上没有 LED，那么也可以通过初始化 UART 向串口打印 BootLoader 的 Logo 字符信息来完成这一点。

（5）关闭 MCU 内部指令/数据 cache。通常使用 cache 以及写缓冲是为了提高系统性能，但由于 cache 的使用可能改变访问主存的数量、类型和时间，因此 BootLoader 通常是不需要 cache 工作的。

（6）为加载 BootLoader 的 stage2 准备 RAM 空间。

为了获得更快的执行速度，通常把 stage2 加载到 RAM 空间中来执行，因此必须为加载 BootLoader 的 stage2 准备好一段可用的 RAM 空间范围。

由于 stage2 通常是 C 语言执行代码，因此在考虑空间大小时，除了首先考虑 stage2 可执行映像的大小外，还必须把堆栈空间也考虑进来。其次，空间大小最好是内存页（memory page）大小（通常是 4KB）的倍数。一般而言，1MB 的 RAM 空间已经足够了。具体的地址范围可以任意安排，如 BLOB（即 BootLoader Object，是一款功能强大的 BootLoader。它遵循 GPL，源代码完全开放。BLOB 既可以用来简单调试，也可以启动 Linux 内核）就将它的 stage2 可执行映像安排到从系统 RAM 起始地址 0xc0200000 开始的 1MB 空间内执行。但是，将 stage2 安排到整个 RAM 空间的最顶端那个 1MB 空间，即（RamEnd−1MB）～ RamEnd，是一种很好的设计方法。

为了后面的叙述方便，这里把所安排的 RAM 空间范围的大小记为 stage2_size（字节）。把起始地址和终止地址分别记为 stage2_start 和 stage2_end（这两个地址均以 4 字节边界对齐）。因此：

stage2_end = stage2_start + stage2_size

另外，还必须确保所安排的地址范围是可读/写的 RAM 空间，为此，必须对所安排的地址范围进行测试。具体的测试方法可以采用类似于 blob 的方法，即以内存页为被测试单位，测试每个内存页开始的两个字是否是可读/写的。记这个检测算法为 test_mempage，其具体步骤如下：

① 先保存内存页一开始两个字的内容。

② 向这两个字中写入任意的数字。例如，向第一个字写入 0x55，向第二个字写入 0xaa。

③ 立即将这两个字的内容读回。显然，读到的内容应该分别是 0x55 和 0xaa。如果不是，则说明这个内存页所占据的地址范围不是一段有效的 RAM 空间。

④ 再向这两个字中写入任意的数字。例如，向第一个字写入 0xaa，向第二个字写入 0x55。

⑤ 立即将这两个字的内容读回。显然,读到的内容应该分别是 0xaa 和 0x55。如果不是,则说明这个内存页所占据的地址范围不是一段有效的 RAM 空间。

⑥ 恢复这两个字的原始内容。测试完毕。

⑦ 为了得到一段干净的 RAM 空间范围,也可以将所安排的 RAM 空间范围进行清零操作。代码如下:

```
testram:
    stmdb   sp!, {r1 - r4, lr}
        ldmia   r0, {r1, r2}
        mov     r3, ♯0x55       @ write 0x55 to first word
        mov     r4, ♯0xaa       @ 0xaa to second
        stmia   r0, {r3, r4}
        ldmia   r0, {r3, r4}    @ read it back
        teq     r3, ♯0x55       @ do the values match
        teqeq   r4, ♯0xaa
        bne     bad             @ oops, no
        mov     r3, ♯0xaa       @ write 0xaa to first word
        mov     r4, ♯0x55       @ 0x55 to second
        stmia   r0, {r3, r4}
        ldmia   r0, {r3, r4}    @ read it back
        teq     r3, ♯0xaa       @ do the values match
        teqeq   r4, ♯0x55
bad:    stmia   r0, {r1, r2}    @ in any case, restore old data
        moveq   r0, ♯0          @ ok - all values matched
        movne   r0, ♯1          @ no ram at this location
ldmia   sp!, {r1 - r4, pc}
```

(7) 复制 BootLoader 的 stage2 到 RAM 空间中。

复制时要先确定两点:

① stage2 的可执行映像在固态存储设备的存放起始地址和终止地址。

② RAM 空间的起始地址。

(8) 设置好堆栈。

堆栈指针的设置是为了执行 C 语言代码做好准备。通常可以把 sp 的值设置为:stage2_end-4,即在安排的那个 1MB 的 RAM 空间的最顶端(堆栈向下生长)。

此外,在设置堆栈指针 sp 之前,也可以关闭 LED 灯,以提示用户准备跳转到 stage2。经过上述这些执行步骤后,系统的物理内存布局应该如图 5.3 所示。

(9) 跳转到 stage2 的 C 语言入口点。

在上述一切都就绪后,就可以跳转到 BootLoader 的 stage2 去执行了。例如,可以通过修改 PC 寄存器为合适的地址来实现跳转。

2. BootLoader 的 stage2

stage2 主要包括提供灵活的程序入口、初始化本阶段要用到的硬件设备、检测系统的内存映像、加载内核映像和根文件系统映像、设置内核的启动参数和调用内核等。

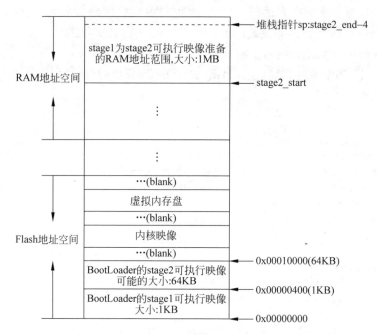

图 5.3　BootLoader 的 stage2 可执行映像刚被复制到 RAM 空间时的系统物理内存布局

（1）提供灵活的程序入口。

正如前面所说，stage2 的代码通常用 C 语言来实现，以便于实现更复杂的功能和取得更好的代码可读性和可移植性。但是与普通 C 语言应用程序不同的是：在编译和链接 BootLoader 这样的初始程序时，不能使用 glibc 库中的任何支持函数。这就带来一个问题，那就是从哪里跳转进 main() 函数呢？直接把 main() 函数的起始地址作为整个 stage2 执行映像的入口点或许是最直接的想法。但是这样做有两个缺点：第一，无法通过 main() 函数传递函数参数；第二，无法处理 main() 函数返回的情况。更为巧妙的方法是利用 trampoline（弹簧床）的概念，用这段 trampoline 小程序作为 main() 函数的外部包裹（external wrapper）。也就是说，用汇编语言写一段 trampoline 小程序，并将这段 trampoline 小程序作为 stage2 可执行映像的执行入口点，然后可以在 trampoline 汇编小程序中用 MCU 跳转指令跳入 main() 函数中去执行，而当 main() 函数返回时，MCU 执行路径显然再次回到 trampoline 程序。

下面给出一个简单的 trampoline 程序示例。

```
.text
.globl _trampoline
_trampoline:
    bl   main
    b    _trampoline
```

可以看出,当 main()函数返回后,又用一条跳转指令重新执行 trampoline 程序——当然也就重新执行 main()函数,这也就是 trampoline(弹簧床)一词的意思所在。

(2)初始化本阶段要用到的硬件设备。

这通常包括:初始化至少一个串口,以便和终端用户进行信息输出;初始化计时器等。在初始化这些设备之前,也可以重新把 LED 灯点亮,以表明已经进入 main()函数执行。设备初始化完成后,可以输出一些打印信息,如程序名字字符串、版本号等。

(3)检测系统的内存映像。

所谓内存映像就是指在整个 4GB 物理地址空间中有哪些地址范围被分配用来寻址系统的 RAM 单元。例如,在 SA-1100 MCU 中,从 0xc0000000 开始的 512MB 地址空间被用作系统的 RAM 地址空间;而在 Samsung S3C44B0X MCU 中,从 0x0c000000～0x10000000 的 64MB 地址空间被用作系统的 RAM 地址空间。虽然 MCU 通常预留出一大段足够的地址空间给系统 RAM,但是在搭建具体的嵌入式系统时却不一定会实现 MCU 预留的全部 RAM 地址空间。也就是说,具体的嵌入式系统往往只把 MCU 预留的全部 RAM 地址空间中的一部分映像到 RAM 单元上,而让剩下的那部分预留 RAM 地址空间处于未使用状态。鉴于上述这个事实,BootLoader 的 stage2 必须在它想要工作(如将存储在 Flash 上的内核映像读到 RAM 空间中)之前检测整个系统的内存映像情况,即它必须知道 MCU 预留的全部 RAM 地址空间中的哪些被真正映像到 RAM 地址单元,哪些是处于 unused 状态的。

① 内存映像的描述。可以用如下数据结构来描述 RAM 地址空间中一段连续(continuous)的地址范围:

```
typedef struct memort_area_struct{
u32 start; /* 内存区域基地址 */
u32 size; /* 内存区域字节数 */
int used;
} memory_area_t;
```

这段 RAM 地址空间中的连续地址范围可以处于两种状态之一:如果 used＝1,则说明这段连续的地址范围已被实现,即真正地被映像到 RAM 单元上;如果 used＝0,则说明这段连续的地址范围并未被系统所实现,而是处于未使用状态。

基于上述 memory_area_t 数据结构,整个 MCU 预留的 RAM 地址空间可以用一个memory_area_t 类型的数组来表示,代码如下:

```
memory_area_t memory_map[NUM_MEM_AREAS] = {
[0 ... (NUM_MEM_AREAS - 1)] = {
    .start = 0,
    .size = 0,
    .used = 0
  }
}
```

② 内存映像的检测。下面给出一个可用来检测整个 RAM 地址空间内存映像情况的

简单而有效的算法：

```
/* 数组初始化 */
for(i = 0; i < NUM_MEM_AREAS; i++)
    memory_map[i].used = 0;
    /* first write a 0 to all memory locations */
for(addr = MEM_START; addr < MEM_END; addr += PAGE_SIZE)
    *(u32 *)addr = 0;
for(i = 0, addr = MEM_START; addr < MEM_END; addr += PAGE_SIZE)
{
    /*
     * 检测从基地址 MEM_START + i * PAGE_SIZE 开始,大小为
     * PAGE_SIZE 的地址空间是否为有效的 RAM 地址空间
     */
    调用前面提到的算法 test_mempage();
    if ( current memory page isnot a valid ram page)
    {
        /* 不是 RAM */
        if(memory_map[i].used )
            i++;
        continue;
    }
    /*
     * 当前页已经是一个被映像到 RAM 的有效地址范围

     * 但是还要确定当前页是否只是 4GB 地址空间中某个地址页的别名
     */
    if( *(u32 *)addr != 0)
    { /* 有别名吗? */
        /* 这个内存页是 4GB 地址空间中某个地址页的别名 */
        if ( memory_map[i].used )
            i++;
        continue;
    }
    /*
     * 当前页已经是一个被映像到 RAM 的有效地址范围
     * 而且它也不是 4GB 地址空间中某个地址页的别名
     */
    if (memory_map[i].used == 0)
    {
        memory_map[i].start = addr;
        memory_map[i].size = PAGE_SIZE;
        memory_map[i].used = 1;
    }
    else
    {
        memory_map[i].size += PAGE_SIZE;
    }
} /* for 循环结束 */
```

在用上述算法检测完系统的内存映像情况后,BootLoader 也可以将内存映像的详细信息打印到串口。

(4) 加载内核映像和根文件系统映像。

① 规划内存占用的布局。这里包括两个方面的规划:第一,内核映像所占用的内存范围;第二,根文件系统映像所占用的内存范围。在规划内存占用的布局时,主要考虑基地址和映像的大小两个方面。

对于内核映像,一般将其复制到从 MEM_START+0x8000 这个基地址开始的大约 1MB 的内存范围内(嵌入式 Linux 的内核一般都不超过 1MB)。为什么要把从 MEM_START～MEM_START+0x8000 这段 32KB 大小的内存空出来呢? 这是因为 Linux 内核要在这段内存中放置一些全局数据结构,如启动参数和内核页表等信息。

对于根文件系统映像,则一般将其复制到 MEM_START+0x00100000 开始的地方。如果用 ramdisk 作为根文件系统映像,则其解压后的大小一般是 1MB。

② 从 Flash 上复制。一般嵌入式 MCU 通常都是在统一的内存地址空间中寻址 Flash 等固态存储设备的,因此从 Flash 上读取数据与从 RAM 单元中读取数据并没有什么不同。用一个简单的循环就可以完成从 Flash 设备上复制映像的工作:

```
while(count) {
    * dest++ = * src++;    /* 所有的都以字为单位对齐 */
    count -= 4;            /* 字节数 */
};
```

(5) 设置内核的启动参数。

应该说,在将内核映像和根文件系统映像复制到 RAM 空间中后,就可以准备启动操作系统内核了。但是在调用内核之前,应该做一步准备工作,即设置操作系统内核的启动参数。

这里以 Linux 为例,Linux 2.4.x 以后的内核都期望以标记列表(tagged list)的形式来传递启动参数。启动参数标记列表以标记 ATAG_CORE 开始,以标记 ATAG_NONE 结束。每个标记由标识被传递参数的 tag_header 结构以及随后的参数值数据结构组成。数据结构 tag 和 tag_header 定义在 Linux 内核源码的 include/asm/setup.h 头文件中。

```
/* 列表以 ATAG_NONE 节点为结尾 */
#define ATAG_NONE  0x00000000
struct tag_header
{
    u32 size; /* 注意,这里 size 是以字节数为单位的 */
    u32 tag;
};
……
struct tag
{
    struct tag_header hdr;
```

```
      union
      {
          struct tag_core        core;
          struct tag_mem32       mem;
          struct tag_videotext   videotext;
          struct tag_ramdisk     ramdisk;
          struct tag_initrd      initrd;
          struct tag_serialnr    serialnr;
          struct tag_revision    revision;
          struct tag_videolfb    videolfb;
          struct tag_cmdline     cmdline;
          /* Acorn 结构体声明 */
          struct tag_acorn       acorn;
          /* DC21285 定义声明 */
          struct tag_memclk      memclk;
      } u;
  };
```

在嵌入式 Linux 系统中,通常需要由 BootLoader 设置启动参数,包括 ATAG_CORE、ATAG_MEM、ATAG_CMDLINE、ATAG_RAMDISK、ATAG_INITRD 等。

例如,设置 ATAG_CORE 的代码如下:

```
params = (struct tag * )BOOT_PARAMS;
params->hdr.tag = ATAG_CORE;
params->hdr.size = tag_size(tag_core);
params->u.core.flags = 0;
params->u.core.pagesize = 0;
params->u.core.rootdev = 0;
params = tag_next(params);
```

其中,BOOT_PARAMS 表示内核启动参数在内存中的起始基地址;指针 params 是一个 struct tag 类型的指针;宏 tag_next() 将以指向当前标记的指针为参数,计算紧邻当前标记的下一个标记的起始地址。注意,内核的根文件系统所在的设备 ID 就是在这里设置的。

下面是设置内存映像的示例代码:

```
for(i = 0; i < NUM_MEM_AREAS; i++) {
  if(memory_map[i].used) {
      params->hdr.tag = ATAG_MEM;
      params->hdr.size = tag_size(tag_mem32);
      params->u.mem.start = memory_map[i].start;
      params->u.mem.size = memory_map[i].size;
      params = tag_next(params);
  }
}
```

可以看出,在 memory_map[] 数组中,每个有效的内存段都对应一个 ATAG_MEM 参数标记。

　　Linux 内核在启动时可以命令行参数的形式来接收信息，利用这一点可以向内核提供那些内核不能自己检测的硬件参数信息，或者重载（override）内核自己检测到的信息。例如用这样一个命令行参数字符串 console＝ttyS0,115200n8 来通知内核以 ttyS0 作为控制台，且串口采用"115200b/s、无奇偶校验、8 位数据位"的设置。下面是一段设置调用内核命令行参数字符串的示例代码：

```
char * p;
/* eat leading white space */
for(p = commandline; * p == ' '; p++)
    /*跳过不存在的命令行,所以内核会停在默认命令行。*/
    if( * p == '\0')
        return;
params -> hdr.tag = ATAG_CMDLINE;
params -> hdr.size = (sizeof(struct tag_header) + strlen(p) + 1 + 4) >> 2;
strcpy(params -> u.cmdline.cmdline, p);
params = tag_next(params);
```

　　注意在上述代码中设置 tag_header 的大小时，必须包括字符串的终止符'\0'，此外还要将字节数向上调整 4 字节，因为 tag_header 结构中的 size 成员表示的是字数。

　　下面是设置 ATAG_INITRD 的示例代码，它指出内核在 RAM 中的什么地方可以找到 initrd 映像（压缩格式）以及它的大小。

```
params -> hdr.tag = ATAG_INITRD2;
params -> hdr.size = tag_size(tag_initrd);
params -> u.initrd.start = RAMDISK_RAM_BASE;
params -> u.initrd.size = INITRD_LEN;
params = tag_next(params);
```

　　下面是设置 ATAG_RAMDISK 的示例代码，它指出内核解压后的 ramdisk 有多大（单位是 KB）。

```
params -> hdr.tag = ATAG_RAMDISK;
params -> hdr.size = tag_size(tag_ramdisk);
params -> u.ramdisk.start = 0;
params -> u.ramdisk.size = RAMDISK_SIZE;    /* 注意,单位是 KB */
params -> u.ramdisk.flags = 1;              /* 自动加载 ramdisk */
params = tag_next(params);
```

　　最后，设置 ATAG_NONE 标记，结束整个启动参数列表。

```
static void setup_end_tag(void)
{
    params -> hdr.tag = ATAG_NONE;
    params -> hdr.size = 0;
}
```

（6）调用内核。

BootLoader 调用 Linux 内核的方法是直接跳转到内核的第一条指令处，即直接跳转到 MEM_START＋0x8000 地址处。在跳转时，要满足下列条件：

① MCU 寄存器的设置。

R0＝0。

R1＝机器类型 ID。

关于机器类型编号（Machine Type Number），可以参见 Linux/arch/arm/tools/mach-types。

R2＝启动参数标记列表在 RAM 中的起始基地址。

② MCU 模式。

必须禁止中断 IRQs 和 FIQs。

MCU 必须为 SVC 模式。

③ cache 和 MMU 的设置。

MMU 必须关闭。

指令 cache 可以打开，也可以关闭。

数据 cache 必须关闭。

如果用 C 语言，可以像下列示例代码这样来调用内核：

```
void ( * theKernel)(int zero, int arch, u32 params_addr) = (void ( * )(int,
int, u32))KERNEL_RAM_BASE;
……
theKernel(0, ARCH_NUMBER, (u32) kernel_params_start);
```

注意，theKernel()函数调用应该永远不返回。如果这个调用返回，则说明出错。

5.1.3　基于 MicroBlaze 软核处理器的 BootLoader 设计

FPGA（Field Programmable Gate Array，现场可编程逻辑门阵列）必须先将内部硬件逻辑配置完成之后，才能运行程序代码。虽然可以直接将程序代码例化到片内 BRAM（Buffer Random Access Memery，缓存区随机存取器）中，但是由于 FPGA 内部的 BRAM 资源有限，而且硬件逻辑配置时就会占用其中的资源，因此遇到大型系统设计时（如带有 TCP/IP 的大型程序），就必须使用外部的 RAM 来存储程序代码和堆栈，这就需要设计 BootLoader 程序来完成用户程序的引导。BootLoader 程序是在 FPGA 硬件配置完毕之后，在内部处理器上运行的一段启动代码，用来将 Flash 中的用户程序传输至外部 RAM，并引导嵌入式系统从用户程序中开始运行，EDK（Embedded Development Kit，嵌入式开发套件）根据用户选用 IP 核搭建出系统结构，生成 MHS（Microprocessor Hardware Specification，微处理器硬件规范）文件。该文件中主要定义了系统硬件细节、MicroBlaze 软核、SPI 控制 IP 核等的具体配置参数、系统所需的各种存储空间的地址分配。MHS 文件生成后，EDK 根据该文件以及 FPGA 的其余功能文件综合生成下载配置文件，此时硬件设计部分完成。

软件部分的设计应包括 BootLoader 程序设计、系统及用户程序设置、配置文件制作 3 个部分。

BootLoader 程序主要由驱动程序和应用程序两个部分组成。系统加电或复位后,处理器通常都从预先确定的地址上取指令。一般来说,处理器复位时都从地址 0x00000000 处取它的第一条指令。而嵌入式系统通常都有某种类型的固态存储设备(如 ROM、EEPROM 或 Flash 等)被安排在这个起始地址上。但是对于 MicroBlaze 软核处理器,起始地址分配给了可引导的挂载在 PLB(Processor Local Bus,处理器内部总线)总线上的 BRAM 存储器(该存储器是使用 FPGA 的内部资源例化而成的)。通过开发工具 EDK 可以将 BootLoader 程序定位在起始地址开始的存储空间内。所以,BootLoader 程序是系统加电后、用户应用程序运行之前必须运行的一段引导代码。具体包括:①硬件设备初始化;②复制用户程序到 RAM 空间(DDR SDRAM);③校验已复制的用户程序;④指针跳转到预先设定的用户程序 RAM 空间首地址。

FPGA 中做 BootLoader 的软件流程如图 5.4 所示。

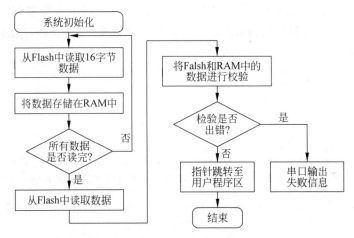

图 5.4　FPGA 中做 BootLoader 的软件流程

对于系统及用户程序设置过程,首先需要将 BootLoader 工程例化到 BRAMs 中,即系统会先运行 BootLoader 程序。其次,修改应用程序存放的地址空间,即将应用程序写入 DDR SDRAM 的首地址。同时,修改配置文件参数,将引导时钟源由 JTAG(Joint Test Action Group,联合测试工作组)的时钟引脚修改为 FPGA 的 CCLK 引脚。FPGA 通过它的 CCLK 引脚输出时钟信号,引导整个配置过程。

在配置文件制作过程中,首先用 Xilinx 公司的 ISE 软件的 iMPACT 工具将原系统配置文件转换为可下载至 Flash 的 MCS(Modulation and Coding Scheme,编码调制方案)文件。其次,将系统编译用户程序生成的 ELF(Executable and Linkable Format,可执行连接文件格式)文件转换为可下载的 MCS 文件,并将第一次生成的 MCS 文件和刚才生成的 MCS 文件合并为最终的配置文件。最后,使用 iMPACT 工具通过 JTAG 口,将配置文件下载至

Flash 中,此时整个系统才构建完毕。

5.1.4 基于 STM32 处理器的简单 BootLoader 设计

BootLoader 其实就是一段启动程序,它在芯片启动时首先被执行,它可以用来做一些硬件的初始化,当初始化完成之后跳转到对应的应用程序中。

首先,将内存分为两个区:一个是启动程序区(0x0800 0000～0x0800 2000),大小为 8KB;另一个为应用程序区(0x0800 2000～0x0801 0000)。

其次,芯片上电时先运行启动程序,然后跳转到应用程序区执行应用程序。

1. 跳转实现

BootLoader 一个主要的功能就是程序的跳转。在 STM32 中只要将要跳转的地址直接写入 PC 寄存器,就可以跳转到对应的地址中。

当实现一个函数时,这个函数最终会占用一段内存,而它的函数名代表的就是这段内存的起始地址。当调用这个函数时,单片机会将这段内存的首地址(函数名对应的地址)加载到 PC 寄存器中,从而跳转到这段代码来执行。那么也可以利用这个原理定义一个函数指针,将这个指针指向想要跳转的地址,然后调用这个函数,就可以实现程序的跳转了。

跳转程序设计如下:

```
#define APP_ADDR 0x08002000          //应用程序首地址定义
typedef void ( * APP_FUNC)();        //函数指针类型定义

APP_FUNC jump2app;                   //定义一个函数指针

jump2app = ( APP_FUNC )(APP_ADDR + 4);   //给函数指针赋值
jump2app();                              //调用函数指针,实现程序跳转
```

上面的代码实现了跳转功能,但是为什么要跳转到(APP_ADDR＋4)这个地址,而不是 APP_ADDR 呢?

首先要了解主控芯片的启动过程。以 STM32 为例,在芯片上电时,先从内存地址位 0x08000000(由启动模式决定)的地方加载栈顶地址(4B),再从 0x08000004 的地方加载程序复位地址(4B),然后跳转到对应的复位地址去执行。

所以上面的程序中,jump2app 这个函数指针的地址为(APP_ADDR＋4),调用这个函数指针时,芯片内核会自动跳转到这个指针指向的内存地址,即应用程序的复位地址。

2. 栈地址加载

根据前面讲的 STM32 的硬件知识,程序需要切换,就需要找到程序所用的堆栈,让寄存器指向堆栈。为了能够在启动时找到栈,完整的栈地址加载和跳转程序如下:

```
__asm void MSR_MSP(uint32_t addr)
{
    MSR MSP, r0
    BX r14;
```

```
}
```

　　__asm void MSR_MSP(uint32_t addr) 是 MDK 嵌入式汇编形式。

　　MSR MSP,r0 的意思是将 r0 寄存器中的值加载到 MSP(主栈寄存器,复位时默认使用)寄存器中,r0 中保存的是参数值,即 addr 的值。

　　BX r14 跳转到连接寄存器保存的地址中,即退出函数,跳转到函数调用地址。

　　完整的程序如下:

```
#define APP_ADDR 0x08002000            //应用程序首地址定义
typedef void ( * APP_FUNC)();          //函数指针类型定义

/**
  * @brief
  * @param
  * @retval
  */
__asm void MSR_MSP(uint32_t addr)
{
    MSR MSP, r0
    BX r14;
}


/**
  * @brief
  * @param
  * @retval
  */
void run_app(uint32_t app_addr)
{
    uint32_t reset_addr = 0;
    APP_FUNC jump2app;

    /* 跳转之前关闭相应的中断 */
    NVIC_DisableIRQ(SysTick_IRQn);
    NVIC_DisableIRQ(LPUART_IRQ);

    /* 栈顶地址是否合法(这里 SRAM 大小为 8KB) */
    if((( * (uint32_t * )app_addr)&0x2FFFE000) == 0x20000000)
    {
        /* 设置栈指针 */
        MSR_MSP(app_addr);
        /* 获取复位地址 */
        reset_addr = * (uint32_t * )(app_addr + 4);
        jump2app = ( APP_FUNC )reset_addr;
        jump2app();
```

```
    }
    else
    {
        printf("APP Not Found!\n");
    }
}
```

3. 编译设置

任何嵌入式程序要运行时都需要在编译器中设置程序的存储地址。如图5.5所示,这个程序按照上面讨论的需要在目标(target)设置界面将默认(0x8000000)改为应用程序地址(0x8002000)。

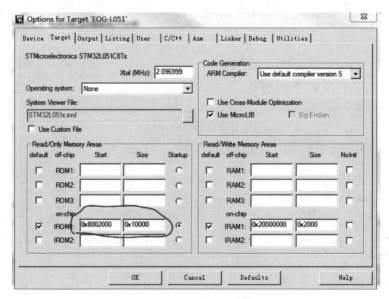

图5.5 在编译器中修改应用程序地址

4. 中断向量表重映射

系统原有的.s文件中有如下代码:

```
Reset handler routine
Reset_Handler PROC
        EXPORT Reset_Handler        [WEAK]
    IMPORT __main
    IMPORT SystemInit
        LDR    R0, = SystemInit
        BLX    R0
        LDR    R0, = __main
        BX     R0
        ENDP
```

这段代码表示,程序在执行main函数之前,会先执行SystemInit这个函数。这个函数

主要是做了时钟的初始化和中断初始化,还有就是中断向量表的映射(就是最后那一段代码)。整个函数如下:

```
/**
 * @brief Setup the microcontroller system.
 * @param None
 * @retval None
 */
void SystemInit (void)
{
/* 设置 MSION */
  RCC -> CR |= (uint32_t)0x00000100U;

  /* 重置 SW[1:0],HPRE[3:0],PPRE1[2:0],PPRE2[2:0],MCOSEL[2:0]和 MCOPRE[2:0]位 */
  RCC -> CFGR &= (uint32_t) 0x88FF400CU;

  /* 重置 HSION,HSIDIVEN,HSEON,CSSON 和 PLLON 位 */
  RCC -> CR &= (uint32_t)0xFEF6FFF6U;

  /* 重置 HSI48ON */
  RCC -> CRRCR &= (uint32_t)0xFFFFFFFEU;

  /* 重置 HSEBYP */
  RCC -> CR &= (uint32_t)0xFFFBFFFFU;

  /* 重置 PLLSRC,PLLMUL[3:0]和 PLLDIV[1:0] */
  RCC -> CFGR &= (uint32_t)0xFF02FFFFU;

  /* 失效所有中断 */
  RCC -> CIER = 0x00000000U;

  /* 向量表重映射 */
#ifdef VECT_TAB_SRAM
  SCB -> VTOR = SRAM_BASE | VECT_TAB_OFFSET; /* Vector Table Relocation in Internal SRAM */
#else
  SCB -> VTOR = FLASH_BASE | VECT_TAB_OFFSET; /* Vector Table Relocation in Internal FLASH */
#endif
}
```

将其改成 SCB-> VTOR=0x8002000 就可以了。

其他更多的功能读者自行添加。

5.2 嵌入式操作系统初始化数据结构及主要操作

当嵌入式操作系统微内核被调入后,系统开始进行初始化。所谓初始化,就是在内存中开始生成一些数据结构,支持后续的操作。

第 19 集
视频讲解

第 20 集
视频讲解

5.2.1 μCOS-Ⅱ主要数据结构及操作

μCOS-Ⅱ初始化后,系统的主要数据结构包括5个链表控制块和数组、位图等。

如图4.2所示是 μCOS-Ⅱ初始化的数据结构。左边有一个任务就绪组和一个任务就绪表相配合。任务就绪组是一个8位的变量;任务就绪表是一个位图,也就是一个有8个元素的数组,每个元素都是8位。任务就绪组的每一位和任务就绪表的一行相对应,像是给任务就绪表建立的索引,表示任务就绪表此行是否有1的元素。如果此行有一个1,任务就绪组的这一位就置1;如果任务就绪表此行全部为0,任务就绪组就清为0。

1. 任务就绪组(OSRdyGrp)和任务就绪表(OSRdyTbl[])

任务就绪组和任务就绪表一起用来帮助系统快速查到最高优先级的任务。因此,任务创建、删除等都会对任务就绪组和任务就绪表产生影响。

2. 优先级映像表(OSMapTbl[])

为了能够快速设置得到当前任务,免去复杂计算,特别增加了优先级映像表。

优先级映像表 OSMapTbl[](见图5.6)中,每个优先级所对应的高三位和低三位依次对应一个二进制值,查到 OSMapTbl[]对应的值后可以很容易地置 OSRdyGrp 和 OSRdyTbl[]对应位为1。

优先级映像表 char OSMapTbl[8]={0x01, 0x02,0x04,0x08,0x10,0x20,0x40,0x80},每个元素中只有一个位为1,这个1的位置暗含了优先级的位置。例如优先级35,用二进制写成00100011,按从低到高三位取数,低三位是011,对应十进制值3,那么直接查下标为2(数组从0开始)的元素,值为00000100,1的位置恰好是第三位。而接下来的三位是100,对应十进制值4,查下标可得 OSMapTbl[3]=00001000,1的位置恰好是第四位。这样利用一张表,直接可以查出1的位置,从而省去了每次在程序中计算的工作量,是一种以空间换时间的方法。

下标	二进制值
0	00000001
1	00000010
2	00000100
3	00001000
4	00010000
5	00100000
6	01000000
7	10000000

35:00(100)(011)

图 5.6 优先级映像表 OSMapTbl[]

3. 优先级决策表(OSUnMapTbl[])

优先级决策表是用来查当前系统中哪个优先级最高的一个矩阵。例如,当前系统的优先级就绪组里存放的是 0x68,对应的优先级就绪表里存放的是 0xE4,那么通过查表得 OSUnMapTbl[0x68] 和 OSUnMapTbl[0xE4]的值分别是3和2,那么把3(011)作为高位,2(010)作为低位,得到的011010的值就是26。也就是说,当前系统中最高的优先级是26,如图5.7所示。

4. 任务控制优先级映像表

任务控制优先级映像表是一个有64个元素的数组,对应64个任务优先级,分别用来存放已分配过的任务控制块的指针,方便在运行时快速获取该任务的控制块指针。

```
                                       ┌── OSRdyGrp contains 0x68
INT8U  const  OSUnMapTb1[]={
    0, 0, 1, 0, 2, 0, 1, 0, 3, 0, 1, 0, 2, 0, 1, 0,    /* 0x00 to 0x0F                    */
    4, 0, 1, 0, 2, 0, 1, 0, 3, 0, 1, 0, 2, 0, 1, 0,    /* 0x10 to 0x1F                    */
    5, 0, 1, 0, 2, 0, 1, 0, 3, 0, 1, 0, 2, 0, 1, 0,    /* 0x20 to 0x2F                    */
    4, 0, 1, 0, 2, 0, 1, 0, 3, 0, 1, 0, 2, 0, 1, 0,    /* 0x30 to 0x3F                    */
    6, 0, 1, 0, 2, 0, 1, 0, 3, 0, 1, 0, 2, 0, 1, 0,    /* 0x40 to 0x4F                    */
    5, 0, 1, 0, 2, 0, 1, 0,(3),0, 1, 0, 2, 0, 1, 0,    /* 0x50 to 0x5F                    */
    4, 0, 1, 0, 2, 0, 1, 0, 3, 0, 1, 0, 2, 0, 1, 0,    /* 0x60 to 0x6F                    */
    7, 0, 1, 0, 2, 0, 1, 0, 3, 0, 1, 0, 2, 0, 1, 0,    /* 0x70 to 0x7F                    */
    4, 0, 1, 0, 2, 0, 1, 0, 3, 0, 1, 0, 2, 0, 1, 0,    /* 0x80 to 0x8F                    */
    5, 0, 1, 0, 2, 0, 1, 0, 3, 0, 1, 0, 2, 0, 1, 0,    /* 0x90 to 0x9F                    */
    4, 0, 1, 0, 2, 0, 1, 0, 3, 0, 1, 0, 2, 0, 1, 0,    /* 0xA0 to 0xAF                    */
    6, 0, 1, 0, 2, 0, 1, 0, 3, 0, 1, 0, 2, 0, 1, 0,    /* 0xB0 to 0xBF                    */
    4, 0, 1, 0, 2, 0, 1, 0, 3, 0, 1, 0, 2, 0, 1, 0,    /* 0xC0 to 0xCF                    */
    5, 0, 1, 0,(2),0, 1, 0, 3, 0, 1, 0, 2, 0, 1, 0,    /* 0xD0 to 0xDF                    */
    4, 0, 1, 0, 2, 0, 1, 0, 3, 0, 1, 0, 2, 0, 1, 0,    /* 0xE0 to 0xEF                    */
                                                        /* 0xF0 to 0xFF                    */
};
                          └── OSRdyTb1[3] contains 0xE4

 3 = OSUnMapTb1[0x68];
 2 = OSUnMapTb1[0xE4];
26 = (3<<3)+2;
```

图 5.7　优先级决策表 OSUnMapTbl[ ]

5. 任务控制块

任务控制块是一个结构体数据结构，用于记录各个任务的信息。当任务的 MCU 的使用权被剥夺时，μCOS-Ⅱ用它来保存任务的当前状态；当任务重新获得 MCU 的使用权时，任务控制块能确保任务从当时被中断的那一点丝毫不差地继续执行。任务控制块全部存放在 RAM 中。

任务块是如下的数据结构：

```
typedef struct os_tcb {
OS_STK * OSTCBStkPtr;
/* 指向当前任务使用的堆栈的栈顶。μCOS-Ⅱ允许每个任务堆栈的大小不同，这样用户可以根据
实际需要定义任务堆栈的大小，可以节省 RAM 的空间。另外，由于 OSTCBStkPtr 是该结构体中的第一
个变量，所以可以使用汇编语言方便地访问，因为其偏移量是 0。当切换任务时，用户可以容易地知
道就绪任务中优先级最高任务的栈顶 */
# if OS_TASK_CREATE_EXT_EN > 0
void * OSTCBExtPtr;       /* 指向用户定义的扩展任务控制块 */
OS_STK * OSTCBStkBottom;
/* 指向任务堆栈的栈底。需要考虑一下使用的 MCU 的栈指针是按照从高
到低还是从低到高变化的。这个变量在测试任务需要的栈空间时需要使用 */
INT32U OSTCBStkSize;      /* 同样，该变量也是在测试任务需要的栈空间时需要用到的。需要注意
                            的是，该变量存储的是指针元的数目，而不是字节数目 */
INT16U OSTCBOpt;          /* 传给函数 OSTaskCreateExt()的选择项。目前有 OS_TASK_OPT_STK_CHK、
                            OS_TASK_OPT_STK_CLR 和 OS_TASK_OPT_SAVE_EP */
INT16U OSTCBId;          /* Task ID (0..65535) */
# endif
```

```
struct os_tcb * OSTCBNext;
struct os_tcb * OSTCBPrev;
/* 指向 TCB 的双向链表的前后链接,在 OSTimeTick()中使用,用来刷新各任务的任务延迟变量
OSTCBDly */
# if (OS_EVENT_EN) || (OS_FLAG_EN > 0u)
OS_EVENT * OSTCBEventPtr;                      /* 指向事件控制块的指针 */
# endif
# if (OS_EVENT_EN) && (OS_EVENT_MULTI_EN > 0)
OS_EVENT ** OSTCBEventMultiPtr;               /* 指向多重事件控制块的指针 */
# endif
# if ((OS_Q_EN > 0u) && (OS_MAX_QS > 0)) || (OS_MBOX_EN > 0u)
void * OSTCBMsg;                              /* 指向传递给任务的消息的指针 */
# endif
# if (OS_FLAG_EN > 0u) && (OS_MAX_FLAGS > 0)
# if OS_TASK_DEL_EN > 0
OS_FLAG_NODE * OSTCBFlagNode;                 /* 指向事件标志的节点的指针 */
# endif
OS_FLAGS OSTCBFlagsRdy; /* 当任务等待事件标志组时,该变量是使任务进入就绪态的事件标志 */
# endif
INT32U OSTCBDly;                             /* 记录事件延时或者挂起的时间 */
INT8U OSTCBStat;                             /* 任务状态字,如就绪状态、等待 */
INT8U OSTCBStatPend;                         /* 任务挂起状态 */
INT8U OSTCBPrio;                             /* 任务优先级 */
INT8U OSTCBX;                                /* 计算优先级用 */
INT8U OSTCBY;                                /* 计算优先级用 */
# if OS_LOWEST_PRIO <= 63
INT8U OSTCBBitX;                             /* 计算优先级用 */
INT8U OSTCBBitY;                             /* 计算优先级用 */
# else
INT16U OSTCBBitX;                            /* 计算优先级用 */
INT16U OSTCBBitY;                            /* 计算优先级用 */
# endif
# if OS_TASK_DEL_EN > 0
INT8U OSTCBDelReq;                           /* 表示任务是否需要删除 */
# endif
# if OS_TASK_PROFILE_EN > 0
INT32U OSTCBCtxSwCtr;                        /* 任务切换的次数 */
INT32U OSTCBCyclesTot;                       /* 任务运行的时钟周期数 */
INT32U OSTCBCyclesStart;                     /* 任务恢复开始的循环计数器 */
OS_STK * OSTCBStkBase;                       /* 指向任务栈开始的指针 */
INT32U OSTCBStkUsed;                         /* 使用的栈的字节数 */
# endif
# if OS_TASK_NAME_EN > 0
INT8U * OSTCBTaskName;                       /* 任务名称 */
# endif
# if OS_TASK_REG_TBL_SIZE > 0
INT32U OSTCBRegTbl[OS_TASK_REG_TBL_SIZE];    /* 任务注册表 */
```

```
#endif
} OS_TCB;
```

6. 任务就绪表和任务就绪组针对各种任务操作的变化

（1）任务产生/任务进入就绪。

任务产生时，会根据情况分配优先级，μCOS-Ⅱ中的任务是靠优先级进行识别的。某个优先级任务产生时，首先需要将该优先级插入任务就绪表，也就是将相应位置设置为1，同时任务就绪组也做相应的改变。

任务的优先级如35，写成二进制后，因为最高优先级是63，所以最高两位一定是0。去掉这两位后，三位三位地划分。高三位值为4，查OSMapTbl[4]，得到00010000，1的位置刚好是OSRdyGrp中该置位的位置。为了不影响其他位，用位或操作符（|）来置相应位。高三位通过右移运算符（>>）得到。

低三位通过与0x07进行位与运算得到值为3。查OSMapTbl[3]，得到00001000，1的位置刚好是OSRdyTbl[4]中该置位的位置。同样，为了不影响其他位，也用位或操作符（|）置相应位。

因此，任务产生或者任务进入就绪可以用以下语句实现：

```
OSRdyGrp| = OSMapTbl[priority>>3];
OSRdyTbl[priority>>3]| = OSMapTbl[priority&0x07];
```

（2）任务删除/退出就绪。

任务删除或者退出就绪都需要把相应优先级的就绪表和就绪组清零。具体代码如下：

```
If((OSRdyTbl[priority>>3]& = ~OSMapTbl[priority&0x07]) == 0)
    OSRdyGrp & = ~OSMapTbl[priority>>3];
```

与进入就绪状态略有不同的是，退出时就绪组相应位是否要改变，需要看就绪表中该行是否还有非零元素。因此对应代码的是一个if结构语句。

```
if((OSRdyTbl[priority>>3] & = ~OSMapTbl[priority & 0x07]) = = 0)
```

这个语句表示先运算OSRdyTbl[priority>>3] & = ~OSMapTbl[priority & 0x07]，再进行逻辑判断，判断OSRdyTbl[priority>>3]是否等于0。参考前面的讲述，运算时利用与操作使得就绪表中相应位被清零。判断后，如果该行全部为0，才将就绪组中相应位清零。

（3）获得任务最高优先级。

如前所述，将就绪组的值拿来做决策表的下标，可以查到目前最高优先级任务的优先级高三位。用高三位找到就绪表对应的那一行，将该行的值做下标查决策表就可以得到最高优先级的低三位，将高低位组合在一起就获得了当前就绪任务中最高优先级的任务优先级。依靠这个优先级，可以通过优先级数组找到该优先级对应的任务控制块，从而可以进行操作，把MCU的控制权交给这个任务去运行。操作代码如下：

```
High3Bit = OS UnMapTbl[OSRdyGrp];
```

```
Low3Bit = OSUnMapTbl[OSRdyTbl[high3Bit]];
priority = (hig3Bit << 3) + low3Bit;
```

5.2.2 μCOS-Ⅱ 系统初始化

μCOS-Ⅱ 的初始化是利用 OSInit() 函数实现的。在使用 μCOS 的所有服务之前,必须调用 OSInit(),对 μCOS 自身的运行环境进行初始化。

OSInit() 运行如下函数:

1. OS_InitMisc()

初始化一些全局变量。

OSTime	= 0L	系统当前时间(节拍数)
OSIntNesting	= 0	中断嵌套的层数
OSLockNesting	= 0	调用 OSSchededLock 的嵌套层数
OSTaskCtr	= 0	已建立的任务数
OSRunning	= FALSE	判断系统是否正在运行的标志
OSCtxSwCtr	= 0	上下文切换的次数
OSIdleCtr	= 0L	空闲任务计数器
OSIdleCtrRun	= 0L	空闲任务每秒的计数值
OSIdleCtrMax	= 0L	空闲任务每秒计数的最大值
OSStatRdy	= FALSE	统计任务是否就绪

2. OS_InitRdyList()

将就绪表及相关变量清零。

3. OS_InitTCBList()

建立任务控制块 TCB 链表,OSTCBList 用于指向这个链表,链表中的每个节点存放每个任务的信息(优先级、堆栈指针等)。

OSTCBPrioTbl[] 是一个指针数组,指向每个任务节点,方便快速定位。

4. OS_InitEventList()

建立事件控制块 ECB 链表,链表中的每个节点存放每个事件的类型(信号量、互斥量等)、计数、等待任务表等。

ECB 空闲链表如图 5.8 所示。系统初始化后,在系统中建立起一个空闲事件控制块链表。当用户程序中请求建立新任务时,就可以从这个链表上直接摘取一个空闲控制块填写相应的信息。系统中有最大任务数限制,所以这个链表长等于最大任务数。

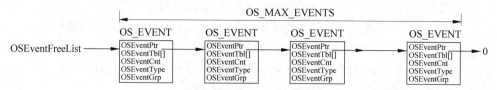

图 5.8 ECB 空闲链表

5．OS_FlagInit

事件标志初始化。事件标志是用来做多个任务逻辑并发触发一个新任务的。该数据结构是 μCOS-Ⅱ 中设计的一种特有结构。通过事件标志，可以用多个任务"并"或"或"的方式来引起另一个任务的触发。

6．OS_MemInit

内存初始化后，所有的可分空闲内存用内存块空闲链表(见图 5.9)的方式连起来。当有内存使用申请时，则从链表上摘取内存块填写相应信息，分配给任务。

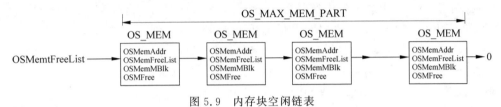

图 5.9　内存块空闲链表

7．OS_QInit

邮箱初始化。邮箱是任务间进行通信的一种方式，因此也有一个自己的数据结构。邮箱空闲队列链表如图 5.10 所示。

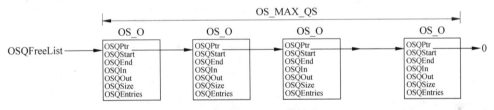

图 5.10　邮箱空闲队列链表

8．OS_InitTaskIdle

建立空闲任务。该任务必须建立，即系统必须至少有一个任务运行，该任务只做简单的计数工作。

9．OS_InitTaskStat

建立统计任务，可选 OS_TASK_STAT_EN＞0，用于计算当前 MCU 利用率。MCU 的利用率(％)＝100×(1−OSIdleCtr/OSIdleCtrMax)。

5.2.3　μCLinux 的系统初始化

μCLinux 自带的引导程序加载内核。该引导程序代码在 Linux/arch/armnommu/boot/compressed 目录下。其中，head．s 的作用最关键，它完成了加载内核的大部分工作；misc．c 则提供加载内核所需要的子程序，其中解压内核的子程序是 head．s 调用的重要程序；另外，加载内核还必须知道系统必要的硬件信息，该硬件信息在 hardware．h 中并被 head．s 所引用。

当 BootLoader 将控制权交给内核的引导程序时,第一个执行的程序就是 head.s。下面介绍 head.s 加载内核的主要过程：head.s 首先切换模式,屏蔽中断,再配置系统寄存器,再初始化 ROM、RAM 以及总线等控制寄存器,设置 Flash 和 SDRAM 的地址范围(如 ARM 中设为 0x000000～0x200000 和 0x1000000～0x2000000)；接着将内核映像(image)文件从 Flash 复制到 SDRAM,并将 Flash 和 SDRAM 的地址区间分别重映像；然后调用 misc.c 中的解压内核函数(decompress_kernel),对复制到 SDRAM 的内核映像文件进行解压缩；最后跳转到 start-kernel 执行调用内核函数(call_kernel),将控制权交给解压后的 μCLinux 系统。head.s 文件中程序流程如图 5.11 所示。decompress_kernel 解压缩函数流程如图 5.12 所示。

执行 call_kernel 函数实际上是执行 Linux/init/main.c 中的 start_kernel 函数,包括处理器结构的初始化、中断的初始化、进程相关的初始化以及内存初始化等重要工作。start_kernel()流程如图 5.13 所示。

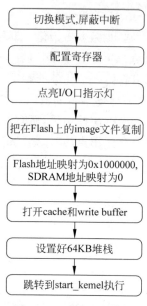

图 5.11　head.s 文件中程序流程

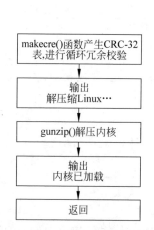

图 5.12　decompress_kernel 解压缩函数流程

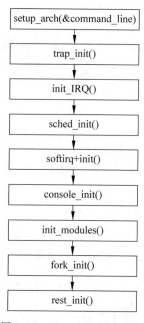

图 5.13　start_kernel()流程

main.c 中的 start_kernel 函数主要完成硬件设备初始化并为程序的执行建立环境,功能列举如下：

(1) setup_arch：体系结构初始化,根据不同的体系结构进行不同的初始化。

（2）parse_options：分析内核命令行参数，μCLinux 启动时有时需要命令行参数。这里将分析这些参数，以备将来使用。

（3）trap_init：设置内部中断，该中断由处理器使用。

（4）init_IRQ：设置外部中断，该中断是外设的中断，由用户使用。

（5）sched_init：与进程相关的初始化。

（6）time_init：时钟初始化。

（7）console_init：初始化控制台设备；控制台主要用于系统提示信息的输出。

（8）init_modules：准备内核模块。

一些内存管理的函数，包括缓存的设置等；在内存中建立各个缓冲 Hash 表，为 kernel 对文件系统的访问做准备。相关名词如下：

（1）dentry：目录数据结构。

（2）inode：i 节点。

（3）mount cache：文件系统加载缓冲。

（4）buffer cache：内存缓冲区。

（5）page cache：页缓冲区。

dentry 目录数据结构（目录入口缓存）提供了一个将路径名转化为特定的 dentry 的快的查找机制，dentry 只存在于 RAM 中。i 节点（inode）数据结构存放磁盘上的一个文件或目录的信息，i 节点存在于磁盘驱动器上。存在于 RAM 中的 i 节点就是 VFS（Virtual File System，虚拟文件系统）的 i 节点，dentry 所包含的指针指向的就是它。buffer cache 内存缓冲区用来在内存与磁盘间做缓冲处理。

准备进程需要的数据结构，然后启动第一个进程 init。这是系统中的第一个进程，其进程号（PID）永远为 1，是被用来定义系统运行级别的。init 函数流程如图 5.14 所示。启动 init 标志着用户模式（user_mode）开始。

随后可以开始初始化 PCI（Peripheral Component Interconnect，外设部件互联）和 Socket，启动交换守护进程，加载块设备驱动等。

图 5.14　init 函数流程

习题

1. 简述嵌入式操作系统的 BootLoader 的编写步骤。
2. 阅读某操作系统的 BootLoader 程序，了解 BootLoader 中使用的主要数据结构。
3. BootLoader 后系统的存储空间是怎样的？
4. 简述 BootLoader 是如何引导嵌入式操作系统开始运行的。

第6章

任 务 管 理

前面说到过，在嵌入式操作系统中要对系统的硬件资源等进行综合管理，管理的重点就是要尽可能地在有限的资源上让所有的需求得到满足，那么资源的高效利用就是一个突出的问题。如何让资源得到高效利用？如何面对硬件上逻辑的并发？微处理器需要一个基本单元来统筹考虑所有的问题，因此任务的概念应运而生。任务成为嵌入式操作系统考虑资源高效利用和并行的基本单元。

μCOS-Ⅱ中的任务管理是其精华，通过对任务进行管理，可以实现任务并行执行的思想。对于单 MCU 系统来说，在每个时刻只有一个任务可以占用 MCU 执行；但是从整体上来看，多个不同的任务又在同时交错地进行，并非执行完一个任务再执行另一个任务。

μCOS-Ⅱ是一个占用空间小且源码开放的操作系统，因此下面对任务的论述将主要以 μCOS-Ⅱ为例。

兼顾操作系统设计原则，μCOS-Ⅱ是以任务控制块的数据结构作为嵌入式操作系统的统一模式数据结构。其他的邮箱控制块、内存块等都是和任务控制块相类似的。因此，掌握了任务管理的方法，就基本掌握了 μCOS-Ⅱ的精髓。

6.1 任务和任务优先级

第 21 集
视频讲解

任务就是一段可循环执行的代码。一般的任务程序结构如下，执行部分的代码段由用户根据不同应用而编写：

```
Task()
{
初始化变量；
While(1)
{执行不同应用的代码段；
}
}
```

第 24 集
视频讲解

第 29 集
视频讲解

一旦进入任务就和执行一般程序一样，只要不被打断，就反复执行循环体。但是这里的执行并非像执行一般顺序程序那样进入 while(1)就成了死循环。为了不因为死循环而被一个任务长时间地占用 MCU,任务管理中增加了一个任务优先级。优先级的作用就是打破 MCU 被一个任务无限占用。优先级是 μCOS-Ⅱ 的任务并行执行的一个保证机制。

优先级是用户根据系统的需求,按照任务执行的因果关系和任务的重要程度,为任务设定的一个数值属性。数值越小,其优先级越高,越重要,越需要 MCU 尽快执行;数值越大,其优先级越低,不需要立即占用 MCU。一般系统中最低优先级的是统计任务,只有 MCU 不被其他任务占用时,统计任务才获得 MCU 来进行一些性能数据的统计计算等。μCOS-Ⅱ 中采用限定优先级的方式,把优先级划分为 64 个。空闲任务优先级为 63 个,统计任务的优先级为 62 个。

6.2　任务状态

第 25 集
视频讲解

根据任务、MCU 和其他资源(如信号量、时间等)的关系,将任务划分为 3 个基本状态:运行状态、就绪状态和等待状态。运行状态的任务获得了 MCU,正在执行中。单 MCU 系统中,当前时刻处于运行状态的任务只有一个。就绪状态的任务获得了所有其他资源,只缺少 MCU,否则就可以立即执行。当前时刻处于就绪状态的任务可以有多个。μCOS-Ⅱ 中处于就绪状态的任务利用就绪表和就绪组来建立索引,以便快速检索到所要找的任务。等待状态的任务还需要其他资源,就算获得 MCU 也不能立即执行。一般会根据所需要资源的不同,建立起不同的等待队列。

一个任务任何时刻都只处于一个状态,但是其状态可以在这些不同的状态之间变换,如图 6.1 所示。例如,运行状态的任务如果运行到需要资源而资源又没有获得,就会从运行状态进入等待状态,交出 MCU 的执行权。如果就绪状态的任务中有比正在执行的任务优先级高的任务,则当前任务也需要交出 MCU 的执行权,此时该任务会自动退到就绪状态,而高优先级的任务将获得 MCU 的执行权,进入运行状态。对于等待状态的任务,如果所有需要的资源都已经获得,则从等待状态进入就绪状态。

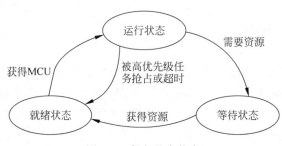

图 6.1　任务基本状态

μCOS-Ⅱ 为了区分任务的产生和删除,以及体现中断对任务产生的影响,把图 6.1 任务基本状态进行了细化,如图 6.2 所示。

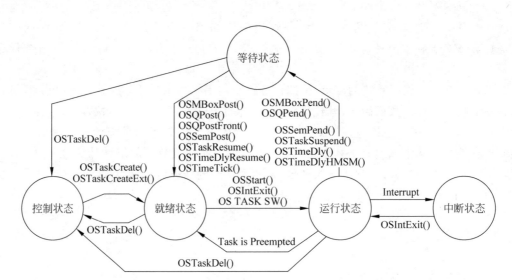

图 6.2　μCOS-Ⅱ中的状态转换和转换函数

在图 6.2 中,左边增加了一个状态叫控制状态,右边增加了一个状态叫中断状态。任务的删除将引起任务进入控制状态。在这个状态下,完成重新安排任务、修整队列等操作。控制状态也是系统的一个初始状态,在这个状态下,任务被生成。生成的任务直接进入就绪状态。

图 6.2 中线上标注的是在不同状态之间进行转换的一些函数和一些条件描述。这些函数只有在处于执行状态的任务中才会被调用。因此,这里采用的是并行设计的思想。要想办法把这些函数写到会被调用执行的任务中,尤其是从等待状态到就绪状态,如OSTaskResume(),该命令用来唤醒一个任务,就需把该任务从等待状态放入就绪状态。如果写在等待状态任务的循环体中,由于该任务无法获得 MCU 的执行权,该命令无法被解析执行,将无法完成唤醒的功能。μCOS-Ⅱ中的任务代码都是事先编写好的,为此必须在编写代码时预料到所有任务的状态会如何变化,从而把这类唤醒代码放到正在执行的任务中,完成有效的编程。这是编写并行代码的难点,可以借助任务调度预测表来完成代码规划。

6.3　任务控制块链

第 26 集
视频讲解

任务控制块链是 μCOS-Ⅱ用于任务管理的数据结构格式,这个数据结构体现了操作系统中统一风格、代码简化的精神。任务控制块链的管理思想和其他一些控制块,如消息控制块、内存控制块等管理思想都是异曲同工的。它们体现了如何在有限的资源情况下进行动态管理的思想,即一边使用、一边回收的思想。通过这个方式可以最大限度地提高系统资源的使用率。

任务控制块链一般包括以下信息:任务的名字、任务执行的起始地址、任务的优先级、任务的状态、任务的硬件上下文(堆栈指针、PC 和寄存器等)、任务的队列指针等。

在 μCOS-Ⅱ中有两个任务控制块链:一个是空闲任务控制块链;另一个是当前任务控制块链。在系统初始化后,空闲任务控制块链就已在内存中建立起来了。同时,含有最初两个基本任务的当前任务控制块链也在内存中建立了。此后,在新任务创建时,实时内核从空闲任务控制块链中为任务分配一个任务控制块。从此对任务的操作,都是基于对应的任务控制块来进行的。当任务被删除后,对应的任务控制块又会被实时内核回收到空闲任务控制块链。

这两个链表都采用双向链表的形式,便于快速查找。

6.4　任务生成

任务生成其实就是从空白任务控制链上获得一个空白任务控制块。通过调用OSTaskCreate()函数与OSTaskCreateExt()函数来生成新任务。OSTaskCreate()函数与OSTaskCreateExt()函数的区别：OSTaskCreateExt()函数可以设置更多的参数。

因为 μ COS-Ⅱ中的所有任务都用优先级来标识,所以首先看用户在OSTaskCreate()函数中填写的优先级参数是否合法,是否被使用。如果是没有被使用的合法优先级,那么初始化要分配堆栈,并把该堆栈指针填入从空白任务控制链上摘下来(摘链操作)的一个空白任务控制块相应属性中,同时把该任务控制块按照优先级连接到任务数组中,然后把填好的任务控制块加到系统正在使用的任务控制块的双向链表中,最后把系统中的任务统计数增加1,进入调度子程序,任务生成流程图如图6.3所示。

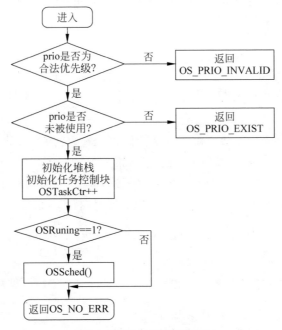

图 6.3　任务生成流程图

通过这个流程图和下面的代码,可以看到所有的错误都被截获,并交回给程序处理。这种严密的思想是保证操作系统不崩溃的有效方法。

```
INT8U OSTaskCreate (void ( * task)(void * pd), void * pdata, OS_STK * ptos,
INT8U prio)
{
        OS_STK  * psp;
        INT8U err;
        OS_ENTER_CRITICAL();
        if (OSTCBPrioTbl[prio] == (OS_TCB *)0) {    /* 判断优先级是否被保护 */
            OSTCBPrioTbl[prio] = (OS_TCB *)1;      /* 保护该优先级,并阻止其他任务使用
                                                      该优先级,直到任务生成完毕 */
     OS_EXIT_CRITICAL();
        psp = (OS_STK *)OSTaskStkInit(task, pdata, ptos, 0);      /* 初始化任务堆栈 */
        err = OS_TCBInit(prio, psp, (OS_STK *)0, 0, 0, (void *)0, 0);
        if (err == OS_NO_ERR) {
            OS_ENTER_CRITICAL();
            OSTaskCtr++;                                    /* 增加任务统计数 */
            OS_EXIT_CRITICAL();
            if (OSRunning == TRUE) {         /* 如果多任务在运行,找到最高优先级任务 */
                OS_Sched();
            }
        } else {
            OS_ENTER_CRITICAL();
            OSTCBPrioTbl[prio] = (OS_TCB *)0; /* 打开任务优先级保护,让其可用 */
            OS_EXIT_CRITICAL();
        }
        return (err);
    }
    OS_EXIT_CRITICAL();
    return (OS_PRIO_EXIST);
}
```

其中,OSTaskStkInit()函数所做的就是初始化堆栈,传递的参数是任务代码的起始地址、任务参数指针(pdata)、任务堆栈顶端的地址和附加的 opt 选项。在 OSTaskStkInit()函数的参数中,ptos 是传入堆栈的初始值;task 则是任务 PC 的起始地址指针;opt 是操作数,当 OSTaskCreate()函数调用 OSTaskStkInit()函数时,将 opt 设置为 0x0000。例如:

```
OS_STK * OSTaskStkInit (void ( * task)(void * pd), void * pdata, OS_STK * ptos,
INT16U opt)
{
    模拟带参数(pdata)的函数调用;                              // (1)
    模拟 ISR 向量;                                           // (2)
    按照预先设计的寄存器值初始化堆栈结构;                        // (3)
    设置状态寄存器 spsr,允许 IRQ、FIQ 中断,清中断计数器等;       // (4)
    返回栈顶指针给调用该函数的函数;                             // (5)
}
```

图 6.4 显示了 OSTaskStkInit()函数在建立任务时,任务堆栈应该初始化成何种形式。

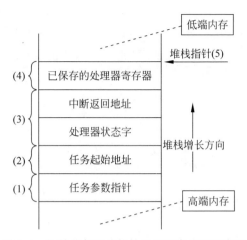

图 6.4 初始化任务堆栈情况和程序步骤对应图

注意：在这里假定堆栈是从上往下递减的。下面的讨论同样适用于以相反方向从下往上递减的堆栈结构。

很明显，处理器是按一定的顺序将寄存器推入堆栈的，而用户在将寄存器推入堆栈时，也就必须依照这一顺序。

OSTaskStkInit()函数代码中使用语句 ∗--stk＝0 把栈指针向栈底移动一个单元，然后把该单元的值清为 0。

在初始化堆栈以后，OSTaskStkInit() 函数应当返回堆栈指针所指向的地址。OSTaskCreate() 函数或 OSTaskCreateExt() 函数得到这个地址，并且保存在任务控制块中。

使用生成任务命令之后，系统中的任务控制块部分连接起的数据结构如图 6.5 所示。

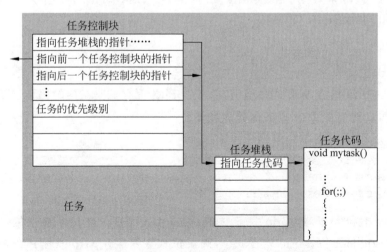

图 6.5 使用生成任务命令后系统中的数据结构

　　OS_TCBInit()函数是 TCB 初始化函数,主要功能是从空链表中获取一个任务控制块,填写任务控制块参数、优先级组、表等,被 OSTaskCreate()函数与 OSTaskCreateExt()函数调用。需要注意的是,这个函数是对内的,即此函数可以被 μCOS-Ⅱ 调用,用户应用程序不可以直接调用此函数。OS_TCBInit()函数的参数含义依次是:优先级指针、堆栈指针、栈底指针、任务标志符、堆栈容量、扩展指针、选择项。对于 OSTaskCreate(),部分参数被设置为 0。例如:

```
err = OS_TCBInit(prio, psp, (OS_STK *)0, 0, 0, (void *)0, 0);  /* 对应 OSTaskCreate() */
err = OS_TCBInit(prio, psp, pbos, id, stk_size, pext, opt);    /* 对应 OSTaskCreateExt() */
```

主要的程序工作包括:

```
INT8U OS_TCBInit()
{
从空闲任务链中摘一个控制块;
将任务控制堆栈指针 OSTCBStkPtr 初始化为该任务当前堆栈指针;
将任务优先级 OSTCBPrio 设置为该任务的 prio;
将任务状态 OSTCBStat 设置为 OS_STAT_RDY,表示就绪状态;
将任务延时 OSTCBDly 设置为 0;
设置任务优先级 OSTCBBitY 和 OSTCBBitX;
将该 TCB 插入当前任务控制链表 OSTCBList 中,调整系统 OSRdyGrp 和 OSRdyTbl,将 OSTaskCtr 计数器加 1;
}
```

　　对于 OSTCBDly,当该任务调用 OSTimeDly 时会初始化这个变量为延迟的时钟数,然后任务转入 OS_STAT _状态。这个变量在 OSTimeTick 中检查,如果大于 0,表示还需要进行延迟,则减 1;如果等于零,表示无须进行延迟,则可以马上运行,转入 OS_STAT _RDY 状态。

　　μCOS-Ⅱ 将 64 个优先级的进程分为 8 组,每组 8 个,刚好可以使用 8 个 INT8U 的数据进行表示,这就是 OSRdyGrp 和 OSRdyTbl 的由来。OSRdyGrp 表示组别,从 0~7,从以下代码可以看出 OSRdyGrp 和 OSRdyTbl 是这样被赋值的:

```
OSRdyGrp | = ptcb - > OSTCBBitY;
OSRdyTbl[ptcb - > OSTCBY] | = ptcb - > OSTCBBitX;
```

　　也就是 OSTCBBitY 保存的是组别,OSTCBBitX 保存的是组内的偏移。而这两个变量是这样被初始化的:

```
ptcb - > OSTCBY = (INT8U)(prio >> 3);
ptcb - > OSTCBBitY = OSMapTbl[ptcb - > OSTCBY];
ptcb - > OSTCBX = (INT8U)(prio & 0x07);
ptcb - > OSTCBBitX = OSMapTbl[ptcb - > OSTCBX];
```

　　由于 prio 不会大于 64,prio 为 6 位值,因此 OSTCBY 为 prio 高三位,不会大于 8,OSTCBX 为 prio 低三位。prio 只有 6 位,高三位代表着某个 Group 保存在 OSTCBY 中,OSTCBBitY 表示该组所对应的位,将 OSRdyGrp 的该位置 1,表示该组中有进程是准备就绪的；低三位代表着该组中的第几个进程保存在 OSTCBX 中,OSTCBBitX 表示该进程在该组中所对应的位,OSRdyTbl[ptcb-> OSTCBY]｜＝ptcb-> OSTCBBitX 就等于将该进程所对应的位置为 1。

6.5 任务挂起

第 27 集
视频讲解

使用 OSTaskSuspend()函数可以将一个任务挂起,该函数的参数是任务的优先级。通过赋予不同的参数可以挂起其他任务,也可以挂起自己。

OSTaskSuspend(INT8U prio)挂起指定任务,直到通过唤醒任务对任务进行解挂。一个任务可以把自己挂起,当任务把自己挂起后,会引起任务的调度,实时内核将选取另外一个合适的任务执行。任务被挂起后,该任务将处于等待状态。OSTaskSuspend()函数任务挂起程序流程如图 6.6 所示。

代码如下:

```
INT8U OSTaskSuspend (INT8U prio)
{    BOOLEAN self;
     OS_TCB * ptcb;
  OS_ENTER_CRITICAL();
     if (prio == OS_PRIO_SELF) {                    /* 是否挂起 SELF */
         prio = OSTCBCur - > OSTCBPrio;
         self = TRUE;
     } else if (prio == OSTCBCur - > OSTCBPrio) {   /* 是否挂起自己 */
         self = TRUE;
     } else {
         self = FALSE;                              /* 无其他被挂起任务 */
     }
     ptcb = OSTCBPrioTbl[prio];
     if (ptcb == (OS_TCB * )0) {                    /* 该被挂起任务必须存在 */
         OS_EXIT_CRITICAL();
         return (OS_TASK_SUSPEND_PRIO);
     }
     if((OSRdyTbl[ptcb - > OSTCBY]& = ～ptcb - > OSTCBBitX) == 0x00){ /* Make task not ready */
         OSRdyGrp & = ～ptcb - > OSTCBBitY;
     }
     ptcb - > OSTCBStat ｜= OS_STAT_SUSPEND;         /* 任务状态是'SUSPENDED' */
     OS_EXIT_CRITICAL();
     if (self == TRUE) {                            /* 上下文表明是否是'SELF' */
         OS_Sched();
     }
     return (OS_NO_ERR);
}
```

图 6.6 OSTaskSuspend()函数任务
挂起程序流程

6.6 任务唤醒

任务唤醒时要先检查一下任务是否被挂起,然后把任务状态从挂起改成就绪;同时还要检查有没有因为延时而挂起,如果是延时挂起,则不能唤醒。与挂起刚好相反,唤醒需要设置就绪表相应位。OSTaskResume()函数任务唤醒程序流程如图 6.7 所示。

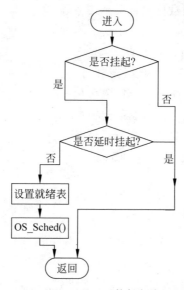

图 6.7 OSTaskResume()函数任务唤醒程序流程

代码如下:

```
INT8U OSTaskResume (INT8U prio)
{
    OS_TCB * ptcb;
    OS_ENTER_CRITICAL();
    ptcb = OSTCBPrioTbl[prio];
    if (ptcb == (OS_TCB * )0) {                        /* 挂起的任务必须存在 */
        OS_EXIT_CRITICAL();
        return (OS_TASK_RESUME_PRIO);
    }
    if ((ptcb->OSTCBStat & OS_STAT_SUSPEND) != OS_STAT_RDY) { /* 任务必须被挂起 */
        if (((ptcb->OSTCBStat &= ~OS_STAT_SUSPEND) == OS_STAT_RDY) &&
                                                       /* 移除挂起 */
            (ptcb->OSTCBDly == 0)) {                    /* 不能被延迟 */
            OSRdyGrp | = ptcb->OSTCBBitY;              /* 让任务开始运行 */
            OSRdyTbl[ptcb->OSTCBY] | = ptcb->OSTCBBitX;
            OS_EXIT_CRITICAL();
            OS_Sched();
```

```
        } else {
            OS_EXIT_CRITICAL();
        }
        return (OS_NO_ERR);
    }
    OS_EXIT_CRITICAL();
    return (OS_TASK_NOT_SUSPENDED);
}
```

6.7 任务删除

OSTaskDel()函数先检查删除任务的各种条件是否成立,如果不成立,则返回相应的错误码。一旦所有条件都满足了,OS_TCB就从任务链表中移除,放到空闲任务块链表中。其中包括把本任务从就绪表中删除,把本任务从索引表数组 OSTCBPrioTbl[]中删除,启动调度器运行下一个优先级最高的就绪任务。OSTaskDel()函数任务删除程序流程如图 6.8 所示。

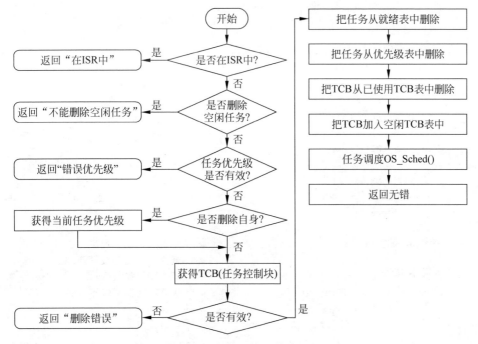

图 6.8 OSTaskDel()函数任务删除程序流程

代码如下:

```
INT8U OSTaskDel (INT8U prio)
{   OS_EVENT  * pevent;
    OS_TCB    * ptcb;
```

```
        BOOLEAN    self;
        if (OSIntNesting > 0) {                    /* 看是否从 ISR 中删除 */
            return (OS_TASK_DEL_ISR);
        }
    OS_ENTER_CRITICAL();
        if (prio == OS_PRIO_SELF) {                /* 看是否删除自己 */
            prio = OSTCBCur -> OSTCBPrio;          /* 设置优先级为当前的 */
        }
        ptcb = OSTCBPrioTbl[prio];
        if (ptcb != (OS_TCB * )0) {                /* 被删的任务必须存在 */
            if ((OSRdyTbl[ptcb -> OSTCBY] & = ~ptcb -> OSTCBBitX) == 0x00) {
                                                   /* 设任务为未就绪 */
                OSRdyGrp & = ~ptcb -> OSTCBBitY;
            }
            pevent = ptcb -> OSTCBEventPtr;
            if (pevent != (OS_EVENT * )0) {        /* 如果任务是在 event 中被设为等待的 */
                if ((pevent -> OSEventTbl[ptcb -> OSTCBY] & = ~ptcb -> OSTCBBitX) == 0) {
                    /* ... remove task from event ctrl block */

                    pevent -> OSEventGrp & = ~ptcb -> OSTCBBitY;
                }
            }
            ptcb -> OSTCBDly = 0;                  /* 阻止 OSTimeTick()更新 */
            ptcb -> OSTCBStat = OS_STAT_RDY;       /* 阻止任务被唤醒 */
            if (OSLockNesting < 255) {
                OSLockNesting++;
            }
            OS_EXIT_CRITICAL();
    OS_Dummy();                                    /* Dummy 函数确保 INTs 能执行 */
            OS_ENTER_CRITICAL();                   /* 关中断 */
            if (OSLockNesting > 0) {
                OSLockNesting -- ;
            }
            OSTaskDelHook(ptcb);                   /* 调用用户钩子程序 */
            OSTaskCtr -- ;                         /* 至少一个任务被管理 */
            OSTCBPrioTbl[prio] = (OS_TCB * )0;     /* 清除旧优先级入口 */
            if (ptcb -> OSTCBPrev == (OS_TCB * )0) { /* 从 TCB 链表上移除 */
                ptcb -> OSTCBNext -> OSTCBPrev = (OS_TCB * )0;
                OSTCBList = ptcb -> OSTCBNext;
            } else {
                ptcb -> OSTCBPrev -> OSTCBNext = ptcb -> OSTCBNext;
                ptcb -> OSTCBNext -> OSTCBPrev = ptcb -> OSTCBPrev;
            }
            ptcb -> OSTCBNext = OSTCBFreeList;     /* 返回 TCB 到 TCB 链 */
            OSTCBFreeList = ptcb;
            OS_EXIT_CRITICAL();
            OS_Sched();                            /* 找到新的最高优先级任务 */
```

```
        return (OS_NO_ERR);
    }
    OS_EXIT_CRITICAL();
    return (OS_TASK_DEL_ERR);
}
```

6.8 任务调度

在前面的每段代码中都可以看到一个 OS_Sched()函数。以上的每个函数都对这个函数进行调用,所以 OS_Sched()函数是该操作系统的一个核心程序。由于任务的并发性,且有多个任务均处于就绪状态,到底哪个任务先运行呢? 为了满足实时性的要求,μCOS-Ⅱ内核采用了"可剥夺型"任务调度算法,μCOS-Ⅱ总是运行处于就绪状态中优先级最高的任务。

任务级的调度是由 OS_Sched()函数完成的,而且任务级的调度要保存所有的状态。中断级的任务调度是由另一个 OSIntExt()函数完成的,在中断级的调度中,一些状态在进入中断前已被保存。OS_Sched()函数任务调度程序流程如图6.9所示。

代码如下:

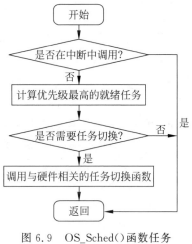

图 6.9　OS_Sched()函数任务
调度程序流程

```
void OS_Sched (void)
{
    INT8U y;
    OS_ENTER_CRITICAL();
    if (OSIntNestling == 0) {
        y = OSUnMap Tbl[OSRdyGrp];
        OSPrioHighRdy = (INT8U)((y << 3) + OSUnMap Tbl[OSRdyTbl[y]]);
        if (OSPrioHighRdy != OSPrioCur){
            OSTCBHighRdy = OSTCBPrioTbl[OSPrioHighRdy];
            OS_TASK_SW();
        }
    }
    OS_EXIT_CRITICAL();
}
```

为实现任务切换,OSTCBHighRdy 必须指向将要运行的优先级最高的任务控制块 OS_TCB,即入口地址。这是通过将以 OSPrioHighRdy 为下标的 OSTCBPrioTbl[]数组中的那个元素赋给 OSTCBHighRdy 来实现的,最后宏调用 OS_TASK_SW()函数完成实际的任务切换。

OS_TASK_SW()函数是任务级的任务切换函数,是通过调用 TASK_SW 来实现的。TASK_SW 是一个转接程序,实现当前调用程序状态的寄存器状态保存和进入 OSIntCtxSw_0 的函数。OSIntCtxSw_0 的作用是先将当前任务的 MCU 现场保存到该任务的堆栈中,然后获得最高优先级任务的堆栈指针,从该堆栈指针中恢复此任务的 MCU 现场,使之继续运行。

代码如下:

```
TASK_SW
  MRS       R3, SPSR
  MOV       R2, LR
  MSR       CPSR_c, #(NoInt | SYS32Mode)

  STMFD     SP!, (R2)
  STMFD     SP!, (R0 - R12, LR)
  B         OSIntCtxSw_0
```

OSIntCtxSw_0 完成的是任务状态的具体切换,源码如下:

```
OSIntCtxSw_0
  LDR     R1, = OsEnterSum
  LDR     R2, [R1]
  STMFD   SPI, {R2, R3}
  LDR     R1, = OSTCBCur
  LDR     R1, [R1]
  STR     SP, [R1]
  LDR     R4, = OSPrioCur
  LDR     R5, = OSPrioHighRdy
  LDRB    R6, [R5]
  STRB    R6, [R4]
  LDR     R6, = OSTCBHighRdy
  LDR     R6, [R6]
  LDR     R4, = OSTCBCur
  STR     R6, [R4]
  MRS     R3, SPSR
  MOV     R2, LR
  MSR     CPSR_c,    #(NoInt | SYS32Mode)
  STMFD   SP!, {R2}
  STMFD   SP!, {R0 - R12, LR}
  LDR     R1, = OsEnterSum
  LDR     R2, [R1]
  STMFD   SPI, {R2, R3}
```

使用以上这种三级跳的方式,是嵌入式操作系统的一个模式。首先是从 C 语言到汇编语言的转接。C 语言相对汇编语言而言有比较好的可移植性,能远离底层硬件的细节。而汇编代码与硬件细节紧密相关,如有多少寄存器,使用哪种汇编命令等都需要描述。这种一个函数内嵌另一个函数的方式,可以把 C 语言和汇编语言分割开来,在系统移植时需要更改的代码程序最少。其次,使用这种函数套函数的方式,也使得每段函数只完成某个具体功能,具有一定的可读性。

6.9 任务编程

第 23 集
视频讲解

第 28 集
视频讲解

第 30 集
视频讲解

前面的内容都是介绍嵌入式操作系统内部如何实现任务的。本小节介绍的是如何在操作系统之上进行任务编程。嵌入式操作系统的编程与一般的编程不同,它必须针对应用分析和任务划分,又必须同时使用操作系统提供的任务接口做任务编程的设计。整个的任务设计就是一项非常复杂的工作,比较常用的方法是 DARTS(Design Approach for Real-Time Systems,实时系统设计方法)。DARTS 是结构化分析、结构化设计的扩展,它给出任务划分的方法,并提供定义任务间接口的机制。

DARTS 的步骤如下:

(1) 在需求分析的基础上以数据流图(Data Flow Diagram)作为分析工具分析系统的数据流,将系统分解到足够深度,识别主要的子系统和各个子系统的主要成分。

(2) 根据数据流图识别出系统相对独立的功能,进行任务划分(Decomposition into Tasks),将其抽象成一个个系统任务。

(3) 定义任务间的接口(Definition of Task Interfaces)。在数据流图中,接口以数据流和数据存储区的形式存在。在 DARTS 中有两类任务接口模块:即任务通信模块和任务同步模块,分别处理任务间的通信和任务间的同步,DARTS 使用消息队列机制完成这两项功能。

(4) 任务设计(Task Design)。确定每个任务的结构,画出每个任务的数据流图,从中导出任务的模块结构图,并定义各模块的接口,给出每个模块的程序流程图。

在这 4 个步骤中,最关键的是任务的划分。DARTS 根据数据流图中的变换提供了确定任务的方法,具体规则如下:

(1) 若变换依赖于 I/O,则选择一个变换对应于一个任务。

(2) 将具有时间关键性的功能分离出来,成为一个独立的任务,并赋予较高的优先级,满足时效性。

(3) 计算量大的功能独立成为一个任务,赋予较低优先级。

(4) 逻辑上和数据上紧密相关的功能合成一个任务,使其共享资源和事件的驱动。

(5) 在同一时间内能够完成的功能合成一个任务,使其在同一时间运行。

(6) 将在相同周期内执行的各个功能组成一个任务,对运行频率越高的任务赋予越高的优先级。

这部分内容不属于嵌入式操作系统设计的范围,属于嵌入式软件设计,因此不多加叙述。

下面根据上述原则,分析一个泳池的自动进排水系统设计。

该系统设计后要求的基本功能如下:

(1) 按 button1 按钮注水,按 button2 按钮排水。

（2）开关 switch0 和 switch1 控制水流速率。

（3）LED 显示水池中的水量。

（4）终端上打印具体的水量和水流速率信息。

系统中的任务有两个：一个是注水任务 FirstTask；另一个是排水任务 SecondTask。系统首先进行注水，并生成排水任务 SecondTask，注满后排水。水流速率控制设置在注水和排水任务中进行。

然后就等待中断，如果用户按 button1 就表示注水；如果用户按 button2 表示排水。使用拨动开关 switch0 和 switch1 可以调节进水或排水速度。LED 灯负责显示当前水量。以下是 μCOS-Ⅱ 下载到 FPGA 之后的应用程序代码，因此输出和控制等都与 FPGA 板卡上的硬件配置有关。

```
static void FirstTask (void * p_arg)
{
    p_arg = p_arg;

    INT8U water_flow_rate;
    INT8U i;

    BSP_InitIO();
# if OS_TASK_STAT_EN > 0
    OSStatInit();
# endif
    AppTaskCreate()                       //生成第二个排水任务,该任务生成后即挂起
    current_water = WATER_SUM/2;          //初始化水位 current_water 为总水位的一半

    for(i = 1;i <= 9;i++){                 //水位显示值 led initialize
        if(current_water < i * LEVEL) break;
    }
    BSP_LEDOn(i - 1);                      //FPGA 板卡上 LED 灯进行水位显示

    BSP_InstructionInit();                //在终端上显示系统欢迎和说明信息

    OSTaskSuspend(TASK2_PRIO);            //挂起排水任务
    OSTaskSuspend(TASK1_PRIO);            //挂起本身任务

    while (1)                             //进入任务循环
    {
        water_flow_rate = water_flow_rate_set();
        xil_printf(" -------------------------- \n\r");   //FPGA 连接计算机串口显示
        xil_printf("Now water is supplying. \n\r");
        xil_printf("Current water sum is : % d m3. \n\r",current_water);
        xil_printf("Water flow rate is : % d m3/s. \n\r",water_flow_rate);

        for(i = 1;i <= 9;i++){
```

```
                 if(current_water < i * LEVEL) break;
        }
        BSP_LEDOn(i - 1);
        OSTimeDlyHMSM(0, 0, 1, 0);          //任务延迟
        current_water += water_flow_rate;  //仿真注水过程,水量增加
        if(current_water >= WATER_SUM){
            current_water = WATER_SUM;
            xil_printf(" ------------------------------ \n\r");
            xil_printf("Current water sum is : % d m3. \n\r",current_water);
            xil_printf("The pool is full,stop water supplying. \n\r");
            OSTaskSuspend(TASK1_PRIO);      //任务本身挂起
        }
    }
}
```

排水任务代码如下：

```
static void SecondTask (void * p_arg)
{
    p_arg = p_arg;

    INT8U i;
    INT8U water_flow_rate;

    while (1)
    {
        water_flow_rate = water_flow_rate_set();
        xil_printf(" ------------------------------ \n\r");
        xil_printf("Now the task is drainage. \n\r");
        xil_printf("Current water sum is : % d m3. \n\r",current_water);
        xil_printf("Water flow rate is : % d m3/s. \n\r",water_flow_rate);

        for(i = 1;i <= 9;i++){              //led control
            if(current_water < i * LEVEL) break;
        }
        BSP_LEDOn(i - 1);

        OSTimeDlyHMSM(0, 0, 1, 0);
        current_water -= water_flow_rate;
        if(current_water <= 0){
            current_water = 0;
            xil_printf(" ------------------------------ \n\r");
            xil_printf("Current water sum is : % d m3. \n\r",current_water);
            xil_printf("The pool is empty,stop drainage. \n\r");
            OSTaskSuspend(TASK2_PRIO);
        }
    }
}
```

中断处理程序如下：

```
void BSP_GpioHandler (void * baseaddr_p)
{
    INT32U last_status;
    INT32U btn_status;

#if OS_CRITICAL_METHOD == 3                    /* 确定 MCU 状态寄存器的存储空间 */
    OS_MCU_SR MCU_sr;
#endif

    btn_status = XIo_In32(XPAR_PUSH_BUTTONS_4BITS_BASEADDR);

    OS_ENTER_CRITICAL();

    if(btn_status == 1 && current_water!= WATER_SUM)
    //keep btn0 pressed, and pool is not full, task1 is running
    {
     OSTaskResume(TASK1_PRIO);
    }
    else if(btn_status == 2 && current_water!= 0)
    //keep btn1 pressed, and pool is not empty, task2 is running
    {
     OSTaskResume(TASK2_PRIO);
    }
    else                                 //其他情况,任务 1 和任务 2 都被挂起
    {
      OSTaskSuspend(TASK1_PRIO);
      OSTaskSuspend(TASK2_PRIO);
    }

    OS_EXIT_CRITICAL();
    last_status = btn_status;
    XIo_Out32(XPAR_PUSH_BUTTONS_4BITS_BASEADDR + XGPIO_ISR_OFFSET, 0x1);
}
```

习题

1. 完成赠送的文档《实验指导》中的实验一,深入了解任务调度、唤醒任务、挂起任务的实现,尤其是 μCOS-Ⅱ 中是如何实现这些功能的。

2. 简述 μCOS-Ⅱ 中是如何实现任务状态切换的,以及每个状态切换都有哪些函数相对应。

第7章

资源管理

资源管理是任何一个操作系统都要考虑的一个重要部分。首先要解决的是如何对资源进行同时访问而不出错。有些资源可以被同时使用,有些只能轮流使用,因此出现了资源共享和互斥的概念。

7.1 资源共享、互斥和任务同步

第 31 集
视频讲解

在嵌入式操作系统中所谓的资源主要指 MCU、内存、外围设备等。任务在执行过程中除了对 MCU 的争夺之外,还有对其他资源的竞争。

资源共享和互斥看起来非常不同,但实质是相同的,描述的都是多个任务受资源的约束后相互之间的关系。共享是多个任务可以同时访问该资源,如内存的共享。但是有些共享也有数量的限制,如最多有多少个任务可以同时访问该资源,超出这个数目的任务就无法获得该资源了。这种共享就像理发店里有 3 位理发师,可以同时接纳 3 位客人理发,但是如果多于 3 位客人同时来的话,多余的就只能等待了。互斥就是该资源只允许一个任务使用。互斥可以说是共享的一个特例,此时共享数是 1。这就像洗手间进去一个人后,他就会锁门以防止其他人使用。所以在嵌入式操作系统中往往把这两个概念用同一种机制来实现。对于与硬件设计相关的公共资源,如 SPI、I2C、UART 接口,都是独占类型的。也就是说,一个任务在使用这些资源时,其余的申请使用该资源的任务只能处于等待状态。

任务同步也是描述多个任务之间的先后关系。所谓任务同步,就好像接力跑一样,下一棒的运动员只有接到棒后才可以跑。再仔细分析共享和互斥的机制,竞争的结果会使任务呈现出一个先后的顺序。把每个运动员想象成任务,把接力棒想象成资源,那么这个资源的互斥或者共享过程就是一个同步过程。因此,任务同步也是通过上述共享和互斥的机制体现的。

7.2 临界区

为了表示资源正在被共享或者互斥,需要对资源进行保护,从进入保护到退出保护的时段就称为临界区。临界区是一个空间概念,更是一个时间概念。程序代码中会有明显的语

句表示进入临界区和退出临界区,这一对开关语句如果在同一任务中,会在程序行中划分出一个空间区域,因此它是一个空间概念。但是在多任务程序中,由于对 MCU 存在竞争,任务们停停走走,往往进入保护和退出保护不在一个任务的程序段中,因此很难看到区域的空间划分。而执行时,无论是在同一任务执行中还是在多个任务切换执行中,从资源被保护到退出保护,是一段执行时间,因此它是一个时间概念。

为了保证数据的一致,临界区代码中往往会关中断。为了避开不同,C 编译器厂商选择不同的方法来处理关中断和开中断。µCOS-Ⅱ定义了两个宏来关中断和开中断,分别是 OS_ENTER_CRITICAL() 和 OS_EXIT_CRITICAL()。

根据微处理器和 C 编译器的不同,通过在移植文件 OS_MCU. H 中配置 OS_CRITICAL_METHOD 来选择开/关中断的方法。OS_CRITICAL_METHOD 的值有如下三种。

1. OS_CRITICAL_METHOD = = 1

用处理器指令关中断。执行 OS_ENTER_CRITICAL(),关中断;执行 OS_EXIT_CRITICAL(),开中断。

这种方法的示意性代码如下:

```
#define OS_ENTER_CRITICAL()
    asm("DI")
#define OS_EXIT_CRITICAL()
    asm("EI")
```

2. OS_CRITICAL_METHOD = = 2

实现 OS_ENTER_CRITICAL() 函数时,先在堆栈中保存中断的开/关状态,然后再关中断;实现 OS_EXIT_CRITICAL() 时,从堆栈中弹出原来中断的开/关状态。

这种方法的示意性代码如下:

```
#define OS_ENTER_CRITICAL()
    asm("PUSH  PSW")
    asm("DI")
#define OS_EXIT_CRITICAL()
    asm("POP  PSW")
```

这种方法可使 MCU 中断允许标志的状态在临界段前和临界段后不发生改变。

3. OS_CRITICAL_METHOD = = 3

把当前处理器的状态字保存在局部变量中(如 OS_MCU_SR),关中断时保存,开中断时恢复。这样需要在选择用这种方法进入临界代码的应用程序中定义一个局部变量 MCU_sr。

```
void Some_uCOS_II_Service(arguments)
{
    OS_MCU_SR  MCU_sr
    …
    MCU_sr = get_processor_psw();        //得到处理器的当前状态
    disable_interrupts();
    /* 处理临界代码 */
    set_processor_psw(MCU_sr);           //设置处理器的当前状态
}
```

这种方法的前提条件：用户使用的 C 编译器具有扩展功能，用户可获得程序状态字的值，这样就可以把该值保存在 C 语言函数的局部变量中，而不必压到堆栈里。

这种方法的示意性代码如下：

```
#define OS_ENTER_CRITICAL()
    MCU_sr = get_processer_psw();
    disable_interrupts();
#define OS_EXIT_CRITICAL()
    set_processer_psw(MCU_sr);
```

7.3　信号量

为了能够表示资源共享和互斥、任务同步，信号量被用到嵌入式操作系统中。最简单的信号量就是只有 0、1 值的二值信号量。针对这个信号量会有两类操作：通常称为 pend（取信号量，如无效，则进入等待）和 post（释放一个信号量）操作。针对前面提到的资源保护，信号量就执行对应的 pend 操作，也就是减 1 操作。针对前面提到的退出资源保护，信号量就执行 post 操作，也就是加 1 操作。实际上，涉及任务的状态转换可以像下面这样定义这两个操作。

（1）任务要得到资源，也就是得到信号量，则需要执行等待操作。如果信号量有效（非0），则信号量减 1，任务得以继续运行；如果信号量无效，则等待信号量的任务就被列入等待信号量的任务链表中；如果等待超时，该信号量还是无效，则等待该信号量的任务进入就绪状态，准备运行，并返回出错代码（等待超时错误）。

（2）任务释放资源，即释放信号量，执行 post 操作。如果没有任务等待该信号量，那么信号量的值仅是简单地加 1（则信号量大于 0，有效）；如果有任务等待该信号量，那么就会有等待任务进入就绪状态，资源等于又被分配出去了，所以信号量的值就不加 1。例如：一间屋子，只能一人进去。门口箱子里放着一把钥匙。有钥匙时，箱子上显示 1；无钥匙时，显示 0。来人看见 1，就打开箱子取出钥匙进屋，同时显示减 1 为 0，再来人时看见 0，就知道有人在屋里，于是在外等待。屋里人出来时，把钥匙放回箱中，显示加 1。后面的人看见 1，又可以进入。这里的钥匙相当于信号量，根据钥匙的有无取 0、1 两个值。屋子相当于公用资源，同一时间只能由一人使用它。使用信号量保证不会有两人同时使用公用资源。

当然，信号量不总是只有二值，如前面提到的资源共享的理发店问题，有多少个理发师，这个信号量就有多少个值。这种情况下，信号量更像一个计数器。

通常用 INT16U OSEventCnt 来实现信号量。这个变量被放在事件控制块中声明，可以看出信号量机制在多任务系统中的重要性。

事件控制块 ECB 是同步与通信机制的基本数据结构。遵从嵌入式操作系统的设计原理，应尽量统一和减少系统中的数据结构。因此，同步和第 8 章中的通信使用的是同一个基本数据结构 ECB。通过 OSEventType 来区分是同步还是通信，可以取如下值：

```
#define OS_EVENT_TYPE_UNUSED 0        /* 未使用 */
```

```
#define OS_EVENT_TYPE_MBOX 1          /* 邮箱 */
#define OS_EVENT_TYPE_Q 2             /* 队列 */
#define OS_EVENT_TYPE_SEM 3           /* 信号量 */
#define OS_EVENT_TYPE_MUTEX 4         /* 互斥量 */
#define OS_EVENT_TYPE_FLAG 5          /* 标志量 */
```

ECB 的定义如下：

```
typedef struct{
INT8U    OSEventType;                        //事件类型
INT8U    OSEventGrp;                         //等待任务所在的组

INT16U   OSEventCnt;                         //计数器(信号量)
void     * OSEventPtr;                       //指向消息或消息队列的指针
INT8U    OSEventTbl[OS_EVENT_TBL_SIZE];      //等待任务列表
}OS_EVENT;
```

其中，OSEventGrp 与 OSEventTbl[]的作用类似于 OSRdyGrp 与 OSRdyTbl[]，存放等待某事件的任务(就绪状态的任务)。这个机制的采用类似前面提到的任务控制块，这样做的好处是可以保持整个嵌入式操作系统中的数据结构及操作都基本类似，减少编程工作，从而也减少出错的可能。

＊OSEventPtr 是指向消息或队列结构的指针，只有 OSEventType 为 OS_EVENT_TYPE_MBOX 或 OS_EVENT_TYPE_Q 时才有用。

针对信号量的实现有以下设计。

1. 创建信号量

在使用信号量之前，必须通过调用函数 OSSemCreate( )来创建一个信号量。函数 OSSemCreate( )只有唯一的参数 cnt，用于初始化信号量的计数器初始值。创建信号量函数 OSSemCreate( )将返回一个指针，用于识别不同的信号量。

OSSemCreate( )函数流程如图 7.1 所示。代码如下：

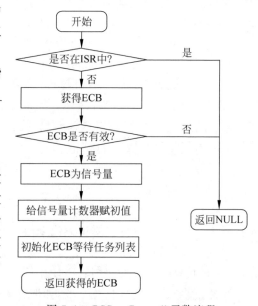

图 7.1　OSSemCreate( )函数流程

```
OS_EVENT * OSSemCreate (INT16U cnt)
{
    OS_EVENT * pevent;
    pevent = OSEventFreeList;                         //从空闲事件控制块链中取得一个 ECB
    if (OSEventFreeList != (OS_EVENT * )0) {
    OSEventFreeList = (OS_EVENT * )OSEventFreeList -> OSEventPtr;
    }
```

```
if (pevent != (OS_EVENT *)0) {              //初始化 ECB 的各个域
    pevent->OSEventType = OS_EVENT_TYPE_SEM;  //事件类型为信号量
    pevent->OSEventCnt = cnt;                 //信号量的初始计数值
    pevent->OSEventPtr = (void *)0;
    OS_EventWaitListInit(pevent);             //初始化等待任务列表
}
return (pevent);                            //调用者需要检查返回值,如果为 NULL,则表示建立失败
}
```

其中,OS_EventWaitListInit(OS_EVENT * pevent)函数被与 ECB 建立相关的函数调用,如 OSSemCreate()函数、OSMutexCreate()函数、OSQCreate()函数和 OSMboxCreate()函数。函数功能就是对 ECB 中的等待任务列表进行初始化,函数创建时,等待任务列表初始化为空。这个函数是对内的,即此函数可以被 μCOS-Ⅱ调用,但用户应用程序不可以直接调用此函数。

2. 获取信号量

当任务调用 OSSemPend()函数时,如果信号量的值大于 0,那么 OSSemPend()函数对该值减 1 并返回;如果调用 OSSemPend()函数时信号量的值等于 0,那么 OSSemPend()函数将任务加入该信号量的等待列表,任务将一直等待到获得信号量或超时。

OSSemPend()函数流程如图 7.2 所示。

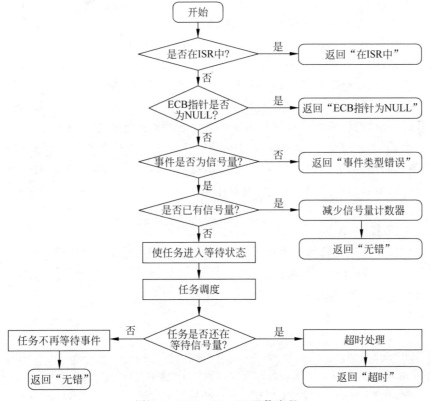

图 7.2　OSSemPend()函数流程

代码如下：

```
void OSSemPend (OS_EVENT * pevent, INT16U timeout, INT8U * err)
{
    if (pevent -> OSEventCnt > 0) {          //信号量的值大于 0,成功获得信号量并返回
        pevent -> OSEventCnt -- ;
        * err = OS_NO_ERR;
        return;}

    OSTCBCur -> OSTCBStat | = OS_STAT_SEM;    //设置任务状态为等待信号量
    OSTCBCur -> OSTCBDly = timeout;           //设置等待时限
    OS_EventTaskWait(pevent);                 //将任务放置到信号量的等待列表中
    OS_Sched();                               //内核实施任务调度,系统切换到另一就绪任务执行
    if (OSTCBCur -> OSTCBStat & OS_STAT_SEM) { //判断任务恢复执行的原因,如果等待时限超时但
                                              //仍然未获得信号量,则返回超时信息
        OS_EventTO(pevent);
        * err = OS_TIMEOUT;
        return;}
    OSTCBCur -> OSTCBEventPtr = (OS_EVENT * )0;
    * err = OS_NO_ERR;                        //任务由于获得信号量而恢复执行,本调用成功返回
}
```

其中,OS_EventTaskWait(OS_EVENT * pevent)函数是当某任务等待某事件的发生时,信号量、互斥型信号量、消息邮箱、消息队列所对应的 pend 函数会调用的函数。它使当前任务脱离就绪状态,并被放到相应的 ECB 的任务等待列表中。这个函数是对内的,即此函数可以被 μCOS-Ⅱ调用,但用户应用程序不可以直接调用此函数。

另一个函数 void OS_EventTO(OS_EVENT * pevent)涉及任务等待超时问题,μCOS-Ⅱ中可以为任务等待设置一个等待时间,如果在规定的时间内任务等待的事件得不到响应(没有发生),那么 OSTimeTick()函数会因为等待超时而将任务置为就绪状态。信号量、互斥型信号量、消息邮箱、消息队列所对应的 pend 函数就会调用 OS_EventTO()函数,完成上述工作。这个函数是对内的,即此函数可以被 μCOS-Ⅱ调用,但用户应用程序不可以直接调用此函数。

3. 释放信号量

任务获得信号量并在访问共享资源后必须释放信号量,释放信号量即发送信号量,是通过调用函数 OSSemPost()来实现的。

OSSemPost()函数流程如图 7.3 所示。

代码如下：

```
INT8U OSSemPost (OS_EVENT * pevent)
{
    if (pevent -> OSEventGrp!= 0x00) {        //如果有任务在等待该信号量
        OS_EventTaskRdy(pevent, (void * )0, OS_STAT_SEM);
                                              //使等待任务列表中优先级最高的任务就绪
```

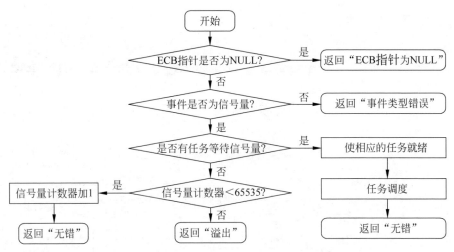

图 7.3　OSSemPost()函数流程

```
    OS_Sched();                          //内核实施任务调度
    return (OS_NO_ERR);                  //成功返回
}
if (pevent - > OSEventCnt < 65535) {     //如果没有任务等待该信号量,并且信号量的值未溢出
    pevent - > OSEventCnt++;             //信号量的值加 1
    return (OS_NO_ERR);                  //成功返回
}
return (OS_SEM_OVF);                     //信号量溢出
}
```

其中,OS_EventTaskRdy(pevent,(void *)0, OS_STAT_SEM)函数是当某事件发生时,要将等待该事件任务列表中优先级最高的任务置于就绪状态,信号量、互斥型信号量、消息邮箱、消息队列所对应的 post 函数都会调用的函数。这个函数是对内的,即此函数可以被 μCOS-Ⅱ调用,但用户应用程序不可以直接调用此函数。

4. 删除信号量

删除信号量:在删除信号量之前,应当删除可能会使用这个信号量的任务。

OSSemDel()函数流程如图 7.4 所示。

代码如下:

```
OS_EVENT * OSSemDel(OS_EVENT * pevent, INT8U opt, INT8U * err)
{
    BOOLEAN tasks_waiting;
    if(pevent - > OSEventGrp!= 0x00{        //根据是否有任务在等待信号量设置等待标志
        tasks_waiting = TRUE;
    }else{
        tasks_waiting = FALSE;
    }
    switch(opt){
```

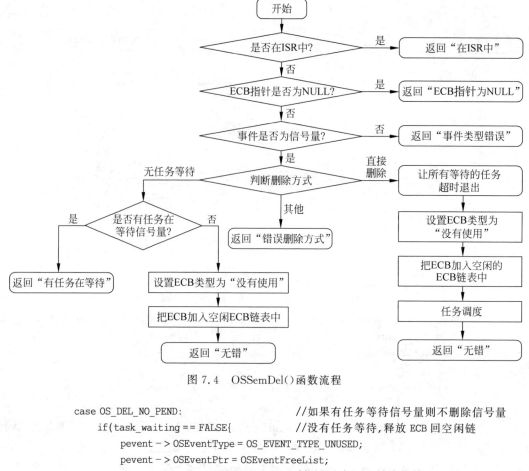

图 7.4 OSSemDel()函数流程

```
case OS_DEL_NO_PEND:                    //如果有任务等待信号量则不删除信号量
    if(task_waiting == FALSE{            //没有任务等待,释放 ECB 回空闲链
        pevent -> OSEventType = OS_EVENT_TYPE_UNUSED;
        pevent -> OSEventPtr = OSEventFreeList;
        OSEventFreeList = pevent;         //调整空闲 ECB 链头指针
        * err = OS_NO_ERR;
        return((OS_EVENT)0);
    }else{   * err = OS_ERR_TASK_WAITING;//有任务等待,删除信号量失败
        return(pevent);
    }
case OS_DEL_ALWAYS:                      //无论有无任务等待都删除信号量
    //将等待列表中的每个任务都设置成就绪状态
    while(pevent -> OSEventGrp!= 0x00){
    OS_EventTaskRdy(pevent,(void * )0, OS_STAT_SEM);}
                                         //释放该信号量的 ECB 回空闲控制块链
    pevent -> OSEventType = OS_EVENT_TYPE_UNUSED;
    pevent -> OSEventFreeList;
    OSEventFreeList = pevent;
                                 //如果之前有任务等待信号量,则内核实施任务调度
    if(tasks_waiting == TRUE){OS_Sched();}
    * err = OS_NO_ERR;
```

```
        return((OS_EVENT * )0);
    default:
        * err = OS_ERR_INVALID_OPT;
        return(pevent);
    }
}
```

这段程序的主要工作包括释放任务控制块和重新调度任务。

7.4 信号量的使用

第 32 集
视频讲解

下面针对信号量的使用举例。

例 1：用二值信号量实现任务同步。

二值信号量状态如图 7.5 所示。

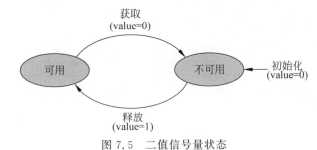

获取
(value=0)

可用   不可用 —— 初始化
(value=0)

释放
(value=1)

图 7.5 二值信号量状态

图 7.5 表明了通过赋 0 或者赋 1 值，可以使资源处于可用（available）和不可用（unavailable）状态。而此信号量一般设置初始值为 0，处于不可用状态。

代码如下：

```
Task1()                          Task2()
{                                {
...                              ...
While(1)                         While(1)
{                                {
...                              ...
执行一些操作;                      OSSemPend(sem1,);
OSSemPost(sem1);                 执行一些操作;
OSSemPend(sem2,);                OSSemPost(sem2);
...                              ...
...                              }
}                                }
}
```

Task 2 比 Task 1 的优先级高。Task 1、Task 2 和信号量都必须事先生成。Task 1 和 Task 2 通过信号量 sem1 和 sem2 实现双向同步。当 sem1 或者 sem2 的值为 0 时，任务就被阻塞了。

在任务执行中,Task2 比 Task1 的优先级高,Task2 先运行。运行到申请信号量 sem1 时,即 OSSemPend(sem1),因为 sem1 的值为 0,所以被阻塞,调度程序找到下一个任务,即 Task1 开始执行。Task1 执行后,sem1 被赋值为 1。sem1=1 将引起调度程序唤醒 Task2,Task1 就被阻塞了。Task2 激活后将从上次停下来的地方继续执行,因为申请得到了 sem1,所以 sem1=0,再执行一些操作,然后执行了 sem2 设置为 1 的操作。因为是 While 的死循环,所以继续运行到 OSSemPend(sem1) 又被阻塞,Task1 得以继续执行,对于 OSSemPend(sem2),因为刚才 sem2=1,所以可以继续执行。执行后 sem2=0,因为循环又给 sem1 赋值为 1,唤醒了 Task2 继续执行。Task2 运行后,sem1=0,sem2=1,唤醒 Task1 进入就绪队列,因为 Task2 优先级比 Task1 高,所以并不进行任务调度,直到运行到下一次 While 循环,因为 sem1=0 使得 Task2 被阻塞,所以 Task1 由于那时在就绪表中的最高优先级得以继续执行。

由于这种信号量造成的调度,使得两个任务停停走走,交替运行,如图 7.6 所示。

图 7.6　任务调度

例 2:计数信号量使用。

生产者-消费者问题是一个经典的同步问题。该问题最早由 Dijkstra 提出,用于演示他提出的信号量机制——在同一个地址空间内执行两个任务。生产者任务生产物品,然后将物品放置在一个空缓冲区中供消费者任务消费。消费者任务从缓冲区中获得物品,然后释放缓冲区。当生产者任务生产物品时,如果没有空缓冲区可用,那么生产者任务必须等待消费者任务释放出一个空缓冲区。当消费者任务消费物品时,如果没有满的缓冲区,那么消费者任务将被阻塞,直到新的物品被生产出来。计数信号量状态如图 7.7 所示。

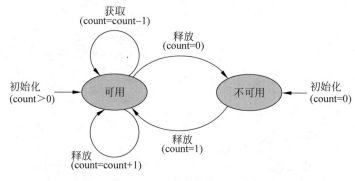

图 7.7　计数信号量状态

图 7.7 表明了系统的初始状态可以设置计数值为 0,也就是缓冲区是满的,没有空单元可以用,那么系统资源处于满缓冲区状态,必须等待消费者任务消费过,才有新的空单元出现;也可以设置计数值为大于 0 的某个值,也就是缓冲区有若干空单元可以用,那么生产者任务就可以开始生产,直到计数值为 0 才阻塞住。

在这个过程中,只要系统在可用状态,即缓冲区有空单元状态,生产者任务和消费者任务可以多次执行,直到生产到没有空单元或者全部消费光为止。不可用状态也可因为全部都是空单元还要继续消费或者全部满单元仍要继续生产两种原因造成。

根据上面的分析,生产者任务 Task1 和消费者任务 Task2 分别需要三个信号量。信号量 full 用于计缓冲区里现有物品数,初始值为 0;信号量 empty 用于计缓冲区里空着的单元个数,初始值为 n;信号量 mutex 用于控制每次只有一个任务能访问缓冲区,mutex 初始值为 1。

因为是以缓冲区为空开始的,所以假设生产者任务 Task1 比消费者任务 Task2 有更高的优先级。代码如下:

```
Task1()                          Task2()
{                                {
While(1)                         While(1)
  {...                             {...
  OSSemPend(empty);                OSSemPend(full);
  OSSemPend(mutex);                OSSemPend(mutex);
  缓冲区里的处理...                 缓冲区里的处理...
  OSSemPost(mutex);                OSSemPost(mutex);
  OSSemPost(full);                 OSSemPost(empty);
  ...                              ...
  }                                }
}                                }
```

Task1 先运行,因为初始化时 empty$=n$,OSSemPend(empty)执行 empty-1 操作,mutex 初始值为 1,所以程序可以继续执行 OSSemPend(mutex),以及接下来的 OSSemPost(mutex)和 OSSemPost(full)。第一次循环中 empty 值减 1,full 值顺利加 1。以此类推,Task1 的循环可以顺利执行 n 次,此时,empty 值为 0,full 值为 n。第 $n+1$ 次执行循环时,因为 empty 值已经为 0,所以操作系统进行调度,阻塞 Task1,运行 Task2。Task2 的运行,使得 full 值变成 $n-1$,直到执行到 OSSemPost(empty),empty$=1$,使得操作系统开始调度,Task2 因优先级低而被阻塞,Task1 开始继续执行,此次执行使得 empty$=0$,full$=n$。再循环,则又因为 empty$=0$ 阻塞,Task2 继续执行,再次到 OSSemPost(empty)后,Task1 又开始执行。此时,系统达到一个稳定状态,即 Task2 和 Task1 交替执行,每次执行一次循环体。这表示消费一个,生产一个。

假设 Task2 比 Task1 优先级高,系统一开始就进入交替的稳定态。Task2 因为 OSSemPend(full)而 full$=0$,所以阻塞,那么 Task1 就可以运行,等到循环最后一句

OSSemPost(full),由于资源释放重新调度,Task2 又继续运行,再运行到 OSSemPend(full),又阻塞,Task1 继续运行。这种状态只要没有被打断,就会一直进行下去。

OSSemPend(mutex)和 OSSemPost(mutex)是用来保护缓冲区处理的,被保护的部分称为临界区。这样只要进入缓冲区处理过程,如果发生意外产生阻塞,那么只有当阻塞消失时,才可以重新运行下去。这样确保了 Task1 和 Task2 一旦处理了缓冲区,就不可以中断操作。

7.5 优先级反转

用信号量来控制资源共享和互斥,会出现高优先级任务被低优先级任务阻塞,并等待低优先级任务执行的现象。这种现象也会由于中断的使用而产生。

由于任务间资源共享,信号量及中断的引入,往往会导致高优先级任务被低优先级任务长时间阻塞或阻塞一段不确定时间的现象,即所谓的优先级反转(Priority Inversion)。优先级反转会造成任务调度的不确定性,严重时可能导致系统崩溃。

在图 7.8 中,假设三个任务 task1、task2、task3 的优先级分别为 P_1、P_2、P_3,且 $P_1 > P_2 > P_3$。假定 task1、task2 和 task3 通过互斥信号量 mutex 共享一个数据结构,并且在时刻 t_0,task3 获得 mutex,开始执行临界区代码;在时刻 t_1,task3 申请 mutex 成功并开始执行临界区代码;在时刻 t_2,task1 已经处于就绪状态,由于 $P_1 > P_3$,抢占 task3 而获得 MCU 资源开始执行,并在时刻 t_3 试图访问共享数据,但共享数据已被 task3 通过 mutex 加锁。task1 申请 mutex 失败而处于等待状态,此刻,task3 重新获得 MCU 继续执行。在时刻 t_4,task2 就绪,由于 $P_2 > P_3$,task2 抢占 MCU 开始执行,task3 处于等待状态,表现为较低优先级任务 task2 先于较高优先级任务 task1 执行。在时刻 t_5,task2 申请 mutex 失败而阻塞,task3 获得 MCU 继续执行。在时刻 t_6,task3 退出临界区后释放 mutex,具有最高优先级的 task1 才获得 mutex 而执行临界区代码。在时刻 t_7,task1 执行完毕并释放资源。task2 开始执行临界区代码。在此过程中,如果具有多个类似 P_2 的中等优先级的任务就绪,task1 被延迟执行的时间将是无法确定的,极有可能超过其截止时间。例如,控制执行器的信息如果没有成功地传送到或超过时延限制,则可能使系统性能恶化或使系统不稳定,甚至造成事故。这就是优先级反转问题。

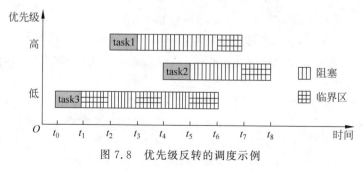

图 7.8 优先级反转的调度示例

解决优先级反转问题的常用协议有优先级继承协议（Priority Inheritance Protocol）和优先级天花板协议（Priority Ceiling Protocol）。

7.6　优先级继承协议

优先级继承协议的基本思想是：当一个任务阻塞了一个或多个高优先级任务时，该任务将不使用其原来的优先级，而使用被该任务所阻塞的所有任务的最高优先级作为其执行临界区的优先级。当该任务退出临界区时，又恢复到其最初的优先级。

例如，当任务 T 获得了 MCU 资源后首先以初始分配的优先级开始执行，在 T 进入其临界区 Z 之前，申请控制该资源的信号量 S。若 S 已被其他任务上锁，则任务 T 在 S 上阻塞而挂起等待；否则，执行 pend 操作加 1 操作，进入临界区 Z 中执行，退出 Z 时，执行 post 操作减 1 操作。在此过程中，如果有更多高优先级任务申请 S，由于 S 已被任务 T 锁住，高优先级任务将被阻塞，而任务 T 将继承被其阻塞的高优先级任务中优先级最高的任务的优先级继续在临界区 Z 中执行，直到退出 Z 之后，释放 S，同时恢复其初始优先级，并唤醒被其阻塞的具有最高优先级的任务。在此情况下，优先级反转的问题得以缓解，更重要的是，高优先级任务被延迟的时间可以确定，从而控制任务的执行时间，提高系统的稳定性和可靠性。

优先级继承协议的不足之处在于：如果中间优先级任务比较多，优先级继承协议可能多次改变占有某临界资源的任务的优先级，会引起更多的额外开销，导致任务执行临界区的时间增加。此外，优先级继承协议还会引起死锁。因此，从程序执行的效率方面考虑，优先级继承协议的效率比较低。

如图 7.9 所示，如果任务 $T1$ 被 $T3$ 阻塞，优先级继承协议要求任务 $T3$ 以任务 $T1$ 的优先级执行临界区。这样，任务 $T3$ 在执行临界区时，原来比 $T3$ 具有更高优先级的任务 $T2$ 就不能抢占 $T3$ 了。当 $T3$ 退出临界区时，$T3$ 又恢复到其原来的低优先级，使任务 $T1$ 又成为最高优先级的任务。这样，任务 $T1$ 会抢占任务 $T3$ 而继续获得 MCU 资源，而不会出现 $T1$ 会无限期被任务 $T2$ 所阻塞。

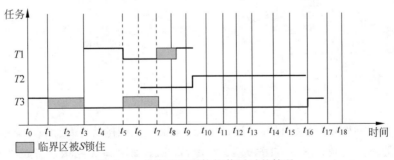

图 7.9　优先级继承协议使用后的情况

因此，优先级继承协议的算法定义如下：

（1）如果任务 T 为具有最高优先级的就绪任务，则任务 T 将获得 MCU 资源。

（2）在任务 T 进入临界区前，任务 T 需要首先请求获得该临界区的信号量 S。

（3）如果信号量 S 已经被加锁，则任务 T 的请求会被拒绝。在这种情况下，任务 T 被拥有信号量 S 的任务所阻塞。

（4）如果信号量 S 未被加锁，则任务 T 将获得信号量 S 而进入临界区。当任务 T 退出临界区时，使用临界区过程中所加锁的信号量将被解锁。如果有其他任务因为请求信号量 S 而被阻塞，其中具有最高优先级的任务将被激活，处于就绪状态。

7.7 在 μCOS-Ⅱ上实现优先级继承协议

当发生优先级反转时，提升优先级较低的任务的优先级，使其运行在与它共享同一个资源的优先级较高的任务的优先级的水平。因为 μCOS-Ⅱ不支持两个任务拥有相同的优先级，这时要暂时使较高优先级任务的优先级降低，可以使其暂时处于较低优先级的任务的优先级水平（处于挂起状态）。当资源被任务释放时，任务的优先级恢复到原来的状态。根据上面的思想，来看一下具体的实现原理。在 μCOS-Ⅱ中，每个任务的任务控制块（TCB）的地址都放在一个名为 OSTCBPrioTbl（任务优先级表）的数组中，当任务切换时，正是通过这个数组找到任务的任务控制块。任务控制块中记录了任务的信息及任务运行堆栈的地址，如图 7.10 所示。

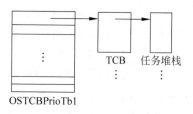

图 7.10 任务控制块、任务优先级表和任务堆栈

可以通过修改这个数组使低优先级的任务运行于高优先级。例如，任务 TaskH 的优先级高于任务 TaskL 的优先级，当发生优先级反转时，OSTCBPrioTbl 的状态如图 7.11(a)所示。这时可以修改 OSTCBPrioTbl，如图 7.11(b)所示。

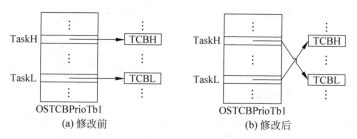

图 7.11 修改 OSTCBPrioTbl

当任务再次调度后，就使 TaskL 运行于与 TaskH 相同的优先级水平，避免了优先级反转。实现的原理用伪代码描述如图 7.12 所示，PrioH 表示高优先级任务的优先级；PrioL 表示低优先级任务的优先级；PrioCur 表示当前任务的优先级。

为了尽量与 μCOS-Ⅱ兼容，将不改变 μCOS-Ⅱ现有的数据结构，依据上述原理来实现一个可以选择是否加载的独立的互斥向量。这样就必须合理利用现有的数据结构，可以利

用 μCOS-Ⅱ 中的事件控制块（ECB）来作为优先级继承互斥向量的数据结构。μCOS-Ⅱ 中的事件控制块结构如图 7.13 所示。

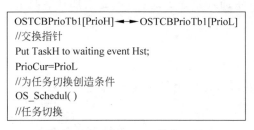

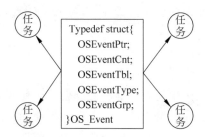

图 7.12　实现的原理用伪代码描述　　　　图 7.13　事件控制块结构

各个域的功能如下：

（1）OSEventPtr：用于保存指向拥有优先级互斥向量的任务 TCB 指针。

（2）OSEventCnt：用于保存拥有优先级互斥向量的任务优先级和被阻塞的较高优先级任务的优先级，以便在任务释放资源时用来恢复，这个域同时标志着资源是否可用（0 为不可用，1 为可用）。因为该变量是一个 16 位的值，而任务的优先级只有 8 位，所以可以分别在高 8 位和低 8 位各存储一个任务的优先级。

（3）OSEventType：用来定义事件的具体类型。在 μCOS-Ⅱ 中，有信号量、邮箱或消息队列等事件类型。在这里，为了与系统中原来基于优先级预置互斥向量相区别，可以采用 OS_Event_Type_IMUTEX 来表示优先级继承互斥向量。

（4）OSEventGrp 和 OSEventTbl：两者一起用来查找等待任务列表中优先级最高的任务。

另外，为了使任务能利用优先级继承互斥向量，还要实现以下一些基于此数据结构的系统服务。

（1）OSMutexCreate()函数：建立一个互斥向量。在使用 mutex 之前，必须建立它。mutex 的初值已经置为 1，表示资源是可以使用的。需要注意的是，该函数是不允许在中断服务子程序中调用的。

（2）OSMutexDel()函数：删除一个互斥向量。同样，在使用这个函数时要格外小心。一般来说，删除一个 mutex 之前，应先删除可能用到该 mutex 的所有任务。

（3）OSMutexAccept()函数：无等待地申请一个互斥向量，若申请失败，则不进行等待。调用这个函数应检查返回值，以此来判断共享资源是否可用。返回值为 0，表明 mutex 无效，申请失败，不能使用共享资源；返回值为 1，表明 mutex 已经得到，申请成功，可以使用共享资源。

（4）OSMutexPend()函数：申请一个互斥向量，若申请失败，则把自己置入等待队列，当优先级反转时在这里要实现优先级继承协议。

（5）OSMutexPost()函数：释放互斥向量，并恢复优先级到原来的状态。

（6）OSMutexQuery()函数：查询互斥向量。用于查看互斥向量 mutex 的事件控制块的当前状况。

以上系统服务与原有互斥向量的系统服务名称是相同的,这可以使开发者非常方便地使用;不同的是:一个实现了优先级继承协议;一个实现了优先级天花板协议。最后,可以同原来的互斥向量一样,在 OS_CFG.H 文件中加入配置变量来选择是否加载该向量。

7.8　优先级天花板协议

由于优先级继承协议会产生死锁和阻塞链,因此使用优先级天花板协议的目的在于解决优先级继承协议中存在的死锁和阻塞链问题。

优先级天花板协议是指系统把每个共享资源与一个天花板优先级相联系。任意资源的天花板优先级是所有请求该资源的任务的最高优先级。当一个任务获得了信号量而进入临界区执行时,系统便把这个优先级天花板传递给这个任务,使这个任务的优先级最高。当这个任务退出临界区后,系统立即把它的优先级恢复正常,从而保证系统不会出现优先级反转的情况。优先级天花板协议的缺点:一旦任务获得某临界资源,其优先级就被提升到可能的最高程度,而不管此后在它使用该资源的时间内是否真的有高优先级任务申请该资源。这样就有可能影响某些中间优先级任务的完成时间。因此,在对任务执行流程的干扰方面,优先级天花板协议的破坏力比较大。

所谓优先级天花板是指控制访问临界资源的信号量的优先级天花板。信号量的优先级天花板为所有使用该信号量的任务的最高优先级。在优先级天花板协议中,如果任务获得信号量,则在任务执行临界区的过程中,任务的优先级将被提升到所获得信号量的优先级天花板。

在优先级天花板协议中,主要包含如下处理内容:

(1) 对于控制临界区的信号量,设置信号量的优先级天花板为可能申请该信号量的所有任务中具有最高优先级任务的优先级。

(2) 如果任务成功获得信号量,任务的优先级将被提升为信号量的优先级天花板;任务执行完临界区,释放信号量后,其优先级恢复到最初的状态。

(3) 如果任务不能获得所申请的信号量,则任务将被阻塞。

如图 7.14 所示,假设系统中存在 $T1$、$T2$、$T3$ 三个优先级按顺序降低的任务(优先级分别为 P_1、P_2、P_3)。假定 $T1$ 和 $T3$ 通过信号量 S 共享一个临界资源。根据优先级天花板协议,信号量 S 的优先级天花板为 P_1。假定在时刻 t_1,$T3$ 获得信号量 S,按照优先级天花板协议,$T3$ 的优先级将被提升为信号量 S 的优先级天花板 P_2,直到 $T3$ 退出临界区。这样,$T3$ 在执行临界区的过程中,$T1$ 和 $T2$ 都不能抢占 $T3$,确保 $T3$ 能尽快完成临界区的执行,并释放信号量 S,退出临界区。当 $T3$ 退出临界区后,$T3$ 的优先级又回落为 P_3。此时,如果 $T3$ 在执行临界区的过程中,任务 $T1$ 或 $T2$ 已经就绪,则 $T1$ 或 $T2$ 将抢占 $T3$ 的执行。

优先级继承协议和优先级天花板协议都能解决优先级反转问题,但在处理效率和对程序运行流程的影响程度上有所不同。通过对下面的同一例子的不同解决方法可以看出其效率。

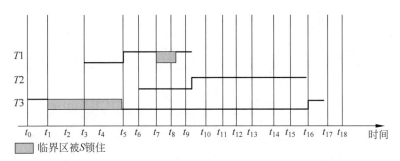

图 7.14 优先级反转问题

如图 7.15 和图 7.16 所示,假设系统中有 7 个任务,按优先级从高到低分别为 $T1$、$T2$、$T3$、$T4$、$T5$、$T6$、$T7$,使用由信号量 S 控制的临界资源。对于一个任务来说,单横线处于低端位置时,表示对应任务被阻塞,或者被高优先级任务所抢占;单横线处于高端位置时,表示任务正在执行;没有单横线,表示任务还未被初始化,或者任务已经执行完成。阴影部分表示任务正在执行临界区。

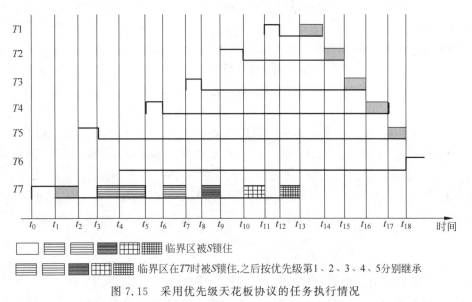

图 7.15 采用优先级天花板协议的任务执行情况

对程序运行过程影响程度的比较:在优先级天花板协议中,一旦任务获得某临界资源,其优先级就被提升到可能的最高程度,不管此后在它使用该资源的时间内是否真的有高优先级任务申请该资源,这样就有可能影响某些中间优先级任务的完成时间;但在优先级继承协议中,只有当高优先级任务申请已被低优先级任务占有的临界资源这一事实发生时,才提升低优先级任务的优先级,因此优先级继承协议对任务执行流程的影响相对较小。

根据优先级天花板协议思想,可以制定合适的协议。

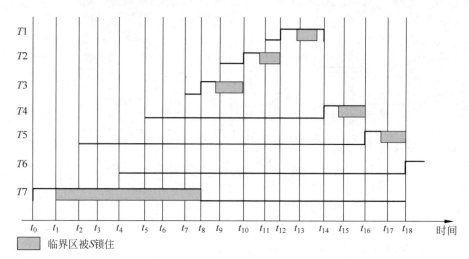

图 7.16　采用优先级天花板协议的任务执行情况

例如,最初的优先级天花板协议(版本 1)如下:

(1) 对于控制临界区资源的信号量,设置信号量的"优先级天花板"为将要申请该信号量的所有任务中具有最高优先级任务的优先级。

(2) 如果某个任务成功获得信号量,则该任务的优先级将被提升为该信号量的优先级天花板;任务使用资源完毕释放信号量后,其优先级恢复到它原先的优先级。

(3) 如果任务不能获得所申请的信号量,则任务被阻塞。但是,当一个任务占有信号量时,会继承此信号量的天花板优先级,可能出现两个任务具有相同优先级的情况,这是 μCOS-Ⅱ 所不允许的。对此,可以保留一个略高于所有使用此信号量的任务优先级的优先级作为此信号量的天花板优先级,把这个优先级称为 PCP(Priority Ceiling Priority)。这样,当占有信号量的任务继承此信号量的 PCP 时,就不会出现任务有相同优先级的情况。这样的修改既满足了 μCOS-Ⅱ 对任务优先级的限制,又不会改变优先级天花板的正确语义。

修改后的优先级天花板协议(版本 2)如下:

(1) 对于控制临界区资源的信号量,设置信号量的优先级天花板 PCP。

(2) 如果任务成功地获得了信号量,任务的优先级将被提升为它所占有的所有信号量的优先级天花板中最高的那个优先级。当任务使用完资源,释放信号量后,其优先级恢复到原先的优先级。

(3) 如果任务不能获得所申请的信号量,则任务被阻塞。

优先级天花板协议(版本 2)解决了优先级反转问题,避免了优先级继承中的死锁与阻塞链问题,以及原有优先级天花板协议中 μCOS-Ⅱ 所不支持的同优先级下多个任务的问题。

经过对优先级天花板协议(版本 2)的仔细分析,可以采用如下解决方案:

（1）对于控制临界区资源的信号量，设置信号量的优先级天花板。信号量的优先级天花板等于 PCP。

（2）如果任务成功获得信号量，通常情况下，任务将在原有的优先级上运行。除非该任务在临界区的执行过程中阻塞了其他高优先级的任务，才提升占有资源信号量的任务的优先级至此信号量的 PCP。在任务释放信号量后，恢复其原有的优先级。

（3）如果任务不能获得所申请的信号量，则任务被阻塞。

上述经过修改的优先级天花板协议（版本 3）保留了版本 2 所具有的预防死锁及阻塞链的发生等优点，而且只有当高优先级任务想要申请已被低优先级任务占有的资源这一事实发生时，才提升此低优先级任务的优先级为 PCP。因此，使用此协议对整个实时系统的多任务执行流程的影响已基本降至最低，即最大限度地保证了系统的实时性。这个优先级天花板协议（版本 3）称为"改进型优先级天花板协议"。

7.9　在 μCOS-Ⅱ上扩展优先级天花板协议

在 μCOS-Ⅱ中，可以使用互斥型信号量实现对临界资源的独占访问，并可以由此解决优先级反转问题。具体做法是：首先，编程人员确定所有建立任务的最高优先级，再确定 IP（Inheritance Priority，继承优先级），即在应用程序中没有被占用的、略高于最高优先级任务的优先级，最后应用创建互斥型信号量函数 OSMutexCreate() 建立互斥型信号量。此时 IP 作为函数的第 1 个参数，表示使用该信号量的极限优先级，这样当出现优先级反转时，将正在使用信号量的低优先级任务的优先级提升到 IP，从而保证其正常运行，并在运行完成后释放信号量，这样就可以保证系统整体的实时性不被破坏。但是，这种"优先级继承协议"不能防止死锁及阻塞链（传递阻塞）的发生。

有多种方法可以用于数据共享和任务通信。除了利用宏来关闭和打开中断以及利用函数和对任务调度上锁和开锁以外，还有信号量、邮箱和消息队列 3 种机制。下面仅以信号量为例说明调度协议的扩展，同时给出主要的程序修改部分。

在 μCOS-Ⅱ上实现优先级天花板协议时，资源的优先级是根据任务的优先级来定义的，这句话隐含了两个假设，需要在 μCOS-Ⅱ的实现中得到满足。首先，任务对资源的需求必须事先知道；其次，任务的优先级必须是固定的。同时，μCOS-Ⅱ不允许不同任务有相同的优先级，这就要求对优先级天花板协议做出修改。

需要增加 4 个 API（Application Programming Interface，应用程序接口）来实现协议的创建和删除，并使用该协议对共享资源进行申请和释放。这 4 个 API 分别为 OSPriCeilingCreate()、OSPriCeilingDel()、OSPriCeilingPend() 和 OSPriCeilingPost()。

μCOS-Ⅱ不允许不同任务有相同的优先级，所以也就不存在相同优先级的任务有基于 FIFO（First Input First Output，先入先出）规则调度的问题。优先级天花板协议对资源的天花板优先级的定义是：资源的天花板优先级等于所有将要使用它的任务中优先级最高的那个任务的优先级。从前面的调度规则可知，当一个任务占有资源时，会继承此资源的天花板优先级,可能出现两个任务具有相同优先级的情况,这是 μCOS-II 所不允许的。可以保留一个略高于所有使用此资源的任务优先级的优先级作为此资源的天花板优先级,把这个优先级称为 PCP(Priority Ceiling Priority,天花板优先级)。例如,有 $T1$、$T2$、$T3$ 3 个任务,$T1$ 不使用任何资源,$T2$、$T3$ 都需要使用资源 $R1$,3 个任务的优先级从高到低分别为 11、13、15,那么可以保留 12(略高于 $T2$ 的优先级 13)作为 $R1$ 的 PCP。修改后,不仅符合优先级天花板的正确语义,而且没有破坏 μCOS-II 对任务优先级的限制。

修改后的优先级天花板协议的规则如下。

1) 调度规则

(1) 当任务不占有任何资源时,运行在原来的优先级上。

(2) 每个占有资源的任务的优先级等于它所占有的所有资源的天花板优先级中最高的那个优先级。资源的天花板优先级等于 PCP。

2) 分配规则

任务不管什么时候请求资源都可以得到满足。

一个事件控制块(ECB)代表一个被多个任务共享的资源,μCOS-II 内核通过事件控制块管理共享资源。内核需要通过事件控制块知道资源当前正在被哪个任务占有,所以在事件控制块中用一个 8 位无符号数来记录正在使用资源的任务 ID;并且因为在 μCOS-II 中任务的优先级就是任务的 ID,所以在任务释放资源时,这个数据还可以用来还原任务原先的优先级。这样可以在每个事件控制块中节约 1 字节的空间,这对于一些内存很小的嵌入式系统来说是重要的。同样的原理用于事件控制块指针,它在资源空闲时将事件控制块连接成线性链表,在资源被分配给任务时用于保存此任务先前的事件控制块(这种机制支持了资源的嵌套使用,即任务先后申请不同的多个资源,然后以相反的顺序释放),μCOS-II 最多允许 64 个任务优先级,所以在事件控制块中用一个 8 位无符号数表示资源的天花板优先级就足够了。从协议的分配规则可知,任务不会因为请求资源而被阻塞,所以优先级天花板协议的事件控制块不需要像其他事件控制块一样设置等待队列。优先级天花板协议事件控制块结构在系统启动时初始化成单向线性空闲链表。示例代码如下:

```
typed ef struct os_priceiling_event{
INT8U OSEventPCP;      /* 资源的 PCP */
INT8U OSEventPri;      /* 保存任务的优先级 */
struct os_priceiling_event * OSEventPtr;
/* 空闲时,指向链表中下一个事件控制块的指针,工作时用于保存任务先前的事件控制块 */
} OS_PRICEILING_EVENT;
```

如前所述,μCOS-II 内核通过事件控制块管理共享资源,所以需要在任务控制块(TCB)中增加一个指向当前正在被任务使用的优先级天花板事件控制块的指针 OSTCBCeilEventPtr,任务通过这个指针操纵当前的事件控制块。在多个资源被分配给一个任务后,事件控制块结构中的 OSEventPtr 指针和 TCB 中的 OSTCBCeilEventPtr 指针将形成一条事件控制块链,链头即为 OSTCBCeilEventPtr。示例代码如下:

```
#if OS_PRIORITYCEILING_EN > 0
/*如果不使用优先级天花板,则定义 PRIORITYCEILING_EN 小于或等于 0 以减少每个 TCB 所占内存*/
OS_PRICEILING_EVENT * OSTCBCeilEventPtr;
#endif
```

3）用 OSPriCeilingCreate()函数创建协议

任务要想使用优先级天花板协议管理共享资源,必须先使用 OSPriCeilingCreate()函数创建它。OSPriCeilingCreate()从空闲事件链表中摘下一个事件控制块结构,将此结构中的 OSEventPCP 初始化成用户指定的 PCP,并返回事件控制块指针给任务。如前所述,优先级天花板协议假设任务对资源的请求是预先知道的,所以必须通过函数参数指定 PCP。

（1）用 OSPriCeilingDel()函数删除协议。OSPriCeilingDel()函数中要实现的主要操作就是删除一个优先级天花板协议的实例,并回收事件控制块到空闲链表中。这个功能为任务提供方便的同时也带来了一定的危险性,因为多任务可能试图使用一个已经删除了的优先级天花板协议,所以在使用时应该格外小心。

（2）用 OSPriCeilingPend()函数申请资源。OSPriCeilingPend()和 OSPriCeilingPost()是实现优先级天花板协议最核心的两个函数。优先级天花板协议的调度规则和分配规则都在这两个函数中实现。

当任务需要使用一个临界资源时,通过 OSPriCeilingPend()函数申请该资源。它首先根据事件控制块指针取得资源的 PCP,并将它和当前任务的优先级相比。如果任务的优先级比 PCP 低,那么根据优先级天花板协议的调度规则,要更新任务的优先级,使它等于 PCP,并将当前事件控制块插到由 TCB 中的 OSTCBCeilEventPtr 指向的事件控制块链表的前面。在更新任务的优先级之前,需要先保存任务原来的优先级,使任务在释放此资源时可以回到取得此资源之前的优先级。接着要根据当前继承的优先级来重新计算任务控制块中的 OSTCBY、OSTCBBitY、OSTCBX 和 OSTCBBitX 4 个数据域,这 4 个数据域在进行任务调度时,快速地从任务就绪表中找出最高优先级的任务。

还需要在任务当前的优先级下从就绪表中删除该任务,并在新的优先级下将该任务插入就绪表中,这是确保优先级天花板协议调度语义正确性的关键。这样做之后,该任务就不会再被较高优先级且使用此资源的任务抢占而使互斥失败,因为在继承了此资源的 PCP 后,该任务就是所有使用此资源的任务中优先级最高的任务了。

以上所有操作所涉及的 TCB、ECB 等数据结构都是内核全局变量,其本身就是一种共享资源。如果一个任务在没有完成对它们的全部操作之前就被剥夺执行权,那么这些数据结构就将处于不可预知的状态,引起系统崩溃。所以以上所有的操作都必须在中断关闭的情况下进行,也就是此时不允许任务调度。

假设某个优先级为 15 的任务 $T1$,先后通过 OSPriCeilingPend()申请到了共享资源 $R1$（PCP 为 14）和 $R2$（PCP 为 12）,则此时 $T1$ 的任务控制块和 $R1$、$R2$ 的事件控制块的关系如图 7.17 所示。

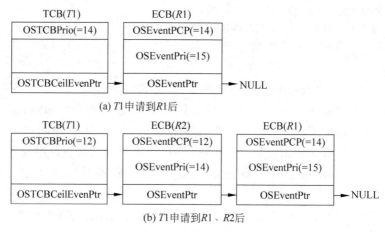

图 7.17　$T1$ 申请到 $R1$、$R2$ 后 TCB 和 ECB 结构示意图

（3）用 OSPriCeilingPost（）函数释放资源。任务通过 OSPriCeilingPost（）释放已取得的临界资源。此函数基本上执行和 OSPriCeilingPend（）函数相反的操作。如果任务的当前优先级等于此资源的 PCP，说明该任务的优先级是从这个资源继承而来的，此时任务需要回到原来的优先级，并在当前优先级下从任务就绪表中删除，在新的优先级下插入任务就绪表。这些操作也必须在关闭中断的情况下进行。这个函数和 OSPriCeilingPend（）函数最大的不同是它在最后需要进行一次调度，使高优先级的任务有机会得到处理器时间。

（4）其他需要修改的 μCOS-II 内核函数。如前所述，优先级天花板协议假设任务的优先级是固定的。但是 μCOS-II 允许任务调用 OSTaskChangePrio（）来改变自己或其他任务的优先级，所以需要修改此函数，使其能够判断用户是否在内核配置文件 OS_CFG.H 中声明了要使用优先级天花板协议。如果条件成立，就阻止其改变优先级并返回错误信息。

优先级天花板协议不仅比优先级继承协议具有更小、更确定的高优先级任务阻塞时间，而且能够防止死锁的发生。这些在一个实时嵌入式操作系统内核中都是至关重要的。但是在一个大型的复杂系统中，确定哪个任务是使用某个特定资源的所有任务中优先级最高的任务，会有一些困难。在这种情况下，任务资源请求图可以为开发人员提供帮助。

习题

1. 按照 7.9 节的内容改进 μCOS-II，重做任务调度实验，了解资源的使用，尤其是在 μCOS-II 中如何实现对资源的使用，深入了解优先级天花板协议的实现。

2. 优先级天花板协议和优先级继承协议解决了什么问题？它们的主要区别是什么？你还有什么更好的建议吗？

第 8 章
任务间通信

　　任务之间为了共享资源或者传递信息,需要进行通信。任务间通信也是操作系统完成调度所用的非常重要的一个组成部分。不同的操作系统采用的通信方式有很多种,但是归纳起来不外乎共享内存、消息队列、消息邮箱、信号量和管道等几种。

　　任务间通信就是在不同任务之间传播或交换信息,那么不同任务之间存在着什么双方都可以访问的介质呢?任务的用户空间是互相独立的,一般而言,是不能互相访问的,唯一的例外是共享内存区。例如,系统空间就是"公共场所",所以内存显然可以提供这样的条件。除此以外,那就是双方都可以访问的外设了。在这个意义上,两个任务当然也可以通过磁盘上的普通文件交换信息,或者通过"注册表"或其他数据库中的某些表项和记录交换信息。广义上,这些也是任务间通信的手段,但是一般都不把它们算作"任务间通信"。因为这些通信手段的效率太低了,而人们对任务间通信的要求是要有一定的实时性。

　　不同的操作系统有不同的通信方式。例如,Linux 家族的嵌入式操作系统中系统任务间通信主要包括管道、系统 IPC(Inter-Process Communication,进程间通信,包括消息队列、信号量、共享存储)和 Socket(套接字)。System V IPC 通信进程局限在单个计算机内,而 Socket 则跳过了该限制,形成了基于套接字的进程间通信机制。VxWorks 则包括共享内存、信号量、消息队列和管道、Socket 和远程调用、Signal 等几种。

　　(1) 管道(Pipe)及有名管道(Named Pipe):管道可用于具有亲缘关系任务间的通信。有名管道克服了管道没有名字的限制,因此,除具有管道所具有的功能外,它还用于无亲缘关系进程间的通信。

　　(2) 信号(Signal):信号是比较复杂的通信方式,用于通知接受任务有某种事件发生。

　　(3) 报文(Message)队列(消息队列):消息队列是消息的链接表,任务可以向队列中添加消息,并读走队列中的消息。有时,任务可以根据读写来划分权限,提高其安全性。消息队列克服了信号承载信息量少,管道只能承载无格式字节流以及缓冲区大小受限等缺点。

　　(4) 共享内存:共享内存使多个任务可以访问同一块内存空间,是最快的可用形式。它是针对其他通信机制运行效率较低而设计的,往往与其他通信机制(如信号量)结合使用,来达到任务间的同步及互斥。

（5）信号量（Semaphore）：信号量主要作为任务间的同步手段。

（6）套接字（Socket）：套接字是更为一般的任务间通信机制，可用于不同计算机之间的任务间通信。起初是由 UNIX 系统的 BSD（Berkeley Software Distribution，伯克利软件套件）分支开发出来的，但现在一般可以移植到其他类 UNIX 系统上，Linux 和 System V 的变种都支持套接字。

在 μCOS-Ⅱ 这个嵌入式实时多任务系统中，由于不涉及网络，所以不提供 Socket 的通信方式。通信就要依赖中间媒介。在 μCOS-Ⅱ 中，使用信号量、消息邮箱和消息队列这些数据结构来作为中间媒介。由于这些数据结构将影响到任务的程序流程，所以它们也被称为事件。

把信息发送到事件上的操作称为发送事件。读取事件的操作称为请求事件，也称等待事件。

消息其实是内存空间中一段长度可变的缓冲区，其长度和内容均可以由用户定义，内容可以是实际的数据、数据块的指针或空。对消息内容的解释由应用完成。从操作系统观点来看，消息没有定义的格式，所有的消息都是字节流，没有特定的含义；从应用观点看，根据应用定义的消息格式，消息被解释成特定的含义。应用可以只把消息当成一个标志，这时消息机制用于实现同步。

每个任务都在停停走走，彼此要同步就需要进行通信。用于任务一对一通信的方式主要有 3 种：信号量、消息邮箱和消息队列。另外，还有一种多对一的任务间通信的方式——事件集。消息邮箱仅能存放单条消息，它提供了一种低开销的机制来传送信息。每个邮箱可以保存一条大小为若干字节的消息。消息队列可存放若干条消息，提供了一种任务间缓冲通信的方法。

为了使系统达到高效处理和快速响应，大量采用"事件驱动"的方式来编写任务，为此把用于任务同步和通信的信号量、消息邮箱、消息队列和互斥信号量都称为"事件"，如图 8.1 所示。

事件	信号量(Sem)
	消息邮箱(Mbox)
	消息队列(MQ)
	互斥信号量(Mutex)

图 8.1　事件

下面主要以 μCOS-Ⅱ 为例说明如何实现以上通信。

8.1　通信实现的基本数据结构

编写操作系统时会尽量使用简单划一的数据结构，这样便于保持系统的一致性，并且可以提高系统的代码重用性。这里的事件控制块和前面的任务控制块基本是同样的数据结构。

μCOS-Ⅱ 将信号量、互斥信号量、消息邮箱、消息队列等统称为"事件"，然后通过一个名为"事件控制块（ECB）"的数据结构来管理事件。也就是说，任务和中断服务程序可以通过 ECB 向另外的任务程序发送信号，任务也可以等待另一个任务或者中断服务程序给它发送信号。

事件控制块用来描述同步与通信机制的基本数据结构,其定义如下:

```
typedef struct{
INT8U    OSEventType;                    //事件类型
INT8U    OSEventGrp;                      //等待任务所在的组
INT16U   OSEventCnt;                      //计数器(信号量)
void     * OSEventPtr;                     //指向消息或消息队列的指针
INT8U    OSEventTbl[OS_EVENT_TBL_SIZE];   //等待任务列表
}OS_EVENT;
```

画图可得到如图 8.2 所示的数据结构。

当 OSEventTbl[n] 中的任何一位为 1 时,OSEventGrp 中的第 n 位为 1。事件的优先级也可以通过 OSEventTbl[] 和 OSEventGrp 快速确定。

(1) 将一个任务插入等待事件的任务列表中。

```
pevent -> OSEventGrp | = OSMapTbl[prio >> 3];
pevent -> OSEventTbl[prio >> 3] | = OSMapTbl[prio & 0x07];
```

OSMapTbl 如图 8.3 所示,用来快速确定 1 的位置。

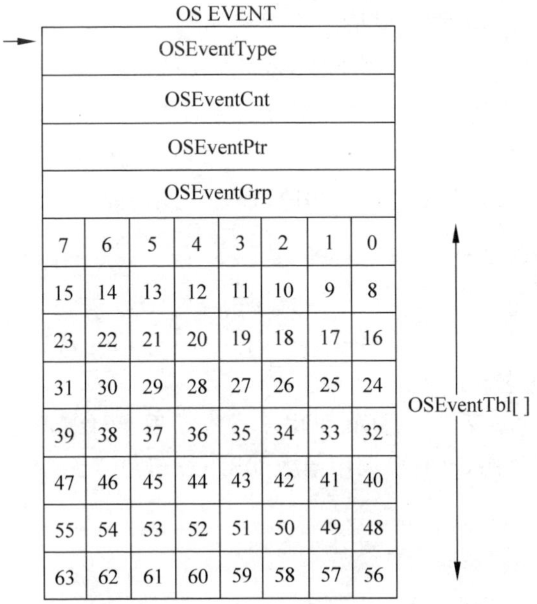

OS EVENT

| OSEventType |
| OSEventCnt |
| OSEventPtr |
| OSEventGrp |

7	6	5	4	3	2	1	0
15	14	13	12	11	10	9	8
23	22	21	20	19	18	17	16
31	30	29	28	27	26	25	24
39	38	37	36	35	34	33	32
47	46	45	44	43	42	41	40
55	54	53	52	51	50	49	48
63	62	61	60	59	58	57	56

OSEventTbl[ ]

图 8.2 数据结构

Index	Bitmask(Binary)
0	00000001
1	00000010
2	00000100
3	00001000
4	00010000
5	00100000
6	01000000
7	10000000

图 8.3 OSMapTbl

(2) 从等待事件的任务列表中使任务脱离等待状态。

```
if ((pevent -> OSEventTbl[prio >> 3] & = ~OSMapTbl[prio & 0x07]) == 0) {
pevent -> OSEventGrp & = ~OSMapTbl[prio >> 3];
}
```

（3）在等待事件的任务列表中查找优先级最高的任务。

```
y = OSUnMapTbl[pevent - > OSEventGrp];
x = OSUnMapTbl[pevent - > OSEventTbl[y]];
prio = (y << 3) + x;
```

1. 事件控制块的基本函数操作

μCOS-Ⅱ有 4 个对事件控制块进行基本操作的函数（定义在文件 OS_CORE.C 中），以供操作信号量、消息邮箱、消息队列等事件的函数来调用。

（1）事件控制块的初始化函数。

```
# if (OS_Q_EN && (OS_MAX_QS >= 2)) || OS_MBOX_EN || OS_SEM_EN
void OSEventWaitListInit (OS_EVENT * pevent)     //指向事件控制块的指针
```

该函数将在任务调用 OS＊＊＊Create()函数创建事件时，被 OS＊＊＊Create()函数所调用。这里 ＊＊＊ 代表 Sem、Mutex、Mbox 和 Q，下同。

（2）使一个任务进入等待状态的函数。

把一个任务置于等待状态要调用 OSEventTaskWait()函数。

```
# if (OS_Q_EN && (OS_MAX_QS >= 2)) || OS_MBOX_EN || OS_SEM_EN
void OSEventTaskWait (OS_EVENT * pevent)
```

该函数将在任务调用函数 OS＊＊＊Pend()请求一个事件时，被 OS＊＊＊Pend()所调用。

（3）使一个正在等待的任务进入就绪状态的函数。

调用函数 OSEventTaskRdy()，把调用这个函数的任务在任务等待表中的位置清 0（解除等待状态）后，再把任务在任务就绪表中的对应位置 1，然后引发一次任务调度。

```
# if (OS_Q_EN && (OS_MAX_QS >= 2)) || OS_MBOX_EN || OS_SEM_EN
void OSEventTaskRdy (OS_EVENT * pevent, void * msg, INT8U msk)
```

该函数将在任务调用函数 OS＊＊＊Post()发送一个事件时，被函数 OS＊＊＊Post()调用。

（4）使一个等待超时的任务进入就绪状态的函数。

如果一个正在等待事件的任务已经超过了等待的时间，仍由于没有获取事件等原因而具备可以运行的条件，却又要使它进入就绪状态，这时要调用函数 OSEventTO()。

```
# if (OS_Q_EN && (OS_MAX_QS >= 2)) || OS_MBOX_EN || OS_SEM_EN
void OSEventTO (OS_EVENT * pevent)
```

该函数将在任务调用 OS＊＊＊Pend()函数请求一个事件时，被 OS＊＊＊Pend()函数所调用。

为了避免代码重复和缩短代码长度，μCOS-Ⅱ将上面的操作用 4 个系统函数实现，它们分别是 OSEventWaitListInit()函数、OSEventTaskRdy()函数、OSEventWait()函数和 OSEventTO()函数。

① 初始化一个事件控制块——OSEventWaitListInit() 函数。

下面的程序清单是函数 OSEventWaitListInit() 的源代码。当建立一个信号量、邮箱或者消息队列时,相应地建立 OSSemInit() 函数、OSMboxCreate() 函数或者 OSQCreate() 函数,通过调用 OSEventWaitListInit() 函数对事件控制块中的等待任务列表进行初始化。该函数初始化一个空的等待任务列表,其中没有任何任务。该函数的调用参数只有一个,就是指向需要初始化的事件控制块的指针 pevent。

程序清单:初始化 ECB 的等待任务列表。

```
void OSEventWaitListInit (OS_EVENT * pevent)
{
    INT8U i;
    pevent -> OSEventGrp = 0x00;
    for (i = 0; i < OS_EVENT_TBL_SIZE; i++) {
        pevent -> OSEventTbl[i] = 0x00;
    }
}
```

② 使一个任务进入就绪状态——OSEventTaskRdy()。

下面的程序清单是函数 OSEventTaskRdy() 的源代码。当发生了某个事件,该事件等待任务列表中的最高优先级任务(Highest Priority Task,HPT)要置于就绪状态时,该事件对应的 OSSemPost()、OSMboxPost()、OSQPost() 和 OSQPostFront() 函数调用 OSEventTaskRdy() 函数实现该操作。换句话说,该函数从等待任务队列中删除 HPT,并把该任务置于就绪状态。

该函数首先计算 HPT 在 OSEventTbl[] 中的字节索引,其结果是一个 0 到 OS_LOWEST_PRIO/8+1 的数,并利用该索引得到该优先级任务在 OSEventGrp 中的位屏蔽码。然后,OSEventTaskRdy() 函数判断 HPT 在 OSEventTbl[] 中相应位的位置,其结果是一个 0 到 OS_LOWEST_PRIO/8+1 的数,以及相应的位屏蔽码。根据以上结果,OSEventTaskRdy() 函数计算出 HPT 的优先级,然后就可以从等待任务列表中删除该任务了。

任务的任务控制块中包含需要改变的信息。知道了 HPT 的优先级,就可以得到指向该任务的任务控制块的指针。因为最高优先级任务运行条件已经得到满足,必须停止 OSTimeTick() 函数对 OSTCBDly 域的递减操作,所以 OSEventTaskRdy() 函数直接将该域清零。因为该任务不再等待该事件的发生,所以 OSEventTaskRdy() 函数将其任务控制块中指向事件控制块的指针指向 NULL。如果 OSEventTaskRdy() 函数是由 OSMboxPost() 函数或者 OSQPost() 函数调用的,则该函数还要将相应的消息传递给 HPT,放在它的任务控制块中。另外,当 OSEventTaskRdy() 函数被调用时,位屏蔽码 msk 作为参数传递给它。该参数是用于对任务控制块中的位清零的位屏蔽码,和所发生事件的类型相对应。最后,根据 OSTCBStat 判断该任务是否已处于就绪状态。如果是,则将 HPT 插入 μCOS-Ⅱ 的就绪任务列表中。

注意,HPT 得到该事件后不一定进入就绪状态,也许该任务已经由于其他原因挂起了。另外,OSEventTaskRdy()函数要在中断禁止的情况下调用。

程序清单: 使一个任务进入就绪状态。

```c
void OSEventTaskRdy (OS_EVENT * pevent, void * msg, INT8U msk)
{
    OS_TCB  * ptcb;
    INT8U  x;
    INT8U  y;
    INT8U  bitx;
    INT8U  bity;
    INT8U  prio;

    y    = OSUnMapTbl[pevent -> OSEventGrp];                          (1)
    bity = OSMapTbl[y];                                               (2)
    x    = OSUnMapTbl[pevent -> OSEventTbl[y]];                       (3)
    bitx = OSMapTbl[x];                                              (4)
    prio = (INT8U)((y << 3) + x);                                     (5)
    if ((pevent -> OSEventTbl[y] & = ~bitx) == 0) {                   (6)
        pevent -> OSEventGrp & = ~bity;
    }
    ptcb               = OSTCBPrioTbl[prio];                          (7)
    ptcb -> OSTCBDly        = 0;                                      (8)
    ptcb -> OSTCBEventPtr = (OS_EVENT * )0;                           (9)
#if (OS_Q_EN && (OS_MAX_QS > = 2)) || OS_MBOX_EN
    ptcb -> OSTCBMsg        = msg;                                    (10)
#else
    msg                = msg;
#endif
    ptcb -> OSTCBStat    & = ~msk;                                    (11)
    if (ptcb -> OSTCBStat == OS_STAT_RDY) {                           (12)
        OSRdyGrp        | = bity;                                     (13)
        OSRdyTbl[y]      | = bitx;
    }
}
```

③ 使一个任务进入等待某事件发生状态——OSEventTaskWait()。

下面的程序清单是 OSEventTaskWait()函数的源代码。当某个任务要等待一个事件的发生时,相应事件的 OSSemPend()、OSMboxPend()或者 OSQPend()函数会调用该函数将当前任务从就绪任务列表中删除,并放到相应事件的事件控制块的等待任务列表中。

程序清单: 使一个任务进入等待状态。

```c
void OSEventTaskWait (OS_EVENT * pevent)
{
    OSTCBCur -> OSTCBEventPtr = pevent;                               (1)
```

```
     if ((OSRdyTbl[OSTCBCur－＞OSTCBY] & = ～OSTCBCur－＞OSTCBBitX) == 0) {    (2)
         OSRdyGrp & = ～OSTCBCur－＞OSTCBBitY;
     }
     pevent－＞OSEventTbl[OSTCBCur－＞OSTCBY] | = OSTCBCur－＞OSTCBBitX;        (3)
     pevent－＞OSEventGrp                    | = OSTCBCur－＞OSTCBBitY;
}
```

在该函数中,首先将指向事件控制块的指针放到任务的任务控制块中,接着将任务从就绪任务列表中删除,并把该任务放到事件控制块的等待任务列表中。

④ 由于等待超时而将任务置为就绪状态——OSEventTO()函数。

下面的程序清单是 OSEventTO()函数的源代码。当在预先指定的时间内任务等待的事件没有发生时,OSTimeTick()函数会因为等待超时而将任务的状态置为就绪。在这种情况下,事件的 OSSemPend()、OSMboxPend()或者 OSQPend()函数会调用 OSEventTO()函数来完成这项工作。该函数负责从事件控制块的等待任务列表中将任务删除,并把它置为就绪状态。最后,从任务控制块中将指向事件控制块的指针删除。用户应当注意,调用 OSEventTO()函数也应当先关闭中断。

程序清单:因为等待超时将任务置为就绪状态。

```
void OSEventTO (OS_EVENT * pevent)
{
    if ((pevent－＞OSEventTbl[OSTCBCur－＞OSTCBY] & = ～OSTCBCur－＞OSTCBBitX) == 0)
    {                                                                         (1)
        pevent－＞OSEventGrp & = ～OSTCBCur－＞OSTCBBitY;
    }
    OSTCBCur－＞OSTCBStat     = OS_STAT_RDY;                                    (2)
    OSTCBCur－＞OSTCBEventPtr = (OS_EVENT * )0;                                 (3)
}
```

2. 空闲事件控制块链表

与管理任务控制块的方法类似,μCOS-Ⅱ把事件控制块也组织成两条链表来管理。

在 μCOS-Ⅱ初始化时,系统会在初始化函数 OSInit()中按照应用程序使用事件的总数 OS_MAX_EVENTS(OS_CFG. H),创建 OS_MAX_EVENTS 个空事件块,并借用成员 OSEventPtr 作为链接指针,组成单向链表。

系统初始化后,系统中的空闲事件控制块链表如图 8.4 所示。

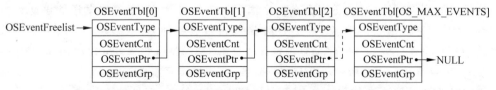

图 8.4 系统初始化后,系统中的空闲事件控制块链表

注:图中虚线箭头表示中间还有很多控制块。

8.2　信号量——资源

前面讲过的信号量一般分为同步信号量和互斥信号量。互斥信号量(Mutex)是用来保护资源的。就像交通信号灯一样,如果该信号量被 pend 操作,那么其他任务就不能使用此类资源了。直到该资源使用完成后需要 post 操作来释放资源。每次只有一个任务可以使用该资源。同步信号量(Sem)可以设置资源个数,也可以用来做两个任务之间的信息交互。使用两个信号量就可以实现两个任务的双向同步。

资源共享是多任务系统中主要考虑的问题。在大多数情况下,有些资源在某一时刻仅能被某一任务使用,并且在使用过程中不能被其他任务中断。这些资源主要有特定的外设、共享内存以及 MCU。当 MCU 禁止并发操作时,那些包含使用了 MCU 之外的共享资源的代码就不能同时被多个任务调用执行,这样的代码就称为临界区域。如果两个任务同时进入同一临界区域,就会导致一些意想不到的错误。一般操作系统都提供信号量来保护临界区域。

信号量的基本操作有两种:即等待 p(S)操作和信号 v(S)操作。p(S)操作首先挂起原始调用任务,然后等待信号量 S 变为 false;v(S)操作是将信号量 S 置为 false。

如果操作系统没有提供信号量的功能,可以使用邮箱来实现信号量功能。

显然,采用邮箱来实现信号量的 p(S)操作时,pend 操作替代了循环等待操作,节省了MCU 资源。

第 34 集
视频讲解

8.3　消息队列

消息队列允许一个任务或中断服务子程序向另一个任务发送以指针方式定义的变量和其他任务。使用消息队列可以在任务之间传递多条消息。消息队列由 4 部分组成:事件控制块、消息队列控制块、消息队列缓冲区和消息。

当把事件控制块成员 OSEventType 的值置为 OS_EVENT_TYPE_Q 时,该事件控制块描述的就是一个消息队列。

OSEventPtr 指向消息队列控制块。这个数据结构用来管理所有创建的消息队列,系统运行时,根据情况会动态分配和回收消息队列控制块。系统通过消息队列控制块完成的是对消息队列缓冲区的性质描述和指针控制等。

在消息队列控制块之外,还配套有一个消息队列缓冲区,用来存放发送到该队列的消息,接收者从缓冲区中取出消息。消息的发送或接收有两种方法(影响消息缓冲区结构):一种将数据从发送任务的空间完全复制到接收任务的空间中(效率较低,执行时间与消息大小有关);另一种是只传递指向数据存储空间的指针(提高系统性能)。

消息队列的数据结构如图 8.5 所示。从图中可以看到,事件控制块成员 OSEventPtr 指向了一个叫作队列控制块(OS_Q)的结构,该结构管理了一个数组 MsgTbl[ ],该数组中的元素是一些指向消息的指针。

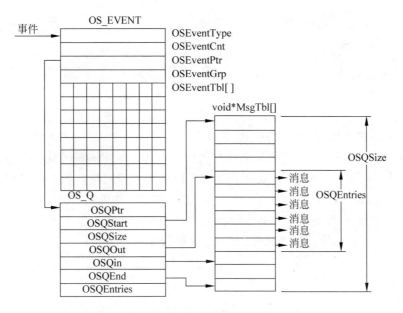

图 8.5 消息队列的数据结构

消息队列控制块和消息队列缓冲区如图 8.6 所示。

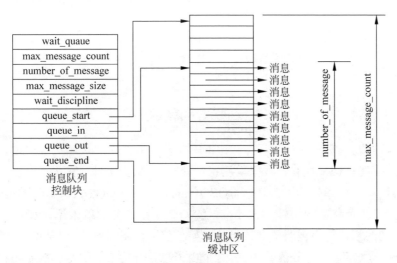

图 8.6 消息队列控制块和消息队列缓冲区

为了对消息指针数组进行有效的管理，μCOS-Ⅱ 把消息指针数组的基本参数都记录在一个叫作队列控制块的结构中。队列控制块的结构如下：

```
typedef struct os_q
{
    struct os_q * OSQPtr;
```

```
        void ** OSQStart;
        void ** OSQEnd;
        void ** OSQIn;
        void ** OSQOut;
        INT16U OSQSize;
        INT16U OSQEntries;
    } OS_Q;
```

在 μCOS-II 初始化时,系统将按文件 OS_CFG.H 中的配置常数 OS_MAX_QS 定义 OS_MAX_QS 个队列控制块,并用队列控制块中的指针 OSQPtr 将所有队列控制块链接为链表。由于这时还没有使用它们,故这个链表叫作空队列控制块链表。该控制块的使用和任务控制块一样,在系统初始化后有一个空闲控制块链表,需要使用时从空闲控制块链表中取出相应块,使用完成后还要回收到空闲控制块链表中。使用这种控制块数据结构可以形成如图 8.7 所示的消息缓冲区环状结构,便于提高资源的利用效率。

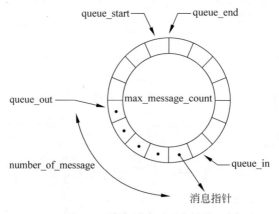

图 8.7　消息缓冲区环状结构

这个环状结构类似于 FIFO 表,但它比 FIFO 表易于管理。在环状结构中,并发的输入和输出可通过头尾指针来控制。数据从尾指针处写入,从头指针处读出。

其中,可以移动的指针为 OSQIn 和 OSQOut,而指针 OSQStart 和 OSQEnd 只是一个标志(常指针)。当可移动的指针 OSQIn 或 OSQOut 移动到数组末尾,也就是与 OSQEnd 相等时,可移动的指针将会被调整到数组的起始位置 OSQStart。也就是说,从效果上来看,指针 OSQEnd 与 OSQStart 等值。于是,这个由消息指针构成的数组就头尾衔接起来,形成了一个循环的队列。

创建一个消息队列首先需要定义一个指针数组,然后把各个消息数据缓冲区的首地址存入这个数组中,再调用函数 OSQCreate()来创建消息队列。创建消息队列的函数 OSQCreate() 的原型如下:

```
OS_EVENT OSQCreate(
void** start,                    //指针数组的地址
```

```
INT16U size                //数组长度
);
```

请求消息队列的目的是从消息队列中获取消息。任务请求消息队列需要调用函数 OSQPend(),该函数的原型如下:

```
void * OSQPend(
OS_EVENT * pevent,         //所请求的消息队列的指针
INT16U timeout,            //等待时限
INT8U * err                //错误信息
);
```

任务需要通过调用函数 OSQPost()或 OSQPostFront()来向消息队列发送消息。函数 OSQPost()以 FIFO(先进先出)的方式组织消息队列,函数 OSQPostFront()以 LIFO(后进先出)的方式组织消息队列。这两个函数的原型分别如下:

```
INT8U OSQPost(
OS_EVENT * pevent,         //消息队列的指针
void * msg                 //消息指针
);
```

```
INT8U OSQPost(
OS_EVENT * pevent,         //消息队列的指针
void * msg                 //消息指针
);
```

函数中的参数 msg 为待发消息的指针。

使用消息队列时需要按照以下步骤进行。

(1) 需要在文件 OS_CFG.H 中配置如下内容:

```
#define OS_MAX_QS N          /* 用户需要最多 N 个消息队列块 */
#define OS_Q_EN 1            /* 如果允许用队列,则设为 1; 如果不允许,则设为 0 */
#define OS_Q_ACCEPT_EN 1     /* 包括 OSQAccept 部分代码 */
#define OS_Q_DEL_EN 1        /* 包括 OSQDel()部分代码 */
#define OS_Q_FLUSH_EN 1      /* 包括 OSQFlush()部分代码 */
#define OS_Q_POST_EN 1       /* 包括 OSQPost()代码 */
#define OS_Q_POST_FRONT_EN 1 /* 包括 OSQPostFront()代码 */
#define OS_Q_POST_OPT_EN 1   /* 包括 OSQPostOpt()代码 */
#define OS_Q_QUERY_EN 1      /* 包括 OSQQuery()代码 */
```

(2) 建立一个指向消息数组的指针并表明数组的大小,该指针数组必须声明为 void 类型,代码如下:

```
void * MyArrayOfMsg[SIZE];
```

（3）声明一个 OS_EVENT 类型的指针指向生成的队列，代码如下：

```
OS_EVENT * QSem;
```

（4）调用 OSQcreate()函数创建消息队列，代码如下：

```
QSem = OSQcreate(&MyArrayOfMsg[0],SIZE);
```

（5）等待消息队列中的消息，代码如下：

```
void * OSQPend (OS_EVENT * pevent, INT16U timeout, INT8U * err);
```

必须保证消息队列已经建立。

timeout 定义的是等待超时时间，如果为 0，则表示无期限的等待。

err 表示的是等待消息队列出错时的返回类型，有以下几种：

① OS_ERR_PEVENT_NULL：消息队列不存在。

② OS_ERR_EVENT_TYPE：事件类型出错/不存在。

③ OS_TIMEOUT：消息队列等待超时。

④ OS_NO_ERR：消息队列接收到消息。

获得消息队列示例：

```
type * GETQ;
INT8U err;
GETQ = (type * )OSQPend(QSem, time, &err);
if(err == OS_NO_ERR){
无错处理
}
else{
出错处理
}
```

（6）向消息队列发送一则消息（FIFO），代码如下：

```
INT8U OSQPost (OS_EVENT * pevent, void * msg);
```

函数返回值如下：

① OS_ERR_PEVENT_NULL；

② OS_ERR_POST_NULL_PTR；

③ OS_ERR_EVENT_TYPE；

④ OS_Q_FULL；

⑤ OS_NO_ERR。

参数：pevent 和 msg。

（7）向消息队列发送一则消息（LIFO），代码如下：

```
INT8U OSQPostFront (OS_EVENT * pevent, void * msg)
```

（8）向消息队列发送一则消息（LIFO 或者 FIFO），代码如下：

```
INT8U OSQPostOpt (OS_EVENT * pevent, void * msg, INT8U opt)
```

参数：opt。

如果设置 opt 参数中的 OS_POST_OPT_BROADCAST 位置为 1，则所有正在等待消息的任务都能接收到这则消息，并且被 OS_EventTaskRdy()函数从等待列表中删除。

如果不是广播方式，则只有等待消息的任务中优先级最高的任务能够进入就绪状态。然后，OS_EventTaskRdy()函数从等待列表中把等待消息的任务中优先级最高的任务删除。

注意：如果此函数由 ISR（Interrupt Service Routines，中断服务程序）调用，则不会发生任务切换，直到中断嵌套的最外层中断服务子程序调用 OSIntExit()函数时，才能进行任务切换。

（9）无等待地从消息队列中获得消息，代码如下：

```
void * OSQAccept (OS_EVENT * pevent, INT8U * err)
```

err 可能的返回值如下：

① OS_ERR_PEVENT_NULL；

② OS_Q_EMPTY；

③ OS_NO_ERR。

函数的返回值：消息 0。

（10）清空消息队列，代码如下：

```
OSQFlush (OS_EVENT * pevent)
```

函数返回值如下：

① OS_ERR_PEVENT_NULL；

② OS_ERR_EVENT_TYPE；

③ OS_NO_ERR。

（11）获取消息队列的状态，代码如下：

```
INT8U OSQQuery (OS_EVENT * pevent, OS_Q_DATA * p_q_data)
```

函数返回值如下：

① OS_ERR_PEVENT_NULL；

② OS_ERR_EVENT_TYPE；

③ OS_NO_ERR。

OS_Q_DATA 数据结构在 μCOS-II.H 中。

其中，（1）～（5）是一般应用都需要的步骤；（6）～（11）是根据具体需要来调用函数的说明。

下面介绍消息队列应用实例——使用消息队列读取模拟量的值。

在控制系统中,经常要频繁地读取模拟量的值。这时,可以先建立一个定时任务 OSTimeDly(),并且给出希望的抽样周期。然后,如图 8.8 所示,让 A/D(模/数)采样的任务从一个消息队列中等待消息。该程序最长的等待时间就是抽样周期。当没有其他任务向该消息队列中发送消息时,A/D 采样任务因为等待超时而退出等待状态并执行。这就模仿了 OSTimeDly()函数的功能。

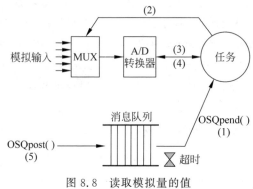

图 8.8 读取模拟量的值

也许读者会提出疑问,既然 OSTimeDly()函数能完成这项工作,为什么还要使用消息队列呢? 这是因为借助消息队列可以让其他任务向消息队列发送消息来终止 A/D 采样任务等待消息,使其马上执行一次 A/D 采样。此外,还可以通过消息队列来通知 A/D 采样程序具体对哪个通道进行采样,告诉它增加采样频率等,从而使 A/D 采样的应用更加智能化。

8.4 邮箱

邮箱是大多数多任务操作系统进行任务间通信的一种方式。它是公认的一块内存区域,由一个集中调度者控制各任务对其的读写,从而实现任务间传递数据的目的。任务可以通过 post 操作写这块内存,或通过 pend 操作读取这块内存的数据。这种 pend 操作与简单轮询邮箱的区别在于:前者在等待数据时处于挂起(suspend)状态,不占用任何 MCU 资源;后者则占用 MCU,不停地检查邮箱。邮箱传递的数据一般是一个标志(flag)、单个数据,或者指向链表或队列的指针。在具体实现时,数据一旦从邮箱读出来,邮箱就置成空状态。这样,尽管有多个任务能对同一个邮箱执行 pend 操作,但只有一个任务能从邮箱中读取出数据。

在基于任务控制块模型的任务管理系统中,邮箱通信是最容易实现的。所谓任务控制块就是保存有任务的各种信息的数据结构。当任务状态发生改变时,其任务控制块内容相应发生变化。在这种模型中,一般都有一个监管任务和两个列表(任务资源列表和资源状态列表),任务资源列表和资源状态列表保持协调一致。例如,在表 8.1 和表 8.2 中,存在的资源有打印机及两个邮箱。打印机正在被任务 100 使用,邮箱 1 被任务 102 使用,邮箱 2 处于空闲状态。

表 8.1 任务资源列表		
任务 ID	资源	状态
100	打印机	占用
102	邮箱 1	占用
104	邮箱 2	pend

表 8.2 资源状态列表		
资源	状态	使用者
打印机	忙	100
邮箱 1	忙	102
邮箱 2	空闲	无

当超级任务被系统调用或硬件中断激活后,它首先检查是否有任务在邮箱中处于 pend 状态。如果邮箱中数据就绪,就重启该任务。类似地,如果某任务已执行 post 操作,操作系统则确保数据置于邮箱中,并更新其状态。

邮箱除了上述的 post 和 pend 操作外,还有 accept 操作。accept 操作允许任务在邮箱数据就绪的情况下立即读出数据,否则返回错误代码。此外,在邮箱的 pend 操作中还可以添加超时控制来防止死锁。

队列可以认为是由许多邮箱排列而成的。

如果把数据缓冲区的指针赋给一个事件控制块的成员 OSEventPtr,同时使事件控制块的成员 OSEventType 为常数 OS_EVENT_TYPE_MBOX,则该事件控制块就称为消息邮箱。消息邮箱是在两个需要通信的任务之间通过传递数据缓冲区指针的方法通信的。消息邮箱的结构如图 8.9 所示。

图 8.9　消息邮箱的结构

创建邮箱需要调用 OSMboxCreate() 函数,这个函数的原型如下:

```
OS_EVENT * OSMboxCreate (
void * msg                    //消息指针
);
```

函数中的参数 msg 为消息的指针,函数的返回值为消息邮箱的指针。

调用 OSMboxCreate()函数需要先定义 msg 的初始值。在一般的情况下,这个初始值为 NULL;但也可以事先定义一个邮箱,然后把这个邮箱的指针作为参数传递到 OSMboxCreate()函数中,使之一开始就指向一个邮箱。

任务可以通过调用 OSMboxPost()函数向消息邮箱发送消息,这个函数的原型如下:

```
INT8U OSMboxPost (
OS_EVENT * pevent,              //消息邮箱指针
void * msg                     //消息指针
);
```

当一个任务请求邮箱时,需要调用 OSMboxPend()函数,这个函数的主要作用就是查看邮箱指针 OSEventPtr 是否为 NULL。如果不是 NULL,就把邮箱中的消息指针返回给调用函数的任务,同时用 OS_NO_ERR 通过函数的参数 err 通知任务获取消息成功;如果邮箱指针 OSEventPtr 是 NULL,则使任务进入等待状态,并引发一次任务调度。

OSMboxPend()函数的原型如下:

```
void * OSMboxPend (
OS_EVENT * pevent,             //请求消息邮箱指针
INT16U timeout,               //等待时限
INT8U * err                   //错误信息
);
```

下面来看如何用邮箱实现延时,而不使用 OSTimeDly()函数。

邮箱的等待超时功能可以被用来模仿 OSTimeDly()函数的延时。如果在指定的时间段 TIMEOUT 内,没有消息到来,则 Task1()函数将继续执行。这和 OSTimeDly (TIMEOUT)功能很相似。但是,如果 Task2()在指定的时间结束之前,向该邮箱发送了一个"哑"消息,Task1()函数就会提前开始继续执行。这和调用 OSTimeDlyResume()函数的功能是一样的。

注意,这里忽略了对返回消息的检查,因为此时关心的不是得到了什么样的消息。

程序清单:使用邮箱实现延时。

```
OS_EVENT * MboxTimeDly;
void Task1 (void * pdata)
{
    INT8U err;
    for (;;) {
        OSMboxPend(MboxTimeDly, TIMEOUT, &err);   /* 延时该任务 */
        ⋮                                          /* 延时结束后执行的代码 */
    }
}
```

```
void Task2 (void * pdata)
{
    INT8U err;

    for (;;) {
        OSMboxPost(MboxTimeDly, (void * )1);        /* 取消 Task1 的延时 */
        .
        .
        .
    }
}
```

8.5　管道

　　管道是 UNIX 操作系统中传统的进程通信技术,分为无名管道和命名管道,以 I/O 系统调用方式进行读写。在传统的实现中,管道是单向数据交换。在管道创立时,返回两个描述符,管道的两个端口各一个。数据通过一个描述符写,通过另一个描述符读。数据在管道内像一个非结构字节流,按 FIFO 原则从管道中读出。

　　一个管道提供一个简单的数据流设施,当管道空时,阻塞读任务;当管道满时,阻塞写任务。有些操作系统也允许多个读任务的管道有多个写任务。与消息队列不一样,一个管道不存储消息。另外,管道存储的不是结构化数据,而是由字节流组成的。还有,管道的数据不具备优先权,数据流严格地遵守 FIFO 原则。

　　目前 Linux 和 VxWorks 都有对管道通信的支持。

　　Linux 中进程间通信所说的管道多指无名管道,具有如下特点:它只能用于具有亲缘关系的进程之间的通信(也就是父子进程或者兄弟进程之间);它是一个半双工的通信模式,具有固定的读端和写端。管道也可以看成是一种特殊的文件,对于它的读写也可以使用普通的 read、write 等函数。但是它不是普通的文件,并不属于其他任何文件系统,并且只存在于内存中。

　　VxWorks 管道既是对传统 UNIX 命名管道的继承,同时又具有一定差异。UNIX 管道通过在内存中模拟文件系统实现 IPC,当存在多个生产者/消费者时,并不保证操作的原子性,用于两个进程之间的半双工通信。但是 VxWorks 管道其实是通过管道驱动 pipeDrv 对消息队列采用 I/O 系统的方式进行简单封装,虚拟成 I/O 设备。VxWorks 保证管道 I/O 的原子性,因此在多客户-单服务器应用中也可以使用。显而易见,VxWorks 管道承载的信息量受内部消息队列大小限制。

　　对于一个管道,一般有 3 个状态,即空、满和非空状态,如图 8.10 所示。

　　管道控制块如图 8.11 所示。

　　任务通过调用标准的 I/O 函数打开、读出、写入管道。嵌入式操作系统需要为管道提供这样几个步骤的支撑接口:创建管道设备;管道文件操作,包括打开管道文件、读写、关闭管道文件;删除管道设备,释放资源。此外,管道驱动还支持几个 I/O 控制命令。

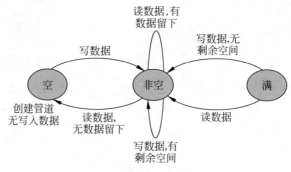

图 8.10　管道的状态

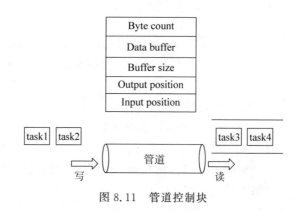

图 8.11　管道控制块

1. 创建管道设备

使用管道之前必须创建管道设备：

```
# include "pipeDrv. h"
STATUS pipeDevCreate (char * name, int nMessages, int nBytes);
```

参数 name 表示创建的管道设备名称。该设备名称必须在所有 I/O 设备名称中唯一。后面两个参数指定管道容量：nMessages 表示管道中最大消息条数；nBytes 表示每条消息最大字节长度。

2. 管道文件操作

管道 IPC 采取 I/O 操作方式，需要打开管道文件进行。函数 open()打开一个管道文件：

```
# include "ioLib. h"
int open (const char * name, int flags, int mode);
```

参数 name 需要和管道设备名称一致。flags 表示 3 种打开的读写方式之一：只读（O_RDONLY）、只写（O_WRONLY）、读写（O_RDWR）。对于管道文件，参数 mode 指定为 0。如果成功时，函数则返回一个非负整型数，表示得到的管道文件描述符；如果失败时，则返回错误。对于使用某管道进行 IPC 的多个任务，可以在各自任务中分别以合适的读写方式打开管道文件;也可以由任何一个任务打开管道文件,然后被其他任务共同使用。两种方式的结果是一样的。即使在前一种情况下,任务通过各自得到的管道文件描述符进行读写都是对同一"管道设备"进行,任务不应该假定由其独自读(或写)管道。

通过前面的 open()函数得到了管道文件描述符,就可以通过下面的基本 I/O 调用实现管道 IPC 了。

```
# include "ioLib.h"
int read (int fd, char * buffer, size_t maxbytes);  /* 从管道读数据 */
int write (int fd, char * buffer, size_t nbytes);   /* 数据写入管道 */
```

参数 fd 为 open()函数得到的文件描述符。

对于 read(),后面的参数表示接收管道数据的缓冲区 buffer 及其大小 maxbytes。如果消息缓冲区数据大于 maxbytes,则超出部分被丢弃。如果函数返回非负整型数时,则表示实际读取的字节数,否则为错误。

对于 write()函数,参数 buffer 和 nbytes 表示要写入管道的数据缓冲区和缓冲区数据字节长度。

注意,nbytes 必须小于创建管道时指定的单条消息最大长度。如果成功时,则函数返回实际写入管道的字节数,总是等于 nbytes;如果出错时,则函数返回错误。

read()和 write()函数都可能阻塞。write()函数允许从中断服务程序中调用,此时如果没有空闲缓冲区,则函数立即返回错误而不阻塞。

管道文件不再使用时应该将其关闭,以减少 I/O 资源占用。这由 close()函数完成。一般应该有和 open()个数相同的 close()。代码如下:

```
# include "ioLib.h"
int close (int fd);                                    /* 关闭管道文件 */
```

3. 删除管道设备

管道不再需要时,可以将其删除以释放资源。代码如下:

```
# include "pipeDrv.h"
STATUS pipeDevDelete (char * name, BOOL force);
```

参数 name 表示管道设备名称,必须和创建时一致。参数 force 表示是否强制删除。在正常情况下(设置 force 为 false),删除管道必须满足如下两个条件:

(1) 所有该管道上打开的文件都已经关闭。

(2) 没有任务因该管道上 select 操作而阻塞。

当不满足条件时,函数也不会阻塞,而是返回错误,此时 errno 为 EMFILE,表示管道上有未关闭的文件,或者为 EBUSY 表示至少有一个阻塞任务的 select 对象包括该管道。如果指定了强制删除(设置 force 为 true),则不论后果立即删除管道,但不要轻易使用强制删除。

第 36 集
视频讲解

第 37 集
视频讲解

第 38 集
视频讲解

8.6 事件集

为了表示一个或多个任务触发一个任务,提出一个概念——事件集。事件集可以用一个指定长度的变量(如一个 32 位的无符号整型变量。不同的操作系统,其具体实现不一样)来表示,而每个事件由在事件集变量中的某一位来代表。这种机制就可以完成多对一的任务同步了,可以分成以下 3 种具体情况。

(1) 任务需要与一组事件中的任意一个发生同步,称为独立型同步(逻辑"或"关系),如图 8.12 所示。

(2) 任务也可以等到若干事件都发生时才同步,称为关联型同步(逻辑"与"关系),如图 8.13 所示。

(3) 当某个任务要与多个任务或中断服务同步时,也需要使用事件集方式来进行。

图 8.12 独立型同步   图 8.13 关联型同步

也可以用多个事件的组合发给多个任务,如图 8.14 所示。

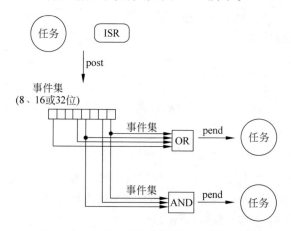

图 8.14 用多个事件的组合发给多个任务

事件集的用途主要是把多个事件和多个任务联系起来,使通信机制更加灵活。它由两部分组成:一是各个事件的状态;二是等待这些事件的任务列表。

事件集用到了全新的两个数据结构:OS_FLAG_GRP 和 OS_FLAG_NODE。在 μCOS-Ⅱ 上事件集机制的主要数据结构如下。

（1）事件标志组数据结构，代码如下：

```
typedef struct{
    INT8U       OSFlagType;              //指示本数据结构的类型
    void      * OSFlagWaitList;          //等待事件标志的任务链表
    OS_FLAGS    OSFlagFlags;             //各事件标志的当前状态
}OS_FLAG_GRP;
```

系统初始化时也有空闲事件标志组控制块。

（2）事件标志节点数据结构，代码如下：

```
typedef struct{
    void      * OSFlagNodeNext;          //后驱指针
    void      * OSFlagNodePrev;          //前驱指针
    void      * OSFlagNodeTCB;           //任务控制块指针
    void      * OSFlagNodeFlagGrp;       //OS_FLAG_GRP 结构
    OS_FLAGS    OSFlagNodeFlags;         //所等待的事件标志组合
    INT8U       OSFlagNodeWaitType;      //等待类型(与、或)
}OS_FLAG_NODE;
```

OS_FLAG_GRP 有 3 个变量：OSFlagType（和 ECB 中的 OSEventType 一样，用来标识这是一个事件集）、OSFlagWaitList（负责引出等待事件集的任务列表）和 OSFlagFlags（标识当前事件状态）。OS_FLAG_NODE 有 6 个变量：OSFlagNodeNext 和 OSFlagNodePrev（用来将 OS_FLAG_NODE 构成双向列表）、OSFlagNodeTCB（正在等待事件集的任务 TCB）、OSFlagNodeFlagGrp（该变量反向指到 OS_FLAG_GRP，用来记录事件集）、OSFlagNodeFlags（标识任务和该节点关联的任务正在等待的事件标志）和 OSFlagNodeWaitType（标识该节点相关联任务正在等待的方式：是全部到，还是只等其中一个）。由此不难看出，OS_FLAG_GRP 其实相当于 ECB 中的除了等待任务表外的其他 3 个变量，而 OS_FLAG_NODE 相当于等待任务表。不同的是，由于等待的任务不是仅仅等待一个事件，而是等待一系列事件，因此等待任务表就不能胜任了——因为等待任务表只能标明哪些任务正在等待，但是等待的目标是唯一的，而这里等待的目标可能会有多个。

图 8.15 显示了事件标志组、事件标志节点和任务控制块的关系。

由于用到了不同的数据结构，OS_EventWaitListInit、OS_EventTaskRdy、OS_EventTaskWait 和 OS_EventTO 就必须重新设计。作者在这里设计了另外的核心功能函数：OS_FlagBlock、OS_FlagRdy 和 OS_FlagUnlink。

（1）OS_FlagBlock：其作用相当于 OS_EventTaskWait，将当前任务从就绪任务表中移走，更新当前任务的 TCB。不同的是，在 OS_EventTaskWait 中将当前任务加入等待任务表，而这里没有用到等待任务表，而是创建一个 OS_FLAG_NODE。换句话说，只要有 OS_FLAG_NODE，就表明有任务在等待事件集，其实原理上和等待任务表是一样的。

（2）OS_FlagRdy：其作用相当于 OS_FlagTaskRdy，将 OS_FLAG_NODE 所指向的任务的 TCB 更新以表明等到了事件集，如果该任务不等待其他的目标，就将其加入就绪任务表中，然后用 OS_FlagUnlink 将此任务的 OS_FLAG_NODE 删除。

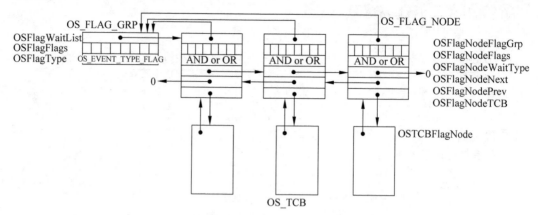

图 8.15　事件标志组、事件标志节点和任务控制块的关系

（3）OS_FlagUnlink：该函数主要是把特定的 OS_FLAG_NODE 从等待任务表中删除。
核心函数和信号量函数类似，有如下 5 个，其实现比较简单。

（1）OSFlagCreate()函数：创建一个事件集，从系统事件集缓冲区中申请一个 OS_FLAG_
GRP，然后初始化该 OS_FLAG_GRP。

创建一个事件标志组，申请空闲事件集控制块，设置事件集属性，初始化控制块中的域，
分配 ID 号。代码如下：

```
OS_FLAG_GRP * OSFlagCreate(OS_FLAGS flags, INT8U * err)
{
    OS_FLAG_GRP * pgrp;
    pgrp = OSFlagFreeList;                          //获取一个空闲事件标志组结构
    if(pgrp!= (OS_FLAG_GRP * )0){                   //获取成功,初始化该结构中的域
        OSFlagFreeList = (OS_FLAG_GRP * )OSFlagFreeList -> OSFlagWaitList;
                                                    //调整空闲结构链头指针
        pgrp -> OSFlagType = OS_EVENT_TYPE_FLAG;

        pgrp -> OSFlagFlags = flags;                //初始化当前各事件标志的状态
        pgrp -> OSFlagWaitList = (void * )0;        //尚无任务等待事件标志
        * err = OS_NO_ERR;
    }else{ * err = OS_FLAG_GRP_DEPLETED; }
    return(pgrp);
}
```

（2）OSFlagDel()函数：用于删除一个事件集。这个函数内部过程和信号量中的
OSSemDel()函数几乎完全一样，不同的是用 OS_FlagRdy 而不是 OS_EventTaskRdy。

删除事件集，主要过程就是回收事件集控制块到空闲链中，等待接收该事件集的任务被
恢复就绪。代码如下：

```
OS_FLAG_GRP * OSFlagDel (OS_FLAG_GRP * pgrp, INT8U opt, INT8U * err)
```

```
{   BOOLEAN       tasks_waiting;
    OS_FLAG_NODE * pnode;
    if (pgrp->OSFlagWaitList != (void *)0) tasks_waiting = TRUE;   //有任务等待
    else          tasks_waiting = FALSE;                            //无任务等待
    switch (opt) {
      case OS_DEL_NO_PEND:                              //在无任务等待时才删除事件标志组
        if (tasks_waiting == FALSE) {                  //无任务等待,释放控制块到空闲链中
            pgrp->OSFlagType = OS_EVENT_TYPE_UNUSED;
            pgrp->OSFlagWaitList = (void *)OSFlagFreeList;
            OSFlagFreeList = pgrp;
            *err = OS_NO_ERR;
            return ((OS_FLAG_GRP *)0);
        } else {                                        //有任务等待,删除失败
            *err = OS_ERR_TASK_WAITING;
            return (pgrp);
        }
      case OS_DEL_ALWAYS://无论是否有任务等待,都删除事件标志组
        pnode = (OS_FLAG_NODE *)pgrp->OSFlagWaitList;  //获取等待头节点
        while (pnode != (OS_FLAG_NODE *)0) {            //遍历整个等待任务链,
                                                        //使每个等待任务就绪
                OS_FlagTaskRdy(pnode, (OS_FLAGS)0);
                pnode = (OS_FLAG_NODE *)pnode->OSFlagNodeNext;
        }
        pgrp->OSFlagType = OS_EVENT_TYPE_UNUSED;
        pgrp->OSFlagWaitList = (void *)OSFlagFreeList;
        OSFlagFreeList = pgrp;                          //释放控制块回空闲链
        if (tasks_waiting == TRUE) OS_Sched();          //如果之前有任务等待,内核实施调度
        *err = OS_NO_ERR;
        return ((OS_FLAG_GRP *)0);
      default:
        *err = OS_ERR_INVALID_OPT;
        return (pgrp);
    }
}
```

(3) OSFlagPend()函数:等待一个事件集,这里的等待有两种情况:一是等待所有的事件到来;二是等待任何一个事件到来。不管哪种情况,都是先判断需要的标志是不是已经到来。如果到来,则就更新事件集,然后返回;如果没有到来,则就用 OS_FlagBlock 为当前任务产生一个 OS_FLAG_NODE,并将其加进双向链表中。

在接收事件(集)时可以有如下选项,每类只能选择其一。

① 接收事件(集)时可等待(WAIT)。

接收者永远等待,直到事件条件被满足后成功返回。

接收者根据指定的时限等待。

② 接收事件(集)时不等待(NO_WAIT)。

③ 待处理事件集必须包含事件条件中的全部事件方可满足要求(EVENT_ALL),即按

照"与"条件接收事件。

④ 待处理事件集只要包含事件条件中的任一事件即可满足要求(EVENT_ANY),即按照"或"条件接收事件。代码如下：

```
OS_FLAGS OSFlagPend(OS_FLAG_GRP * pgrp, OS_FLAGS flags, INT8U wait_type,
INT16U timeout, INT8U * err)
{
    OS_FLAG_NODE node;                  // OS_FLAG_NODE 作为局部变量存在于调用该函数的任务堆栈中
    OS_FLAGS flags_cur;
    OS_FLAGS flags_rdy;
    switch(wait_type){
        case OS_FLAG_WAIT_SET_ALL:                      //任务以"与"方式等待事件标志
            flags_rdy = pgrp - > OSFlagFlags&flags;
            if(flags_rdy == flags){                     //事件标志当前状态与等待条件相符
                pgrp - > OSFlagFlags& = ~flags_rdy;     //清除(即"消费")满足条件的事件标志
                flags_cur = pgrp - > OSFlagFlags;
                * err = OS_NO_ERR;
                return(flags_cur);                      //返回处理后的事件标志组
            }else{OS_FlagBlock(pgrp, &node, flags, wait_type, timeout);}
            //事件标志当前状态与等待条件不相符,任务被阻塞
            break;
        case OS_FLAG_WAIT_SET_ANY:                      //任务以"或"方式等待事件标志
            flags_rdy = pgrp - > OSFlagFlags&flags;
            if(flags_rdy!= (OS_FLAGS)0){                 //有满足条件的事件标志
                pgrp - > OSFlagFlags& = ~flags_rdy;     //清除(即"消费")满足条件的事件标志
                flags_cur = pgrp - > OSFlagFlags;
                * err = OS_NO_ERR;
                return(flags_cur);                      //返回处理后的事件标志组
            }else{OS_FlagBlock(pgrp, &node, flags, wait_type, timeout);}
            //事件标志当前状态与等待条件不相符,任务被阻塞
            break;
        default:
            flags_cur = (OS_FLAGS)0;

            * err = OS_FLAG_ERR_WAIT_TYPE;
            return(flags_cur);
    }
    OS_Sched();                         //当前任务被放到事件标志等待链后,内核实施任务调度
    if(OSTCBCur - > OSTCBStat & OS_STAT_FLAG){   //判断任务重新就绪的原因,如果是等待超时
        OS_FlagUnlink(&node);                    //将任务从事件标志等待链中解除下来
        OSTCBCur - > OSTCBStat = OS_STAT_RDY;    //设置当前任务状态为就绪
        flags_cur = (OS_FLAGS)0;                 //无效的事件标志状态
        * err = OS_TIMEOUT;                      //超时信号
    }else{                      //任务重新就绪的原因是在限定时间内得到了满足条件的事件标志
        pgrp - > OSFlagFlags& = ~OSTCBCur - > OSTCBFlagsRdy;
                                //清除(即"消费")满足条件的事件标志
        flags_cur = pgrp - > OSFlagFlags;
```

```
            * err = OS_NO_ERR;
        }
        return(flags_cur);
    }
```

当一个任务开始等待某些事件标志位时,就会建立一个事件标志节点 OS_FLAG_NODE
数据结构,并且将任务所要等待的事件标志位写入 OS_FLAG_NODE 的分量 OSFlagNodeFlags。
然后将该数据结构分量 OSFlagNodeFLagGrp 指向事件标志组 OS_FLAG_GRP,将
OSFlagNodeTCB 指向该任务的控制块 OS_TCB,建立起任务与事件标志组之间的联系,说
明该任务是等待该事件标志组中某些事件标志位的任务。当有多个任务都需要等待某个事
件标志组中某些事件标志位时,这些任务分别建立自己的事件标志节点,并且将这些事件标
志节点通过分量 OSFlagNodeNext 和 OSFlagNodePrev 连接成链。

对等待任务链表的操作如下:

① 添加节点:OS_FlagBlock()函数。

该函数主要是将当前任务从就绪任务表中移走,更新当前任务的 TCB。

② 删除节点:OS_FlagUnlink()函数。

该函数主要是把特定的 OS_FLAG_NODE 从等待任务表中删除。

图 8.16 中虚线部分表示应该做的链表指针操作。

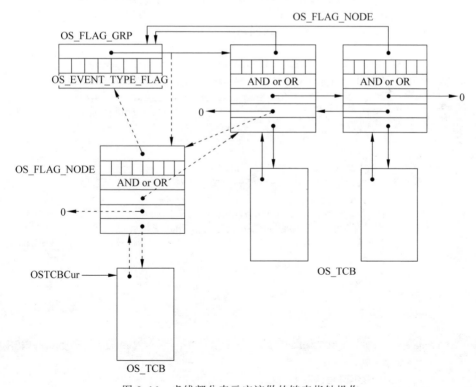

图 8.16　虚线部分表示应该做的链表指针操作

（4）OSFlagPost()函数：标识一个事件集的一些标志已经到来。先更新 OS_FLAG_GRP，然后遍历 OS_FLAG_NODE 的双向链表，用 OS_FlagRdy 使那些正在等待这些标志的任务不再等待。

发送事件（集）时，调用者（任务或中断）构造一个事件（集），将其发往接收者（如目标任务）。可能会出现以下几种情况之一：

① 目标任务正在等待的事件条件得到满足，任务就绪。

② 目标任务正在等待的事件条件没有得到满足，该事件（集）被按"或"方式操作，保存到目标任务的待处理事件集中，目标任务继续等待。

③ 目标任务未等待事件（集），该事件（集）被按"或"方式操作，保存到目标任务的待处理事件集中。

代码如下：

```
OS_FLAGS OSFlagPost (OS_FLAG_GRP * pgrp, OS_FLAGS flags, INT8U * err)
{
    OS_FLAG_NODE  * pnode;
    BOOLEAN sched = FALSE;                              //初始化调度标志
    OS_FLAGS flags_cur, flags_rdy;
    pgrp - > OSFlagFlags | = flags;                    //置位事件标志
    pnode = (OS_FLAG_NODE * )pgrp - > OSFlagWaitList;  //获取任务等待链头节点
while (pnode != (OS_FLAG_NODE * )0) {                  //如果有任务等待,遍历等待链
        switch (pnode - > OSFlagNodeWaitType) {
        case OS_FLAG_WAIT_SET_ALL:                     //"与"方式等待
                flags_rdy = pgrp - > OSFlagFlags & pnode - > OSFlagNodeFlags;
                if (flags_rdy == pnode - > OSFlagNodeFlags) { //符合等待条件
                        if (OS_FlagTaskRdy(pnode, flags_rdy) == TRUE)
                sched = TRUE;                          //如果任务就绪,设置调度标志
                    }
                    break;
        case OS_FLAG_WAIT_SET_ANY:                     //"或"方式等待
            flags_rdy = pgrp - > OSFlagFlags & pnode - > OSFlagNodeFlags;

                if (flags_rdy != (OS_FLAGS)0) {        //有满足条件的事件标志
                    if (OS_FlagTaskRdy(pnode, flags_rdy) == TRUE)
            sched = TRUE;                              //如果任务就绪,设置调度标志
                }
                break;
        }
        pnode = (OS_FLAG_NODE * )pnode - > OSFlagNodeNext; //下一个等待事件标志的节点
    }
    if (sched == TRUE)    OS_Sched();                  //如果设置了调度标志,则实施调度
    * err = OS_NO_ERR;
    return (pgrp - > OSFlagFlags);
}
```

（5）OSFlagAccept（）函数：接收（无等待地获取）事件标志，一般用于中断。
代码如下：

```
OS_FLAGS OSFlagAccept (OS_FLAG_GRP * pgrp, OS_FLAGS flags, INT8U wait_type,
INT8U * err)
{
    OS_FLAGS      flags_cur, flags_rdy;
    * err = OS_NO_ERR;
    switch (wait_type) {                         //判断等待事件标志的方式
      case OS_FLAG_WAIT_SET_ALL:                 //"与"方式等待
        flags_rdy = pgrp -> OSFlagFlags & flags;
        if (flags_rdy == flags) pgrp -> OSFlagFlags & = ~flags_rdy;
                                                 //事件标志当前状态与等待条件相符,
                                                   清除(即"消费")相应的事件标志
        else * err = OS_FLAG_ERR_NOT_RDY;        //不符合条件,返回错误信息
        flags_cur = pgrp -> OSFlagFlags;
        break;

      case OS_FLAG_WAIT_SET_ANY:                 //"或"方式等待
        flags_rdy = pgrp -> OSFlagFlags & flags;
        if (flags_rdy != (OS_FLAGS)0)
            pgrp -> OSFlagFlags & = ~flags_rdy;  //事件标志当前状态与等待条件相符,
                                                   清除(即"消费")相应的事件标志
        else * err = OS_FLAG_ERR_NOT_RDY;        //不符合条件,返回错误信息
        flags_cur = pgrp -> OSFlagFlags;
      break;
        default:
        flags_cur = (OS_FLAGS)0;                 //0 表示无效的事件标志组
        * err = OS_FLAG_ERR_WAIT_TYPE;           //错误的等待类型
        break;
    }
    return (flags_cur);
}
```

综合以上 5 种通信机制可以看出：信号量是最普通的通信机制，当需要一般的同步或者资源保护时，用信号量就可以了；互斥信号量主要用来解决优先级反转的问题，当需要在任务间同步资源时，用互斥信号量；邮箱主要用来将一个消息从一个任务发送到另一个任务；队列可以看成是扩展的邮箱，队列可以发送多个消息；事件集是最复杂的一个通信机制，但最灵活，可以在任务间用多个事件标志来同步，因此用起来需要特别注意。

使用本章提到的这些通信机制的组合，可以实现一些复杂的通信和同步。

图 8.17 表示了 2 个任务和 1 个中断的系统间的同步。Task1 运行设置事件标志并且中断也设置了标志后，Task2 才可以继续运行。Task1、Task2 和中断的同步是采用事件集的方式来完成的。Task1 利用消息队列给 Task2 传递消息。ISR 中断处理程序与 Task2 使用信号量来共用资源。图 8.17 中，①表示发送方通过适当的机制向接收方发送信息；②表

示发送方设置相应的事件标志；③表示接收方收到事件标志；④表示接收方根据事件标志的指示定向接收信息，达到和不同发送方同步或通信的目的。

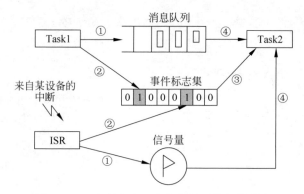

图 8.17　2 个任务和 1 个中断的系统间的同步

习题

1. 嵌入式操作系统的任务间通信有哪几种？各种通信机制的异同是什么？
2. 用本章提到的任务间通信方式实现小组接力跑，写出伪代码。

第9章

内 存 管 理

　　不同实时内核所采用的内存管理方法不同,有的简单,有的复杂。实时内核所采用的内存管理方式与应用领域和硬件环境密切相关。在强实时应用领域,内存管理方法就比较简单,甚至不提供内存管理功能。一些实时性要求不高、可靠性要求比较高且系统比较复杂的应用在内存管理上就相对复杂些,可能需要实现对操作系统或任务的保护。

　　内存管理机制是嵌入式操作系统研究中的重点和难点,它必须满足以下几个特性。

　　(1)实时性。

　　从实时性的角度出发,要求内存分配过程要尽可能快。因此,在嵌入式系统中,不可能采用通用操作系统的一些复杂而完善的内存分配策略,一般没有段页式的虚拟内存管理机制,而是采用简单、快速的内存分配方案,其分配方案也因程序对实时性的要求而异。例如,VxWorks系统采用简单的"首次适应,立即聚合"方法;VRTX中采用多个固定尺寸存储块的Binning方案。

　　(2)可靠性。

　　嵌入式系统应用的环境千变万化,在某些特定情况下,对系统的可靠性要求极高,因此内存分配的请求必须得到满足,如果分配失败,则可能会带来灾难性的后果。例如,飞机的燃油检测系统,在飞机飞行过程中,如果燃料发生泄漏,系统应该立即检测到,并发出相应的警报,等待飞行员及时处理。如果因为内存分配失败而不能进行相应的操作,就可能发生机毁人亡的事故。

　　(3)高效性。

　　内存分配要尽可能地减少浪费。不可能为了保证满足所有的内存分配请求而将内存配置得很大。一方面,嵌入式系统对成本的要求使得内存在其中只是一种很有限的资源;另一方面,即使不考虑成本的因素,系统硬件环境有限的空间和有限的板面积决定了可配置的内存容量是很有限的。

　　操作系统的内存管理功能用于向操作系统提供一致的地址映像功能和内存页面的申请、释放操作。在嵌入式实时系统中,内存管理根据不同的系统有不同的策略。对于一些系统,采用虚拟内存管理机制;对于另一些系统,可能只有Flat(平坦)式的简单内存管理机制。

第 44 集
视频讲解

9.1　内存保护

在应用比较复杂且程序量比较大的情况下,为防止应用程序破坏操作系统或者其他应用程序的代码和数据,就会使用内存保护。内存保护主要有两种类型:一是防止地址越界;二是防止操作越权。

防止地址越界:就是每个应用程序都有自己独立的地址空间,当应用程序要访问某个内存单元时,由硬件检查该地址是否在限定的地址空间之内,只有在限定的地址空间之内的内存单元访问才是合法的,否则需要进行地址越界处理。

防止操作越权:就是对于允许多个应用程序共享的存储区域,每个应用程序都有自己的访问权限。如果一个应用程序对共享区域的访问违反了权限规定,则进行操作越权处理。

第 45 集
视频讲解

9.2　内存管理机制

对于任务之间的内存管理分为静态管理和动态管理两种。静态管理就是系统在启动前,所有的任务都获得了所需要的所有内存,运行过程中将不会有新的内存请求。动态管理就是在运行过程中会不断地有申请内存和释放内存的请求,应用根据需要从固定大小存储区或者可变大小存储区中获得一块内存空间,用完后将该内存空间释放回相应的存储区。显然,静态管理会降低系统运行时的代价,而动态管理有利于提高内存的重用性。

在动态管理中,根据每次申请内存的大小是否固定,又分为固定大小存储区管理和可变大小存储区管理。

嵌入式系统的内存往往由多种存储器构成,无论是动态管理还是静态管理,都需要将内存划分为分区,以方便管理。分区是一个抽象的内存管理单位,在物理上对应一段连续的内存空间,如图 9.1 所示。

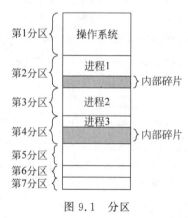

图 9.1　分区

9.2.1　固定大小存储区管理

可供使用的一段连续的内存空间被称为一个分区。分区由大小固定的内存块构成,且分区的大小是内存块大小的整数倍。这样做是为了便于进行内存分配和管理。如图 9.2 所示是一个 512 字节的分区,由 4 个 128 字节的内存块组成。此种方式中分区大小固定,内存块大小固定,分区中内存块个数固定。

图 9.2　一个 512 字节的分区

固定大小存储区管理中不同分区大小可以相等,这种做法只适用于多个相同程序的并发执行(处理多个类型相同的对象)。分区大小也可以不等,有多个小分区、适量的中等分区以及少量的大分区。根据程序的大小,分配当前空闲的、适当大小的分区。这种技术的优点在于易于实现、开销小。

固定大小存储区管理的系统开销对用户的影响为零。由于分区和内存块的大小固定,不存在碎片的问题,便于管理。分区总数固定,限制了并发执行的程序数目。

为了实现固定大小存储区管理,嵌入式操作系统首先为系统建立一张分区说明表。分区说明表包括分区号、每个分区的大小、起始地址及状态;然后在调度任务时存储管理根据任务所需的存储量在分区说明表中找出一个足够大的未分配分区分配给它。如找不到满足条件的分区,则该任务等待并通知调度程序,选择另一任务。

在每个分配的分区中,通常都有一部分未被任务占用而浪费掉。这种分配给用户而未被利用的部分,称为存储器的"内零头"或"内部碎片"。为了解决内零头或内部碎片,一般采用可变大小存储区管理。

9.2.2 可变大小存储区管理

如图9.3所示是一个嵌入式操作系统启动并分好固定大小分区后,每个分区带有固定长短的内存块链表的示意图。此种方式中内存块大小固定,但是分区中内存块的多少却不固定,从而提高了系统的灵活性。

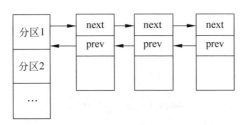

图9.3 每个分区带有固定长短的内存块链表示意图

这些内存块处于空闲状态,块数未知,因此将使用内存块中的几字节作为控制结构,用来存放用于双向链接的前向指针和后向指针。在使用内存块时,一旦内存块中原有的控制信息不再有效,其中的所有存储空间都可以被使用。这样的方式由于区的大小是未知的,所以叫可变大小存储区分配方法。

如图9.4所示是嵌入式操作系统初始化和任务运行时内存的形态。由于任务运行后会产生碎片,所以需要嵌入式操作系统完成自动搬移、合并分区的操作(如图9.4右侧所示)。如果不搬移,就需要采用虚拟内存技术,完成虚拟的连续地址和实际的分散地址的映像。虚拟内存技术可以使内存中的碎片看起来是连成一块的。

对于任务内部的内存组织方式,有堆和栈之分。一般的任务内部都会有任务的上下文保护部分、数据栈和堆的分配。任务的上下文就是微处理器相关的一些寄存器等,栈是大家都已经熟悉和理解的,那么堆究竟是什么呢?

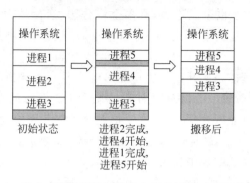

图 9.4 嵌入式操作系统初始化和任务运行时内存的形态

堆为一段连续的、大小可配置的内存空间,用来提供可变内存块的分配。在这个定义中,可变内存块称为段,最小可分配单位称为页,即段的大小是页的大小的整数倍。如果申请段的大小不是页的整数倍,实时内核将会对段的大小进行调整,调整为页的整数倍。例如,从页大小为 256 字节的堆中分配一个大小为 350 字节的段,实时内核实际分配的段大小为 512 字节。

如图 9.5 所示,可变大小存储区中的空闲段通过双向链表连接起来,形成一个空闲段链。在创建堆时,只有一个空闲段,其大小为整个存储区的大小减去控制结构的内存开销。从存储区中分配段时,可依据首次适应算法查看空闲段链中是否存在合适的段。当把段释放回存储区时,该段将被挂在空闲段链的链尾。如果空闲段链中有与该段相邻的段,则将其合并成一个更大的空闲段。由于对申请的内存的大小做了一些限制,所以避免了内存碎片的产生。

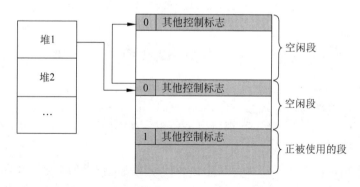

图 9.5 空闲段链

在段的控制块中设置了一个标志位,表示段被使用的情况:1 表示该段正被使用,0 表示该段空闲。在固定大小存储区管理方式中,只有在空闲状态下,内存块才拥有控制信息。在可变大小存储区管理方式中,无论段空闲还是正在被使用,段的控制结构都始终存在。

前面提到虚拟内存机制的使用可以做到不需要搬运内存碎块,而是通过映像使碎片看起来是连成一块的,这个工作由专门的硬件完成,该硬件称为内存管理单元(MMU)。从是否使用虚拟内存上来分,可分为虚拟内存管理机制和非虚拟内存管理机制。

1．虚拟内存管理机制

有一些嵌入式处理器提供了 MMU。MMU 具备内存地址映像和寻址功能,它使操作系统的内存管理更加方便。如果存在 MMU,操作系统会使用它完成从虚拟地址到物理地址的转换,所有的应用程序只需要使用虚拟地址寻址数据。这种使用虚拟地址寻址整个系统的主存和辅存的方式在现代操作系统中被称为虚拟内存。MMU 便是实现虚拟内存的必要条件。

虚拟内存的管理方法使系统既可以运行体积比物理内存还要大的应用程序,也可以实现"按需调页"策略;既满足了程序的运行速度,又节约了物理内存空间。

在 Linux 系统中,虚拟内存机制的实现为操作系统内存管理提供了一个典型的例子:在不同的体系结构下,使用三级或者两级页式管理,利用 MMU 完成从虚拟地址到物理地址的转换。虚拟内存管理的最大好处是:由于不同进程有自己单独的进程空间,十分有效地提高了系统可靠性和安全性。

这种情况下,嵌入式操作系统要帮助 MMU 实现硬件驱动,包括提供 TLB 表的建立、更新和查询等的接口、建立虚实地址映像和权限划分等。

2．非虚拟内存管理机制

在实时性要求比较高的情况下,很多嵌入式操作系统并不需要虚拟内存机制。因为虚拟内存机制会导致不确定性的 I/O 阻塞时间,使程序运行时间变得不可预期,这是实时嵌入式操作系统的致命缺陷;另外,从嵌入式处理器的成本考虑,大多采用不装配 MMU 的嵌入式微处理器。所以,大多数嵌入式操作系统采用的是实存储器管理策略,因而对于内存的访问是直接的,对地址的访问不需要经过 MMU,而是直接送到地址线上输出,所有程序中访问的地址都是实际的物理地址;而且,大多数嵌入式操作系统对内存空间没有保护,各个任务实际上共享一个运行空间。一个任务在执行前,系统必须为它分配足够的连续地址空间,然后全部载入主存储器的连续空间。

由此可见,嵌入式系统的开发人员不得不参与系统的内存管理。从编译内核开始,开发人员必须告诉系统这块开发板到底拥有多少内存;在开发应用程序时,必须考虑内存的分配情况并关注应用程序需要运行空间的大小。另外,由于采用实存储器管理策略,用户程序同内核以及其他用户程序在一个地址空间,程序开发时要保证不侵犯其他程序的地址空间,从而使程序不至于破坏系统的正常工作,或导致其他程序的运行异常。因此,嵌入式操作系统的开发人员对软件中的一些内存操作要格外小心。

μCOS-Ⅱ 就是使用非虚拟内存管理的一个例子。在 μCOS-Ⅱ 中,所有的任务共享所有的物理内存,任务之间没有内存保护机制,这样能够缩短系统的响应时间,但是任务内存操作不当,会引起系统崩溃。

3. 内存管理在系统中的生命期

内存在整个嵌入式系统运行过程中,有以下 3 种方式存在。

(1) 在 bootstraping 阶段,内存以临时内存分配的形式出现。当完成系统启动后,这些内存会被回收,以供以后的系统使用。

(2) 在系统初始化时,为代码、数据分配的永久内存。这些内存在系统运行过程中是不会改变的,有的硬件的 I/O 等外设也把相应的地址映像到固定的内存空间。

(3) 在系统运行时,根据任务动态分配内存空间。这些内存不会固定分配,而是根据系统需要进行动态分配。如果利用非虚拟内存管理机制,一般需要改造动态内存分配机制以提高性能。

4. 内存管理机制实现的数据结构

图 9.6(a)表示有 A、B、C、D、E 共 5 个任务在运行,A 和 B、C 和 D 之间的阴影表示一些未被使用的碎片。图 9.6(b)表示内存管理机制所用的数据结构——位图,8 位二进制数与内存块相联系,1 表示该单元已被使用,0 表示还没有被使用。图 9.6(c)表示内存管理机制所用的数据结构——链表。链表节点第一个对象标志为 P 表示给进程或任务使用,H 表示没有分出去;第二个对象表示从第几个单元开始分配;第三个对象表示连续分配了多少个单元。链表的链接关系表示了物理上的连续关系。链表表达的信息与位图的完全相同。

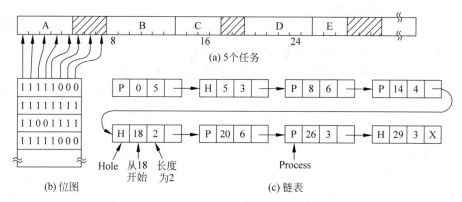

图 9.6　数据结构

5. 实现算法策略

对于内存管理机制是如何实现任务和内存分配的,主要有如下一些常用算法策略。

(1) 首次适应:从头在链表上找到满足该任务的第一个可分配的位置分配。

(2) 下一个适应:从刚才分配的位置开始,搜索链表,找到足够分配的位置分配。

(3) 最佳分配:从链表头查找,找到最小空间可分配的位置分配,这样显然会慢。

(4) 最差分配:从链表头查找,找到最大空间可分配的位置分配。这样做分配后剩下的内部碎片会比较大,但是如果有合适的再回收策略,则对于下次分配是好事。

9.2.3　μCOS-Ⅱ实现内存管理的方式

应用程序在运行中为了某种特殊需要,经常要临时获得一些内存空间,因此作为一个比较完善的操作系统必须具有动态分配内存的能力。

能否合理、有效地对内存储器进行分配和管理,是衡量一个操作系统品质的指标之一。特别是对于实时操作系统来说,还应该保证系统在动态分配内存时,它的执行时间是可确定的。μCOS-Ⅱ改进了 ANSI C 用来动态分配和释放内存的 malloc() 函数和 free() 函数,使它们可以对大小固定的内存块进行操作,从而使 malloc() 函数和 free() 函数的执行时间成为可确定的,满足了实时操作系统的要求。

μCOS-Ⅱ对内存进行两级管理,即把一个大片连续的内存空间分成了若干个分区,每个分区又分成了若干个大小相等的内存块来进行管理,同一个分区里内存块的大小是相同的。操作系统以分区为单位来管理动态内存,而任务以内存块为单位来获得和释放动态内存。内存分区及内存块的使用情况则由表——内存控制块来记录。

应用程序如果要使用动态内存,则要首先在内存中划分出可以进行动态分配的区域,这个划分出来的区域称为内存分区,每个分区要包含若干个内存块。μCOS-Ⅱ要求同一个分区中的内存块的字节数必须相等,而且每个分区与该分区的内存块的数据类型必须相同。

在内存中划分一个内存分区与内存块的方法非常简单,只要定义一个二维数组就可以了,其中的每个一维数组就是一个内存块。例如,定义一个用来存储 INT16U 类型数据,有10 个内存块,每个内存块长度为 10 的内存分区的代码如下:

```
INT16U IntMemBuf[10][10];
```

需要注意的是,上面这个定义只是在内存中划分出了分区及内存块的区域,还不是一个真正的可以动态分配的内存区。只有把内存控制块与分区关联起来之后,系统才能对其进行相应的管理和控制,它才是一个真正的动态内存区。

为了使系统能够感知和有效地管理内存分区,μCOS-Ⅱ给每个内存分区定义了一个名为内存控制块(OS_MEM)的数据结构。系统就用这个内存控制块来记录和跟踪每个内存分区的状态。内存控制块的结构如下:

```
typedef struct {
    void    * OSMemAddr;        //内存分区的指针
    void    * OSMemFreeList;    //内存控制块链表的指针
    INT32U    OSMemBlkSize;     //内存块的长度
    INT32U    OSMemNBlks;       //分区内内存块的数目
    INT32U    OSMemNFree;       //分区内当前可分配的内存块的数目
} OS_MEM;
```

内存控制块与内存分区和内存块的关系如图 9.7 所示。

对内存进行管理的函数主要有以下几个:

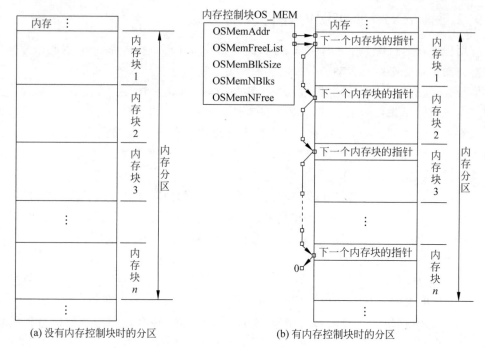

图 9.7　内存控制块与内存分区和内存块的关系

1. OS_MemInit()函数

OS_MemInit()函数用于初始化内存分区,该函数通过 μCOS-Ⅱ 初始化内存分区,但用户不能调用这个函数。

代码如下:

```
/* 最大的内存分区数 … */
#define OS_MAX_MEM_PART 32
/* 存储内存分区的内存块链表 */
OS_MEM OSMemTbl[OS_MAX_MEM_PART];
    void OS_MemInit (void)
    {
    #if OS_MAX_MEM_PART == 1                        //最多内存块的数目为 1 时
    OSMemFreeList = (OS_MEM * )&OSMemTbl[0];        //内存块链接表 = 内存块首地址
    OSMemFreeList->OSMemFreeList = (void * )0;      //内存块链接表 = 0
    OSMemFreeList->OSMemAddr = (void * )0;          //内存区起始地址的指针 = 0
    OSMemFreeList->OSMemNFree = 0;                  //空闲的内存块数目 = 0
    OSMemFreeList->OSMemNBlks = 0;                  //该内存区的内存块总数 = 0
    OSMemFreeList->OSMemBlkSize = 0;                //内存块的大小 = 0
    #endif

    #if OS_MAX_MEM_PART >= 2                        //最多内存块的数目为多个时
    OS_MEM * pmem;                                  //定义内存区控制块的指针
```

```
INT16U i;                                      //定义分区的内存数量


pmem = (OS_MEM *)&OSMemTbl[0];               //内存区控制块的指针 = 内存控制块(MCB)首地址
for (i = 0; i < (OS_MAX_MEM_PART - 1); i++) {  //设定循环初始化(i次)
pmem -> OSMemFreeList = (void *)&OSMemTbl[i+1];//内存块链接表 = 内存块地址(对应的分区)
pmem -> OSMemAddr = (void *)0;                 //内存区起始地址的指针 = 0
pmem -> OSMemNFree = 0;                        //空闲的内存块数目 = 0
pmem -> OSMemNBlks = 0;                        //该内存区的内存块总数 = 0
pmem -> OSMemBlkSize = 0;                      //内存块的大小 = 0
pmem++;
}
pmem -> OSMemFreeList = (void *)0;             //初始化最后的内存块链接表
pmem -> OSMemAddr = (void *)0;                 //内存区起始地址的指针 = 0
pmem -> OSMemNFree = 0;                        //空闲的内存块数目 = 0
pmem -> OSMemNBlks = 0;                        //该内存区的内存块总数 = 0
pmem -> OSMemBlkSize = 0;                      //内存块的大小 = 0

OSMemFreeList = (OS_MEM *)&OSMemTbl[0];        //回到开始的内存块链接表
#endif
}
```

OS 初始化后,自动建立了内存中的空内存控制块,使用链表连接起来,便于后面的分配和回收,如图 9.8 所示。

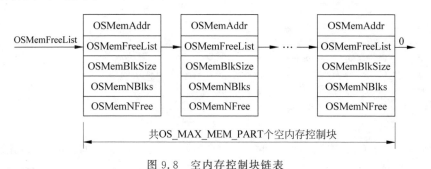

图 9.8　空内存控制块链表

2. OSMemCreate()函数

在使用一个内存分区之前,必须先建立该内存分区。这个操作可以通过调用 OSMemCreate()函数来完成。该函数共有 4 个参数:内存分区的起始地址、分区内的内存块总数、每个内存块的字节数和一个指向错误信息代码的指针。如果 OSMemCreate()函数操作失败,它将返回一个 NULL 指针;否则,它将返回一个指向内存控制块的指针。对于内存管理的其他操作,如 OSMemGet()函数、OSMemPut()函数、OSMemQuery()函数等,都要通过该指针进行。

代码如下:

```
OS_MEM * OSMemCreate (void * addr, INT32U nblks, INT32U blksize, INT8U * err)
{
    OS_MEM      * pmem;
    INT8U       * pblk;
    void        ** plink;
    INT32U        i;
    OS_ENTER_CRITICAL();
    pmem = OSMemFreeList;                       /* 得到下一个内存空闲分区 */
    if (OSMemFreeList != (OS_MEM * )0) {        /* 是否空闲划分池空了 */
        OSMemFreeList = (OS_MEM * )OSMemFreeList->OSMemFreeList;
    }
    OS_EXIT_CRITICAL();
    if (pmem == (OS_MEM * )0) {                 /* 是否已获得内存分区 */
        * err = OS_MEM_INVALID_PART;
        return ((OS_MEM * )0);
    }
    plink = (void ** )addr;                     /* 产生空闲内存块链表 */
    pblk = (INT8U * )addr + blksize;
    for (i = 0; i < (nblks - 1); i++) {
        * plink = (void * )pblk;
        plink = (void ** )pblk;
        pblk = pblk + blksize;
    }
    * plink = (void * )0;                       /* 最后一个内存块指向空 NULL */
    pmem->OSMemAddr = addr;                     /* 存内存分区的开始地址 */
    pmem->OSMemFreeList = addr;                 /* 初始化指向空闲块池的指针 */
    pmem->OSMemNFree = nblks;                   /* 在 MCB 里存空闲块的数量 */
    pmem->OSMemNBlks = nblks;
    pmem->OSMemBlkSize = blksize;               /* 存每个内存块的块大小 */
    * err = OS_NO_ERR;
    return (pmem);
}
```

OSMemCreate()函数流程如图 9.9 所示。流程中顺序是这样的：首先，判定是否有内存块可分，然后依次判断每个内存分区是否含有至少两个内存块，每个内存块是否至少为一个指针的大小，这是因为同一分区中的所有空闲内存块是由指针串联起来的。接着，OSMemCreate()函数从系统中的空闲内存控制块中取得一个内存控制块，该内存控制块包含相应内存分区的运行信息。OSMemCreate()函数必须在有空闲内存控制块可用的情况下才能建立一个内存分区。在上述条件均得到满足时，所要建立的内存分区内的所有内存块被连接成一个单向的链表，然后，在对应的内存控制块中填写相应的信息。完成上述各动作后，OSMemCreate()函数返回指向该内存块的指针。该指针在以后对内存块的操作中使用。

3．OSMemGet()函数

应用程序可以调用 OSMemGet()函数从已经建立的内存分区中申请一个内存块。该函数的唯一参数是指向特定内存分区的指针，该指针在建立内存分区时由 OSMemCreate()

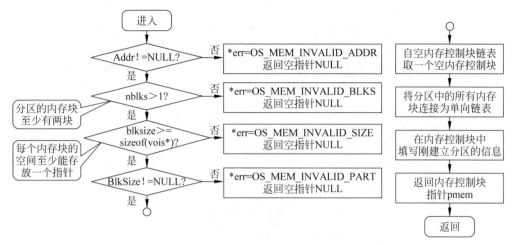

图 9.9 OSMemCreate()函数流程

函数返回。显然,应用程序必须知道内存块的大小,并且在使用时不能超过该容量。例如,如果一个内存分区内的内存块为 64 字节,那么应用程序最多只能使用该内存块中的 64 字节。当应用程序不再使用这个内存块后,必须及时把它释放,重新放入相应的内存分区中。

OSMemCreate()函数的源代码如下:

```
void  * OSMemGet (OS_MEM  * pmem, INT8U  * err)
{
    void      * pblk;
    OS_ENTER_CRITICAL();
    if (pmem -> OSMemNFree > 0){          /* 是否有空闲内存块 */
        pblk = pmem -> OSMemFreeList;      /* 是,指向下一个空闲内存块 */
        pmem -> OSMemFreeList = * (void ** )pblk;       /* 调整指针指向新空闲链 */
        pmem -> OSMemNFree -- ;           /* 最少有一个内存块在这个分区里 */
    OS_EXIT_CRITICAL();
        * err = OS_NO_ERR;                /* 无错误 */
        return (pblk);                     /* 返回调用者需要的内存块 */
    }
    OS_EXIT_CRITICAL();

    * err = OS_MEM_NO_FREE_BLKS;          /* 否,通知调用者获得空内存分区 */
    return ((void * )0);                   /* 返回 NULL 指针给调用者 */
}
```

OSMemGet()函数流程如图 9.10 所示。OSMemGet()函数参数中的指针 pmem 指向用户希望从其中分配内存块的内存分区。OSMemGet()函数首先检查内存分区中是否有空闲的内存块。如果有,则从空闲内存块链表中删除第一个内存块,并对空闲内存块链表做相应的修改。这包括将链表头指针后移一个元素和空闲内存块数减 1。最后,返回指向被分配内存块的指针。

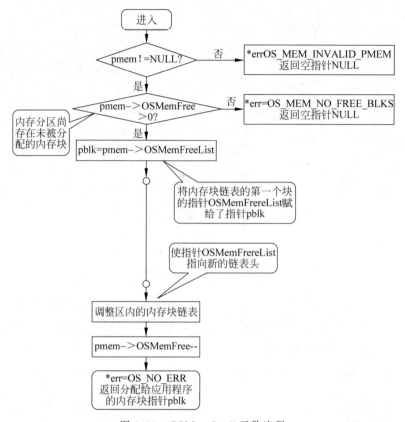

图 9.10　OSMemGet()函数流程

4. OSMemPut()函数

当用户应用程序不再使用一个内存块时,必须及时地把它释放并放回到相应的内存分区中。这个操作由 OSMemPut()函数完成。必须注意的是,OSMemPut()函数并不知道一个内存块是属于哪个内存分区的。例如,用户任务从一个包含 32 字节内存块的分区中分配了一个内存块,用完后,把它返还给了一个包含 132 字节内存块的内存分区。在 μCOS-Ⅱ中,每个分区里的内存块大小是相同的,OSMemPut()函数的操作其实只是指针的操作,这种归还使原 132 字节分区内的内存块大小发生了变化,因此被归还的内存块大小是 32 字节,却占去了原 132 字节块的空间,其他 100 字节就不能被正常使用,这就有可能使系统崩溃。

OSMemPut()函数的源代码如下:

```
INT8U OSMemPut (OS_MEM * pmem, void * pblk)
{
    OS_ENTER_CRITICAL();
    if (pmem -> OSMemNFree >= pmem -> OSMemNBlks) {
        /* 确保所有块未被返回 */
```

```
        OS_EXIT_CRITICAL();
        return (OS_MEM_FULL);
    }
    /* Insert released block into free block list */
    * (void ** )pblk = pmem->OSMemFreeList;
    pmem->OSMemFreeList = pblk;
    pmem->OSMemNFree++;                      /* 此分区有超过一个内存块 */
    OS_EXIT_CRITICAL();
    return (OS_NO_ERR);                      /* 通知调用者内存块被释放 */
}
```

OSMemPut()函数流程如图 9.11 所示。它的第一个参数 pmem 是指向内存控制块的指针,即内存块属于的内存分区。OSMemPut()函数首先检查内存分区是否已满。如果已满,则说明系统在分配和释放内存时出现了错误;如果未满,则要释放的内存块被插入该分区的空闲内存块链表中。最后,将分区中空闲内存块总数加 1。

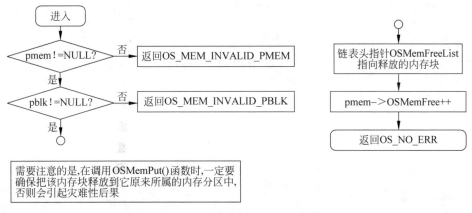

图 9.11 OSMemPut()函数流程

5. OSMemQuery()函数

在 μCOS-II 中,可以使用 OSMemQuery()函数来查询一个特定内存分区的有关消息。通过该函数可以知道特定内存分区中内存块的大小、可用内存块数和正在使用的内存块数等信息。所有这些信息都放在一个名为 OS_MEM_DATA 的数据结构中。

OS_MEM_DATA 数据结构如下:

```
typedef struct {
void * OSAddr;                        /* 指向内存分区首地址的指针 */
void * OSFreeList;                    /* 指向空闲内存块链表首地址的指针 */
INT32U OSBlkSize;                     /* 每个内存块所含的字节数 */
INT32U OSNBlks;                       /* 内存分区总的内存块数 */
INT32U OSNFree;                       /* 空闲内存块总数 */
INT32U OSNUsed;                       /* 正在使用的内存块总数 */
} OS_MEM_DATA;
```

OSMemQuery()函数将指定内存分区的信息复制到 OS_MEM_DATA 定义的变量的对应域中。在此之前,代码首先禁止了外部中断,防止复制过程中某些变量值被修改。由于正在使用的内存块数是由 OS_MEM_DATA 中的局部变量计算得到的,所以可以放在临界区的外面。

OSMemQuery()函数的源代码如下:

```
INT8U OSMemQuery (OS_MEM * pmem, OS_MEM_DATA * pdata)
{
OS_ENTER_CRITICAL();
pdata->OSAddr = pmem->OSMemAddr;
pdata->OSFreeList = pmem->OSMemFreeList;
pdata->OSBlkSize = pmem->OSMemBlkSize;
pdata->OSNBlks = pmem->OSMemNBlks;
pdata->OSNFree = pmem->OSMemNFree;
OS_EXIT_CRITICAL();
pdata->OSNUsed = pdata->OSNBlks - pdata->OSNFree;
return (OS_NO_ERR);
}
```

图 9.12 是一个演示如何使用 μCOS-Ⅱ 中的动态分配内存功能,以及利用它进行消息传递的例子。

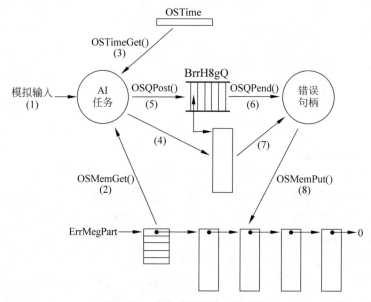

图 9.12 动态分配内存功能示例

下面是这个例子中两个任务的示意代码,其中一些重要代码的标号和图 9.12 中用数字标识的动作是相对应的。

```
AnalogInputTask()
{
    for (;;) {
        for (所有的模拟量都有输入) {
        读入模拟量输入值;                                          (1)
        if (模拟量超过阈值) {
            得到一个内存块;                                        (2)
            得到当前系统时间 (以时钟节拍为单位);                     (3)
            将下列各项存入内存块:                                   (4)
                系统时间 (时间戳);
                超过阈值的通道号;
                错误代码;
                错误等级;
                ……
            向错误队列发送错误消息(返回一个指向包含上述各项的内存块的指针);   (5)


            }
        }
        延时任务,直到要再次对模拟量进行采样时为止;
    }
}
ErrorHandlerTask()
{
    for (;;) {
        等待错误队列的消息(得到指向包含有关错误数据的内存块的指针);   (6)
        读入消息,并根据消息的内容执行相应的操作;                     (7)
        将内存块放回到相应的内存分区中;                               (8)
        }
    }
```

　　第一个任务读取并检查模拟输入量的值(如气压、温度、电压等),如果其超过了一定的阈值,就向第二个任务发送一个消息。该消息中含有时间信息、出错的通道号和错误代码等可以想象的任何可能的信息。

　　错误处理程序是该例子的中心。任何任务、中断服务子程序都可以向该任务发送出错消息。错误处理程序则负责在显示设备上显示出错信息,在磁盘上登记出错记录,或者启动另一个任务对错误进行纠正等。

　　有时在内存分区暂时没有可用的空闲内存块的情况下,让一个申请内存块的任务等待也是有用的。但是,μCOS-Ⅱ本身在内存管理上并不支持这项功能。如果确实需要,可以通过为特定内存分区增加信号量的方法实现这种功能。应用程序为了申请分配内存块,首先要得到一个相应的信号量,然后才能调用 OSMemGet() 函数。整个过程的代码如下:

```
OS_EVENT * SemaphorePtr;
OS_MEM × PartitionPtr;
INT8U Partition[100][32];
OS_STK TaskStk[1000];
void main (void)
{
INT8U err;
OSInit();
.

.
SemaphorePtr = OSSemCreate(100);
PartitionPtr = OSMemCreate(Partition, 100, 32, &err);
.

OSTaskCreate(Task, (void * )0, &TaskStk[999], &err);
.

OSStart();
}
void Task (void * pdata)

{
INT8U err;
INT8U * pblock;
for (;;) {
OSSemPend(SemaphorePtr, 0, &err);
pblock = OSMemGet(PartitionPtr, &err);
.

. / * 使用内存块 * /
.

OSMemPut(PartitionPtr, pblock);
OSSemPost(SemaphorePtr);
}
}
```

  程序代码首先定义了程序中用到的各个变量。该例中直接使用数字定义了各个变量的大小。实际应用中，建议将这些数字定义成常数。在系统复位时，μCOS-II 调用 OSInit() 函数进行系统初始化，然后用内存分区中总的内存块数来初始化一个信号量，紧接着建立内存分区和相应的要访问该分区的任务。当然，到此为止对如何增加其他的任务也已经很清楚了。显然，如果系统中只有一个任务使用动态内存块，就没有必要使用信号量了，这种情况不需要保证内存资源的互斥。事实上，除非要实现多任务共享内存，否则连内存分区都不需要。多任务执行从 OSStart() 函数开始。当一个任务运行时，只有在信号量有效时，才有可能得到内存块。一旦信号量有效了，就可以申请内存块并使用它，而没有必要对 OSSemPend() 函数返回的错误代码进行检查。因为在这里，只有当一个内存块被其他任务释放并放回到内存分区后，μCOS-II 才会返回到该任务去执行。同理，对 OSMemGet() 函数返回的错误代码也无须做进一步的检查(一个任务得以继续执行，则内存分区中至少有一个内存块是可用的）。当一个任务不再使用某内存块时,只需要简单地将它释放并返还到内存分区,并发送该信号量。

9.2.4 Linux 的内存机制

Linux 系统进程采用标准的带 MMU 的段式内存管理方法。如果运行过程轻松愉快、准确无误,那么图 9.13 显示的段式虚拟地址管理启用过程对于计算机内几乎所有进程都完全一致,但这种机制为远程攻击带来了安全隐患。远程攻击往往需要参考绝对内存地址,如栈地址、库函数地址等。而远程攻击者们知道了这些地址空间是固定的,他们闭着眼睛都能找到他们需要的位置。倘若真的如此,那么用户毫无疑问就会被黑客攻击了。正因为这样,随机地址空间已经成为流行的内存地址管理方式。Linux 随机为栈（Stack）、内存映像段（Memory Mapping segment）及堆（Heap）的起始地址添加偏移量,如图 9.14 所示。

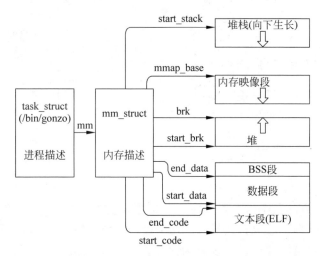

图 9.13　段式虚拟地址管理启用过程

进程地址空间的首段地址便是栈,它存储了局部变量及大多数编程语言的函数参数。当调用方法或者函数时,会有一个新的元素进栈。一旦函数返回了值,那么该元素就会被销毁。这种简单的设计很有可能是考虑到数据操作都符合后进先出（LIFO）规则,这意味着访问栈的内容并不需要复杂的数据结构,一个简单的栈顶指针就能搞定一切。进栈和出栈的操作方便、快捷,不需要过多判断。另外,栈的反复使用能够使栈驻留在MCU 缓存（MCU cache）中,从而加快数据存取。每个进程中的每个线程都有属于自己的栈。

如果映像的栈地址空间被压入了超过栈容量的数据,那么栈便无法继续工作了。这种情况会导致一个由 expand_stack() 函数处理的页面错误,这个函数会调用 acct_stack_ growth() 函数去检查是否应该为这个栈增加容量。

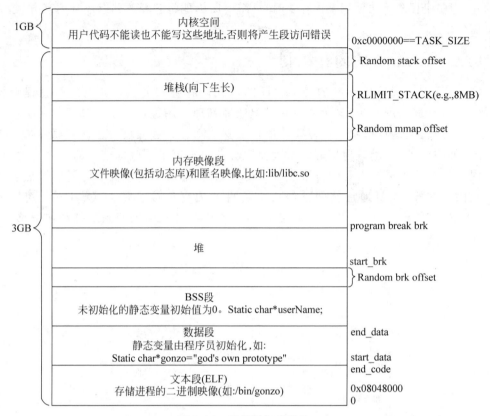

图 9.14　随机添加偏移量

　　图 9.14 中最下方的几个内存段分别为 BSS 段、数据段和文本段。在 C 语言中,BSS 段和数据段存储的都是静态(全局)变量。这几个段的不同之处在于:BSS 段存储的静态变量没有初始化——程序员在源代码中没有为这些静态变量赋值。由于 BSS 段并没有映像任何文件,所以 BSS 段在内存中是以匿名形式存在的。假设用户定义了变量 static int cntActiveUsers,那么 cntActiveUsers 的数据就保存在 BSS 段中。

　　与 BSS 段不同的是,数据段存储在源代码中经过了初始化的静态变量。因此,数据段的内存区域并不是匿名的。数据段映像了程序二进制映像中源代码给出静态变量初值的部分。所以,如果定义了 static int cntWorkerBees＝10,那么 cntWorkerBees 变量会赋以初值 10 并在数据段中保存下来。尽管数据段映像了文件,但这种内存映像是私有的。也就是说,数据段的内存更新不会在其映像的文件中生效。这样造成的结果就是,虽然全局变量的改变应用到了文件在内存中的二进制映像,但是文件本身却不能做出相应的变化。

　　图 9.15 显示了前面讨论的 BSS 段和变量示例。

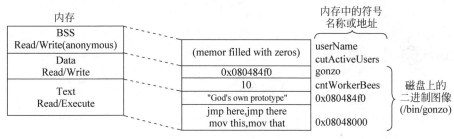

图 9.15　BSS 段和变量示例

9.2.5　μCLinux 下虚拟内存机制的屏蔽

由于虚拟内存在时间上的不可预期性,对于实时性要求很高的系统,必须屏蔽虚拟内存机制。在 μCLinux 中就利用了这种技术以保证系统的实时性,下面是屏蔽虚拟内存机制的思路。

为了满足工业控制中一些任务的实时性要求,必须屏蔽内核的虚拟内存管理机制以增强 Linux 的实时性。当要更改内核的某项机制时,一般不必大规模改写代码,可采用条件编译的方法。思路是用 ♯ifdef 或 ♯ifndef 屏蔽现有语句,在 ♯else 宏编译语句中包括自己编写的代码。实现虚拟内存的机制有:地址映像机制、内存分配和回收机制、缓存和刷新机制、请页机制、交换机制、内存共享机制。将实现这些机制的数据结构和函数屏蔽或修改,还要修改与之相关的文件。需要改动的文件主要在/include/Linux、/mm、/drivers/char、/fs、/ipc/kernel、/init 目录下。主要的改动如下:与虚拟内存有关的主要数据结构是 vm_area_struct,将进程 mm_struct 结构中的 vm_area_struct 去掉,vm_area_struct 利用了 vm_ops 来抽象出对虚拟内存的处理方法,屏蔽与虚拟内存操作有关的函数。内存映像主要由 do_mmap() 函数实现,改写此函数的代码,取消交换操作,屏蔽用于交换的结构和函数声明,以及实现交换的代码,取消内核守护进程 kswapd。

习题

1. 简述内存管理的主要方式及其实现。
2. 虚拟存储的主要作用是什么? 如何在 μCOS-Ⅱ 上实现虚拟存储?

第 10 章

中断与异步信号

中断是硬件和软件交互的主要方式,下面对中断的主要概念和实现方式进行相应介绍,并对异步信号和中断性能评价指标进行简要介绍。

第 39 集
视频讲解

10.1 中断

中断是用以提高计算机工作效率、增强计算机功能的一项重要技术。最初引入硬件中断,只是出于性能上的考虑。如果计算机系统没有中断,则处理器与外部设备通信时,它必须在向该设备发出指令后进行忙等待(busy waiting),轮询该设备是否完成了动作并返回结果。这就造成了大量处理器周期被浪费。引入中断以后,处理器发出设备请求就可以立即返回以处理其他任务,而当设备完成动作后,发送中断信号给处理器,后者就可以再回过头获取处理结果。这样,在设备进行处理的周期内,处理器可以执行其他一些有意义的工作,而只付出一些很小的、切换上下文所引发的时间代价。中断后被用于 MCU 外部与内部紧急事件的处理、机器故障的处理、时间控制等多个方面,并产生通过软件方式进入中断处理(软中断)的概念。

在硬件实现上,中断可以是一个包含控制线路的独立系统,也可以被整合进存储器子系统中。对于前者,在 IBM 个人计算机上,广泛使用可编程中断控制器(Programmable Interrupt Controller,PIC)来负责中断响应和处理。PIC 被连接在若干中断请求设备和处理器的中断引脚之间,从而实现对处理器中断请求线路的复用。作为另一种中断实现的形式,即存储器子系统实现方式,可以将中断端口映像到存储器的地址空间,这样对特定存储器地址的访问实际上是中断请求。

处理器通常含有一个内部中断屏蔽位,并允许通过软件来设定。一旦被设定,所有外部中断都将被系统忽略。这个屏蔽位的存取速度显然快于中断控制器上的中断屏蔽寄存器,因此可提供更快速的中断屏蔽控制。

10.2 中断向量表

中断向量表是指中断服务程序入口地址的偏移量与段基值。一个中断向量占据4字节空间。这里特指嵌入式操作系统内核所关联的中断向量表,一般在嵌入式操作系统正常引导之前,由BootLoader程序放入内存的某个特殊位置。有的嵌入式操作系统允许在ROM中存放中断向量表,并在载入系统之前把中断向量表搬移到RAM中的特殊位置。

ARM体系中通常在存储地址的低端固化一个32字节的硬件中断向量表,用来指定各异常中断及其处理程序的对应关系。中断向量表通常在启动代码中配置好,一般向量表放在存储器地址的0x00000000处,当然,在有些处理器中,向量表也可以定位在高地址处(0xffff0000)。中断向量表一定要严格按照从复位中断到FIQ(Fast Interrupt Request,快速中断请求)中断的顺序排列。

发生时钟中断后,系统从用户模式切换到中断模式,并且PC寄存器指向0x18处。异常向量表如下:

```
[Startup.s]
;中断向量表
Reset
LDR PC, ResetAddr
LDR PC, UndefinedAddr
LDR PC, SWI_Addr
LDR PC, PrefetchAddr
LDR PC, DataAbortAddr
DCD 0xb9205f80
LDR PC, [PC, # - 0xff0]
LDR PC, FIQ_Addr
ResetAddr DCD ResetInit
UndefinedAddr DCD Undefined
SWI_Addr DCD SoftwareInterrupt
PrefetchAddr DCD PrefetchAbort
DataAbortAddr DCD DataAbort
Nouse DCD 0
IRQ_Addr DCD 0
FIQ_Addr DCD FIQ_Handler
```

FPGA中MicroBlaze的中断向量表如表10.1所示,表示其支持重启(reset)、异常(exception)、暂停(break)和中断(interrupt)。由BootLoader实现将不同的代码复制到相应的RAM当中,中断向量表一般被复制到BRAM当中。

表 10.1　FPGA 中 MicroBlaze 的中断向量表

事　　件	向 量 地 址	寄存器文件返回值
reset	0x000000～0x0000004	—
user vector(exception)	0x000008～0x000000C	Rx
interrupt	0x000010～0x0000014	R14
break：non-maskable hardware		
break：hardware	0x000018～0x000001C	R16
break：software		
hardware exception	0x000020～0x0000024	R17 or BTR
reserved by Xilinx for future use	0x000028～0x000004F	—

（1）reset。

当外部按键发出 reset 信号或者 XMD 通过 MDM（MicroBlaze Debug Module，MicroBlaze 的调试模块）发出 reset 信号时，这些信号都会被 proc_sys_reset 模块接收，然后该模块产生一个 16 周期长的高电平信号至 MicroBlaze 的 MB_RESET 引脚。MicroBlaze 响应 reset，PC 寄存器指向 0x0 地址，依照向量表中的代码执行。

（2）exception。

异常是 MicroBlaze 对内部运行发生错误的情况所做出的响应，这些情况包括非法指令、指令和数据总线错误及未对齐的访问（unaligned access），如除 0 操作、非法操作码异常和数据总线异常等。

（3）break。

break 分为 software break 和 hardware break。在 hardware break 下，MDM 模块的输出端口 Ext_BRK 和 Ext_NM_BRK 与 MicroBlaze 对应的输入端口相连。一旦 break 响应，暂停返回地址（break return address）自动装入 R16 寄存器中。而 software break 通过 brk 和 brki 指令来完成。

（4）interrupt。

MicroBlaze 只支持一个外部中断源（连接于 interrupt 端口），所以如果需要多个中断输入，就要添加中断控制器（xps_intc）。只有机器状态寄存器（Machine Status Register，MSR）中的中断使能位（interrupt enable）置"1"，MicroBlaze 才能响应中断。MicroBlaze 响应中断，PC 指向中断向量（地址：0x10），R14 存储中断返回地址。

8086A 存储器地址空间中，规定最低的 1KB 空间，即 00000H～003FFH 为中断向量表。全表共含 256 个中断向量，每个向量的长度为 4 字节，包含中断处理程序的起始地址。共有 0～255 共 256 个中断类型码，每个中断类型码对应的中断向量所在地址为该类型码乘 4。例如，如果中断类型码为 1，则对应中断向量所在地址为 00004H；如果中断类型码为 33，则对应中断向量所在地址为 00084H。这样，如果已知一个中断类型码，则需要通过两次地址转换（中断类型码到中断向量表地址，中断向量表地址到中断处理程序地址）才能到达中断处理程序。另外，应注意每个中断向量所包含的地址是以低两字节存储偏移量、高两字节存储段地址的形式存储目标地址值的。

在全部 256 个中断中,前 32 个(0~31)为硬件系统所预留,后 224 个可由用户设定。在初始化 8259A(中断控制器)时,可设定其上各中断引脚(共 8 条)对应的中断类型码。同时,将对应此中断的处理程序的起始地址保存在该中断类型码乘 4 的地址位作为中断向量。

在 INTEL32 位 MCU 中,使用中断描述符表来代替中断向量表。中断描述符表的起始地址由 IDTR(Interrupt Descriptor Table Resister,中断描述符表寄存器)来定位,因此不再限于底部 1KB 位置。中断描述符表的每个项目称为门描述符。门描述符除了含有中断处理程序地址信息外,还包括许多属性/类型位。门描述符分为 3 类:任务门、中断门和自陷门。MCU 对不同的门有不同的调用(处理)方式。

总之,任何一款 MCU 的中断向量表的位置都是固定的(即便是可以设置,设置完成之后也是固定的,不会在 MCU 运行过程中变化),但是对于某些 MCU 可以改变中断向量表的内容,使中断发生时可以跳转到不同的地址。BootLoader 可以将新的中断向量表复制到原来的中断向量表,这样当中断发生时,应用程序就跳转到新的位置。

10.3 中断处理过程

一般中断处理过程包括中断检测、中断响应和中断处理 3 个阶段,可以更加详细地分成以下步骤。

第 40 集
视频讲解

(1)采集中断源并进行中断响应条件(屏蔽、优先级)判定,当条件满足时响应中断,即执行下列步骤;否则,程序继续正常执行。

(2)禁止后续指令发射,将已发射的指令执行完。

(3)保存状态寄存器(PSR),修改 PSR(如关中断进入系统状态等),保存断点地址。

第 41 集
视频讲解

(4)识别具体中断来源,形成中断向量地址。

(5)保存中断服务程序中要使用的寄存器内容。

(6)开中断,使中断可以嵌套。

(7)执行中断服务程序的实质性处理。

第 42 集
视频讲解

(8)关中断,保证现场恢复过程不再被中断。

(9)恢复中断服务程序中使用的寄存器内容,以及由硬件保存的现场。

(10)返回被中断程序的断点继续执行。

其中,第(1)~(4)步一般由硬件完成,其他各步总称为 ISR(Interrupt Service Routines,中断服务例程)。实质性的中断处理功能是第(7)步,为中断处理程序。ISR 中的其他各步骤也是必不可少的,主要完成一些辅助性的功能,如现场保护以及保证中断可以嵌套处理等。不同的 ISR 最主要的差异是中断处理程序。

10.3.1 中断检测

在实际运行中,中断请求采用边沿触发来进行中断检测,通过将信号送到特定的引线来检测中断。每条引线对应一个可能的硬件中断,因为系统不能辨认哪个设备使用中断线,所以当多于一个的设备被设置成使用同一个特定中断时就产生了混乱。微处理器在特定指令结束时检测总线或引脚,检测是否有中断请求或是否满足异常条件。这一系列动作包括:为满足中断处理的需要,在指令周期中使用了中断周期。在中断周期中,处理器检查是否有中断发生,即是否出现中断信号。如果没有中断信号,则处理器继续运行,并通过取指周期取当前程序的下一条指令;如果有中断信号,则进入中断响应,对中断进行处理,如图 10.1 所示。

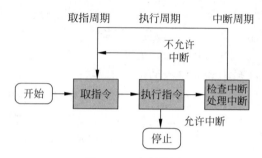

图 10.1 中断检测

如果外部 I/O 中断数目比较多,往往增加中断控制器来做初步的中断优先级的设定。8259 是一种非常通用的中断控制器芯片。每个 PIC 只能够处理 8 个中断,为支持更多数量的中断,需要组织成菊花链的形式,把一个 PIC 的输出连接到另一个 PIC 的输入上。

一旦设备通过某引脚向 8259 发出中断指令,后者便向微处理器的 INTR 引脚发送中断信号,然后通过 INTA 引脚通知 8259 中断有效(这个过程实际上还包括对此 8259 的选址),如图 10.2 所示。

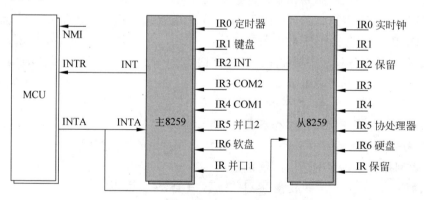

图 10.2 中断控制器芯片 8259

在 Xilinx 的 FPGA 中则可以采用中断控制器 IP 核来扩展中断和做初步中断检测。

1. 中断控制器

(1) GPIO 结构。

中断控制器(opb_intc)由中断控制核和总线接口组成。中断控制核可通过参数配置,与相应的总线接口逻辑配合,接在 OPB 总线上或 DCR 总线上,即 opb_intc 或 dcr_intc,可用于 MicroBlaze 和 PowerPC 嵌入式系统。中断控制器和 OPB 总线的典型连接方式如图 10.3 所示。

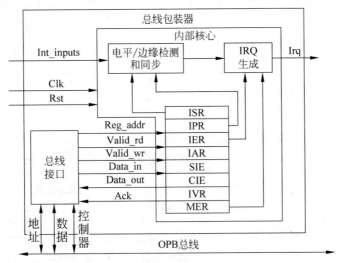

图 10.3　中断控制器和 OPB 总线的典型连接方式

中断控制器包括 8 个可访问的寄存器,具体如表 10.2 所示。通过寄存器的配置,中断输入可以通过电平触发或沿触发,包括高电平触发、低电平触发、上升沿触发和下降沿触发。

表 10.2　中断控制器及偏移地址

寄存器名	功　　能	OPB 偏移地址	寄存器名	功　　能	OPB 偏移地址
ISR	中断状态寄存器	0	SIE	中断使能位设置寄存器	16
IPR	中断挂起寄存器	4	CIE	中断清除寄存器	20
IER	中断使能寄存器	8	IVR	中断向量寄存器	24
IAR	中断响应寄存器	12	MER	主使能寄存器	28

中断控制器完整的端口信号如表 10.3 所示,在系统中可根据实际需求配置相应的参数。

表 10.3　中断控制器完整的端口信号

信号名	接口	I/O	位　　宽	描　　述
OPB_Abus	OPB	I	[0:(C_OPB_AWIDTH-1)]	OPB 地址总线
OPB_Be	OPB	I	[0:(C_OPB_dwidth/8-1)]	OPB 字节使能
OPB_Clk	OPB	I	1	OPB 时钟
OPB_Dbus	OPB	I	[0:(C_OPB_DWIDTH-1)]	OPB 数据总线
OPB_RNW	OPB	I	I	OPB 只读指示
OPB_Select	OPB	I	I	OPB 片选信号
OPB_rst	OPB	I	I	OPB 复位信号,高有效

续表

信号名	接口	I/O		位　　　宽	描　　　述
OPB_seqAddr	OPB	I	I		OPB 连续地址使能
intC_xferAck	OPB	O	I		中断控制器传输响应
intC_ErrAck	OPB	O	I		中断控制器错误响应
intC_toutSup	OPB	O	I		中断控制器超时响应
intC_retry	OPB	O	I		中断控制器重试请求

中断控制器 OPB 总线读写时序如图 10.4 所示。

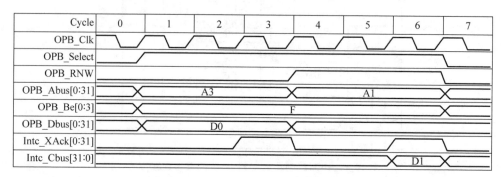

图 10.4　中断控制器 OPB 总线读写时序

（2）中断控制器驱动。

在 EDK 中，与中断控制器有关的底层文件有：xintc.c、xintc.h、xintc_g.c、xintc_i.h、xintc_intr.c、xintc_l.c、xintc_l.h、xintc_options.c 和 xintc_selftest.c。所以在 GPIO 的用户代码中添加下列语句：

```
# include "xintc.h"
# include "xintc_l.h"
# include "xintc_i.h"
```

2. 中断控制器操作函数

中断控制器操作函数包含中断控制器的初始化、使能、撤销及清除等函数。下面介绍常用的中断控制器操作函数。

（1）初始化函数。

```
XStatus XIntc_Initialize (XIntc * InstancePtr, Xuint16 DeviceId);
```

XIntc_Initialize()函数用于指定中断控制模块，同时初始化中断结构域、中断向量表、撤销中断源以及中断输出使能。其中，InstancePtr 是 XIntc 的对象；DeviceId 是中断模块的唯一设备 ID 号。若返回 m_XST_SUCCESS 表明初始化成功；否则，初始化失败。

（2）中断使能函数。

```
XStatus XIntc_Start (XIntc * InstancePtr, Xuint8 Mode);
```

XIntc_Start()函数开始中断控制。其中，InstancePtr 是 XIntc 的对象；Mode 为中断模式，可使使能模拟中断以及真实的硬件中断。

（3）中断撤销函数。

```
void XIntc_Stop (XIntc * InstancePtr);
```

XIntc_Stop()函数停止中断控制。其中，InstancePtr 是 XIntc 的对象。

（4）中断源连接函数。

```
XStatus XIntc_Connect (XIntc * InstancePtr, Xuint8 Id, XInterruptHandler Handler
                void * CallBackRef);
```

XIntc_Connect()函数连接中断源的 ID 以及与之关联的处理程序，当中断被确认后，处理程序将运行。其中，InstancePtr 是 XIntc 的对象；Id 为中断源的序号，0 是最高级别的中断；Handler 是中断处理程序；CallBackRef 是返回参数，通常为连接驱动器的对象指针。若返回 m_XST_SUCCESS 表明连接正确；否则，连接失败。

（5）中断源撤销函数。

```
void XIntc_Disconnect (XIntc * InstancePtr, Xuint8 Id);
```

XIntc_Disconnect()函数撤销与中断源 ID 关联的处理程序。其中，InstancePtr 是 XIntc 的对象；Id 为中断源的序号，0 是最高级别的中断。

（6）特定中断使能函数。

```
void XIntc_Enable (XIntc * InstancePtr, Xuint8 Id);
```

XIntc_Enable()函数使能由竞争 ID 提供的中断源，任何一个未决的特定中断条件将导致一个功能调用。其中，InstancePtr 是 XIntc 的对象；Id 为中断源的序号，0 是最高级别的中断。

（7）特定中断撤销函数。

```
void XIntc_Disable (XIntc * InstancePtr, Xuint8 Id);
```

XIntc_Disable()函数撤销由竞争 ID 提供的中断源，但中断控制器将不产生一个特定 ID 的中断，将继续保留该中断条件。其中，InstancePtr 是 XIntc 的对象；Id 为中断源的序号，0 是最高级别的中断。

（8）中断源响应函数。

```
void XIntc_Acknowledge (XIntc * InstancePtr, Xuint8 Id);
```

XIntc_Acknowledge()函数响应竞争后 ID 的中断源，响应中断后将清除中断条件。其中，InstancePtr 是 XIntc 的对象；Id 为中断源的序号，0 是最高级别的中断。

10.3.2 中断响应

中断产生时，由专用的中断程序接管系统，首先把所有的 MCU 寄存器内容保存到堆栈中,并引导系统指向中断向量表。在中断程序执行后的一段时间中,中断控制软件把堆栈内容返回给寄存器,系统恢复中断发生之前的状态。如果此段时间中又有中断请求,则将造成中断的设备判断混乱,从而造成中断冲突、丢失,甚至使设置无法正常工作。因此,在中断后会设置状态寄存器响应位置关中断,使中断无法共享。

一般中断响应是由处理器内部硬件完成的中断序列,而不是由程序执行的。中断响应过程的操作如下:

(1) 对于可屏蔽中断,如果有中断控制器,则从中断控制器读取中断向量号。

(2) 将标志寄存器、CS 和 IP 压栈。

(3) 对于硬件中断,复位标志寄存器中的 IF 和 TF 位禁止可屏蔽外部中断和单步异常。

(4) 根据中断向量号,查找中断向量表,根据中断服务程序的首址转移到中断服务程序执行。

一般程序在用户状态运行,一旦发生中断,硬件会按如下流程处理:

```
R14_irq = return link
SPSR_irq = CPSR
CPSR[4:0] = IRQ
CPSR[5] = 0        /* 在 ARM 状态处理 */
CPSR[7] = 1        /* 禁止一般中断 */
PC = 0x18          //中断向量表的入口地址
```

发生时钟中断后,系统从用户模式切换到中断模式,并且 PC 指向中断向量表入口地址 0x18 处。

以上的这些操作有时是可以由硬件完成的,但有时则需要软件在后续的中断服务程序中进行。例如,有些微处理器在响应中断后硬件会自动清除相应的中断请求标志位,而有些则不行,需要在中断服务程序中用软件来清除中断请求标志位。

10.3.3 中断处理

中断处理就是执行中断处理程序的阶段。如果前面的中断响应中没有硬件来保护现场,则在中断处理程序中就有对现场的保护部分。

中断处理程序虽然是由程序员编写的,但必须遵循一定的规范。作为例程,中断处理程序应该先将各寄存器信息(除了 IP 和 CS,这两个寄存器现已指向当前中断程序)压入堆栈予以保存,这样才能在中断处理程序内部使用这些寄存器。在程序结束时,应该按与压栈保护时相反的顺序弹出各寄存器的值。中断处理程序的最后一句始终是 IRET 指令,这条指令将栈顶 6 字节分别弹出并存入 IP、CS 和 Flags 寄存器,完成现场的还原。

当然,如果是操作系统的中断处理程序,则未必——通常不会还原中断前的状态。这样的中断处理程序通常会在调用完寄存器保存例程后,调用进程调度程序(多由高级语言编写),并决定下一个运行的进程。随后将此进程的寄存器信息(上次中断时保存下来的)存入寄存器并返回。在中断处理程序结束之后,主程序也发生了改变。

中断服务程序的主要内容如下:

(1) 保存上下文。保存中断服务程序将要使用的所有寄存器的内容,以便于在退出中断服务程序之前进行恢复。

(2) 如果中断向量被多个设备所共享,为了确定产生该中断信号的设备,需要轮询这些设备的中断状态寄存器。

(3) 获取中断相关的其他信息。

(4) 对中断进行具体的处理。

(5) 恢复保存的上下文。

(6) 执行中断返回指令,使 MCU 的控制返回到被中断的程序继续执行。

中断服务程序通常包括如下 3 个方面的内容。

(1) 中断处理前导:保存中断现场,进入中断处理。

(2) 用户中断服务程序:完成对中断的具体处理。

(3) 中断处理后续:恢复中断现场,退出中断处理。

有的嵌入式操作系统为了能够把硬件和软件分开,会被设计成把中断处理前导和中断处理后续由内核的中断接管程序来实现,如图 10.5 所示。硬件中断发生后,中断接管程序获得控制权,先由中断接管程序进行处理,然后才将控制权交给相应的用户中断服务程序。用户中断服务程序执行完成后,又回到中断接管程序。

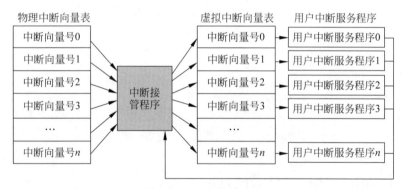

图 10.5　中断接管程序

中断接管程序负责中断处理的前导和后续部分的内容。中断处理前导:保存必要的寄存器,并根据情况在中断栈或者任务栈中设置堆栈的起始位置,然后调用用户中断服务程序。中断处理后续:实现中断返回前需要处理的工作,主要包括恢复寄存器和堆栈,并从中断服务程序返回到被中断的程序。如果需要在用户中断服务程序中使用关于浮点运算的操作,中断处理前导和中断处理后续中还需要分别对浮点上下文进行保存和恢复。

为了便于管理用户的中断服务程序,也可以在嵌入式操作系统中将用户中断服务程序组织成一个表,称为虚拟中断向量表。

如果中断处理导致系统中出现比被中断任务具有更高优先级的就绪任务出现,需要把高优先级任务放入就绪队列,把被中断的任务从执行状态转变为就绪状态;完成用户中断服务程序后,在中断接管程序的中断后续处理中激活重调度程序,使高优先级任务能在中断处理工作完成后得到调度执行。

在允许中断嵌套的情况下,在执行中断服务程序的过程中,如果出现高优先级的中断,当前中断服务程序的执行将被打断,以执行高优先级中断的中断服务程序;当高优先级中断的处理完成后,被打断的中断服务程序才又得以继续执行。发生中断嵌套时,如果需要进行任务调度,任务调度将延迟到最外层中断处理结束时才能发生。

中断服务程序使用被中断任务的任务栈空间。在允许中断嵌套处理的情况下,如果中断嵌套层次过多,中断服务程序所占用的任务的栈空间可能比较大,将导致任务栈溢出。

使用专门的中断栈来满足中断服务程序的需要,降低任务栈空间使用的不确定性。在系统中开辟一个单独的中断栈,为所有中断服务程序所共享。中断栈必须拥有足够的空间,即使在最坏中断嵌套的情况下,中断栈也不能溢出。

如果实时内核没有提供单独的中断栈,就需要为任务栈留出足够的空间,因为这些空间不但要考虑通常的函数嵌套调用,还需要满足中断嵌套的需要。使用单独的中断栈还能有效降低整个系统对栈空间的需求,否则需要为每个任务栈都预留处理中断的栈空间。

中断栈在内存中的布局情况如图 10.6 所示。

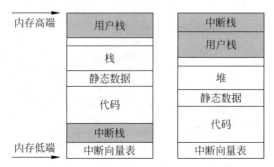

图 10.6　中断栈在内存中的布局情况

10.3.4　MicroBlaze 中断管理

MicroBlaze 中的中断主要有两类:一类是外部中断;另一类是内部中断。

1. 外部中断

如果只有一个元件产生中断(如只有一个定时器产生中断)或者只有一个外部中断引脚连接 MicroBlaze 核(这里的外部是相对于 MCU 说的,可以是 FPGA 内部的其他模块产生的中断,也可以是 FPGA 外部的输入中断),那么 Intc 可以不使用。

这种情况,在 EDK 中实现是最简单的。

下面摘录 MHS 文件:

```
PORT fifo_full_pin = fifo_full, DIR = I, SIGIS = INTERRUPT, SENSITIVITY = LEVEL_HIGH
BEGIN microblaze
```

```
PARAMETER INSTANCE = microblaze_0

PARAMETER HW_VER = 4.00.a

BUS_INTERFACE DLMB = dlmb

BUS_INTERFACE ILMB = ilmb

BUS_INTERFACE DOPB = mb_opb

BUS_INTERFACE IOPB = mb_opb

PORT CLK = sys_clk_s

PORT Interrupt = fifo_full

END
```

PORT 后面的几个参数(SIGIS 等)参见 psf_rm. pdf。从实际操作看,这些不加也可以,但建议加上。特别是 SENSITIVITY,可以设置中断是上升沿、下降沿、高电平或低电平中断。

注册中断函数可以在 C 文件中调用注册函数,更为简单的办法是在 MSS 文件中直接说明。

注意:如果既有外部中断,又有内部中断,那么还是要用中断控制器,在 MHS 文件中加上 PORT fifo_full_pin = fifo_full、DIR = I、SIGIS = INTERRUPT、SENSITIVITY = LEVEL_HIGH 之后,fifo_full_pin 会自动连接到中断控制器的输入端 Intr,点击加入即可。加好之后的 MHS 文件如下:

```
BEGIN opb_intc

parameter INSTANCE = myintc
parameter HW_VER = 1.00.b

parameter C_BASEADDR = 0xFFFF1000
parameter C_HIGHADDR = 0xFFFF10ff

bus_interface SOPB = opb_bus

port Irq = interrupt

port Intr = uart_int & ext_int & gpio_int & fifo_full
```

MSS 文件摘录如下:

```
PARAMETER VERSION = 2.2.0
```

```
PARAMETER int_handler = gpio_int_handler, int_port = fifo_full_pin
BEGIN OS

PARAMETER OS_NAME = standalone
PARAMETER OS_VER = 1.00.a

PARAMETER PROC_INSTANCE = microblaze_0

END
```

特意把 OS 也摘出来是为了说明 PARAMETER int_handler=gpio_int_handler,int_port=fifo_full_pin 是全局设定,不要放在 Begin...End 里面。此外,需要注意这个 int_port,与它连接的应该是 Port,而不是 Interrupt Signal(注意:这里说的是外部中断,如果是内部中断,如定时器中断,那么 PARAMETER int_handler=gpio_int_handler,int_port=fifo_full_pin 应放入 Timer 的 Begin...End 里面,int_port 指 Timer 的 Interrupt Port,参见 psf_rm.pdf)。gpio_int_handler,中断服务程序,需要在 C 文件中定义。

注意:现在新出的 EDK 版本 XPS9.2,已经将这种在 MSS 文件中添加句柄(handler)的作用去掉了,句柄最好在软件中添加。

2. 内部中断

内部中断需要使用中断控制器。如果在 EDK 的生成 MCU 向导中,选 GPIO 时选择了中断,那么中断控制器(Intc)会自动被加上。这个中断控制器的使用是非常简单的。很多中断都连接到 Intc 的 Intr 端口,然后从它的 Irq 端口连接 MB 的 Interrupt。

MHS 文件描述如下:

```
BEGIN opb_intc
parameter INSTANCE = myintc
parameter HW_VER = 1.00.b
parameter C_BASEADDR = 0xFFFF1000
parameter C_HIGHADDR = 0xFFFF10ff
bus_interface SOPB = opb_bus
port Irq = interrupt
port Intr = uart_int & ext_int & gpio_int
END
begin microblaze
parameter INSTANCE = mblaze
parameter HW_VER = 1.00.c
bus_interface DOPB = opb_bus
bus_interface DLMB = d_lmb
bus_interface ILMB = i_lmb
port INTERRUPT = interrupt
end
```

需要说明的是中断优先级的设定。例如：

```
port Intr = uart_int & ext_int & gpio_int
```

在这种情况下，EDK 会自动设定 OPB_INTC 的 C_NUM_INTR_INPUTS 参数为 3，这是因为有 3 个中断。其中，gpio_int 的优先级是最高的，因为它连接到 INTR[0] 上。中断优先级右边最高，左边最低，即 uart_int 最低。因此，大家可以根据实际需要来设定。

在 MHS 文件中设定完毕后，生成的 Lib 中的 xparameters.h 会定义一些比较重要的宏，包括所有中断信号的一些属性。它们的命名符合一定的格式。

可以在头文件中看到：

```
XPAR_<的实例名>_<产生中断的元件的实例名>_<中断信号名>_MASK
XPAR_<产生中断的元件的实例名>_<中断信号名>_INTR
```

例如，上面这段 MHS，gpio_int 中断的相关宏定义（与具体设置有关，可能名字有出入）如下：

```
#define XPAR_DIP_SWITCHES_IP2INTC_IRPT_MASK 0X000001
#define XPAR_OPB_INTC_0_DIP_SWITCHES_IP2INTC_IRPT_INTR 0
```

INTR 中的 0 拥有最高中断优先级。

在写 OPB_Intc 的 C 程序时，代码是基本相同的。读者只要复制一下，做一些参数的修改即可。

代码片断如下：

```
/* 允许 MB 中断 */
microblaze_enable_interrupts();
/* 注册中断子程序，就是告诉 MB，发生中断之后，执行哪个中断服务程序 */
XIntc_RegisterHandler(XPAR_OPB_INTC_0_BASEADDR, \  /* Intc 的基址 */
XPAR_OPB_INTC_0_DIP_SWITCHES_IP2INTC_IRPT_INTR, \
/* 这个参数就是上面提到的 XPAR_<产生中断的元件的实例名>_<中断信号名>_INTR */
(XInterruptHandler)gpio_int_handler, \              /* 中断服务程序名，因此在 C 文件中还
应该写一个 void gpio_int_handler(void *bassaddr_p)，用于处理中断 */
(void *)XPAR_DIP_SWITCHES_BASEADDR);
/* 这个是产生中断的元件基址，如果是外部中断，就用 NULL */
/* 开始中断控制 */
XIntc_mMasterEnable(XPAR_OPB_INTC_0_BASEADDR);
/* 允许 GPIO 中断 */
XIntc_mEnableIntr(XPAR_OPB_INTC_0_BASEADDR,
XPAR_DIP_SWITCHES_IP2INTC_IRPT_MASK);              /* 这个参数就是上面提到的 XPAR_<
                      的实例名>_<产生中断的元件的实例名>_<中断信号名>_MASK */
```

下面是一个 GPIO 中断的基本响应过程和一些代码。

当一个中断被检测到时，处理器马上停止运行当前的代码，转而跳到地址 0x00000010 处，然后：

（1）保存上下文，主要是一些寄存器。

（2）响应中断。

（3）开始中断服务程序。

（4）恢复上下文和继续执行。

MicroBlaze 的 GPIO 中断是相对比较简单的一种中断，其概念比较好理解。

（1）首先要将 XGpio IP 中的 GPIO Supports Interrupts 选项使能，使 GPIO 支持中断方式。

（2）推荐使用 XPS 中断控制器 IP，方便中断管理。

加入 XPS_INTC Instance，使其 Irq 和 MicroBlaze Processor 的 Interrupt 输入相连，然后 Intr 连接来自 GPIO 等外设的中断信号，如有多个中断接入，可用"Intr＝RS232_Uart_Intq&DIP_ Switches_8Bit_Irq&Push_Buttons_Intq"的方式将它们共同连到 Intr 端口，注意这些中断的优先级从前到后依次升高，这在 XPS GUI 窗口中可以设置。

（3）写中断服务程序（ISR）。

注意在进入中断服务函数后需要及时清中断，否则跳出中断后又会马上进入该中断。

（4）注册（连接）中断服务程序、中断使能、等待中断。

用函数 XIntc_RegisterHandler（Xuint32 BaseAddress，int InterruptId，XInterruptHandler Handler，void ＊CallBackRef）注册中断服务程序。其中，Xuint32 BaseAddress 是 XIntc 实例的基地址。int InterruptId 是中断 ID 号，由 MHS 文件生成，格式为 XPAR_<产生中断的元件的实例名>_<中断信号名>_INTR，可在头文件 xparameter.h 中找到。XInterruptHandler Handler 就是中断函数名了，由用户定义。当中断函数被调用时，void ＊CallBackRef 被用来传递参数，可视情况确定启用与否，如果不用，则设为 0 或 NULL；当是外部中断时，就用 NULL。int XIntc_Connect（XIntc ＊InstancePtr，u8 Id，XInterruptHandler Handler，void ＊CallBackRef）也可完成类似功能。

实例如下：

```
//register the isr
XIntc_RegisterHandler(XPAR_INTC_0_BASEADDR,
XPAR_XPS_INTC_0_PUSH_BUTTONS_POSITION_IP2INTC_IRPT_INTR,
(XInterruptHandler)push_button_int_handler,
(void *)0);
XIntc_RegisterHandler(XPAR_INTC_0_BASEADDR,
XPAR_XPS_INTC_0_DIP_SWITCHES_8BIT_IP2INTC_IRPT_INTR,
(XInterruptHandler)dip_switch_int_handler,
(void *)0);
```

接下来就是中断使能：

```
//must enable mb_enable bit
microblaze_enable_interrupts();
//must enable xgpio_interruptglobalenable bit;
```

```
XGpio_InterruptGlobalEnable (&Push_Buttons_Position);
XGpio_InterruptGlobalEnable (&DIP_Switches_8Bit);
//使能 xgpio_instance_enable_bit
XGpio_InterruptEnable (&Push_Buttons_Position, XGPIO_IR_CH1_MASK);
XGpio_InterruptEnable (&DIP_Switches_8Bit, XGPIO_IR_CH1_MASK);
//使能 XIntc_mMasterEnable
XIntc_mMasterEnable(XPAR_INTC_0_BASEADDR);
//在中断控制器中使能特殊中断.
XIntc_mEnableIntr(XPAR_INTC_0_BASEADDR, XPAR_PUSH_BUTTONS_POSITION_IP2INTC_IRPT_MASK
|XPAR_DIP_SWITCHES_8BIT_IP2INTC_IRPT_MASK);
```

由于中断不仅是软件,因此本节的目的是使开发者进一步了解所使用的微处理器是如何完成中断的,这样才可以通过编写嵌入式操作系统使软硬件相结合,为上层应用提供单纯的软件接口。

10.3.5 μCOS-Ⅱ中断服务程序实现

因为中断涉及很多硬件的具体寄存器和端口,所以这部分有些是程序框架,并非具体程序实现。

例如,用户的中断服务程序框架如下:

```
存所有的 MCU 寄存器;                                          (1)
调用 OSIntEnter()或直接增加 OSIntNesting 的值;                 (2)
if (OSIntNesting == 1) {                                    (3)
OSTCBCur -> OSTCBStkPtr = SP;                               (4)
// 并非为每个任务都定义一个充分大的栈空间,中断嵌套时单独定义一个中断嵌套栈,在发生第 1 次
中断时,中断服务程序将栈空间切换到中断嵌套栈,这样以后发生的嵌套中断就一直使用这个栈空间
}
清除中断设备;                                                (5)
重新使能中断(可选)                                            (6)
ISR 服务中处理用户代码;                                        (7)
调用 OSIntExit();                                            (8)
恢复所有 MCU 寄存器;                                           (9)
执行中断返回指令;                                             (10)
```

中断服务子程序的流程如图 10.7 所示。

OSIntEnter()函数的作用就是把全局变量 OSIntNesting 加 1,从而用它来记录中断嵌套的层数,其代码如下:

```
void OSIntEnter (void)
{
OS_ENTER_CRITICAL();
OSIntNesting++;          //为记录中断嵌套的层数,定义了一个全局变量 OSIntNesting
OS_EXIT_CRITICAL();
}
```

OSIntExit()函数的流程如图10.8所示。

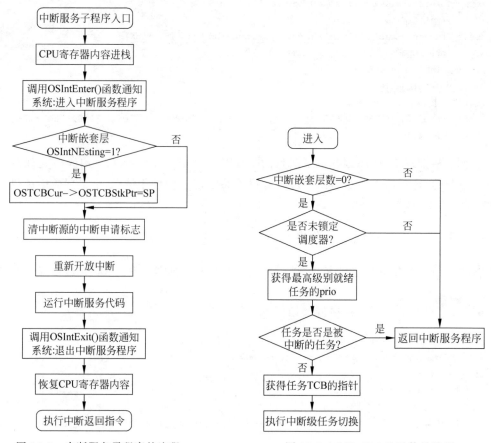

图 10.7 中断服务子程序的流程   图 10.8 OSIntExit()函数的流程

代码如下：

```
void OSIntExit (void)
{
OS_ENTER_CRITICAL();                                                    (1)
if (( -- OSIntNesting | OSLockNesting) == 0) {                          (2)
OSIntExitY = OSUnMapTbl[OSRdyGrp];                                      (3)
OSPrioHighRdy = (INT8U)((OSIntExitY << 3) +
OSUnMapTbl[OSRdyTbl[OSIntExitY]]);
if (OSPrioHighRdy != OSPrioCur) {
OSTCBHighRdy = OSTCBPrioTbl[OSPrioHighRdy];
OSCtxSwCtr++;
OSIntCtxSw();                                                           (4)
}
}
OS_EXIT_CRITICAL();
}
```

与任务级切换 OSCtxSW() 函数一样,中断级任务切换 OSIntCtxSw() 函数通常是用汇编语言编写的。

```
OSIntCtxSw()
{
    OSTCBCur = OSTCBHighRdy;                      // 任务控制块的切换
    OSPrioCur = OSPrioHighRdy;
    SP = OSPrioHighRdy->OSTCBStkPtr;              // 使 SP 指向待运行任务堆栈
    用出栈指令把 R1、R2、…弹入 MCU 的通用寄存器;
    RETI;                                         // 中断返回,使 PC 指向待运行任务
}
```

10.4　时钟中断和时钟管理

第 43 集
视频讲解

任何操作系统都要提供一个周期性的信号源,以供系统处理诸如延时、超时等与时间有关的事件,这个周期性的信号源称为时钟。时钟是整个系统的脉搏和节拍,决定系统的运行速度,是很多事件的触发方式。

硬件定时器产生一个周期为毫秒级的周期性中断来实现系统时钟。最小的时钟单位就是两次中断间隔的时间,这个最小时钟单位称为时钟节拍。

硬件定时器以时钟节拍为周期定时产生中断,该中断的中断服务程序为 OSTickISR() 函数,中断服务程序通过调用 OSTimeTick() 函数来完成系统在每个时钟节拍需要做的工作。

μCOS-Ⅱ节拍率应选在 10～100 次/秒。时钟节拍率越高,系统的额外负荷就越重;必须在多任务系统启动 OSStart() 以后,再开启时钟节拍器。

代码如下:

```
void TaskStart (void * pdata)
{
    /* 在这里安装并启动 μCOS-II 的时钟节拍 */
  OSStatInit();                                   // 初始化统计任务
    /* 创建用户应用程序任务 */
    for (;;) {
/* 这里是 TaskStart() 的代码 */
}
```

时钟节拍中断服务子程序的示意代码如下:

```
void OSTickISR(void)
{
    保存处理器寄存器的值;                                              (1)
    调用 OSIntEnter() 或将 OSIntNesting 加 1;                         (2)
    调用 OSTimeTick();                   /* 检查每个任务的时间延时 */   (3)
    调用 OSIntExit();                                                (4)
```

恢复处理器寄存器的值;   (5)

执行中断返回指令;   (6)

}

OSTimeTick()函数做了两件事情:第一,给计数器 OSTime 加 1;第二,遍历任务控制块链表中的所有任务控制块,把各个任务控制块中用来存放任务延时时限的 OSTCBDly 变量减 1,同时又不使被挂起的任务进入就绪状态。

```
void OSTimeTick(void) {
  OSTimeTickHook();                        //调用用户定义的时钟节拍外连函数
  while ((除空闲任务外的所有任务)
    OS_ENTER_CRITICAL();                   //关中断

    对所有任务的延时时间递减;
    扫描时间到期的任务,并且唤醒该任务;
    OS_EXIT_CRITICAL();                    //开中断
    指针指向下一个任务;
    }
    OSTime++;                              //累计从开机以来的时间
  }
```

在 μCOS-II 的时钟节拍函数中,需要执行用户定义的时钟节拍外连 OSTimeTickHook() 函数,以及对任务链表进行扫描并且递减任务的延时。

代码如下:

```
void OSTimeTick (void)
{
        OS_TCB * ptcb;
        OSTimeTickHook();
      #if OS_TIME_GET_SET_EN > 0
  OS_ENTER_CRITICAL();
  OSTime++;                                         //记录节拍数
  OS_EXIT_CRITICAL();
      #endif
    if (OSRunning == TRUE) {
      ptcb = OSTCBList;
      while (ptcb->OSTCBPrio != OS_IDLE_PRIO) {
          OS_ENTER_CRITICAL();
          if (ptcb->OSTCBDly != 0) {
                  if (-- ptcb->OSTCBDly == 0) {     //任务的延时时间减1
              if ((ptcb->OSTCBStat & OS_STAT_SUSPEND) == OS_STAT_RDY)
                      {OSRdyGrp | = ptcb->OSTCBBitY;
                      OSRdyTbl[ptcb->OSTCBY] | = ptcb->OSTCBBitX;
                      } else {
                            ptcb->OSTCBDly = 1;
                      }
                    }
```

```
                    }
        ptcb = ptcb->OSTCBNext;
        OS_EXIT_CRITICAL();
                    }
            }
    }
```

总之,OSTimeTick()函数的任务就是在每个时钟节拍了解每个任务的延时状态,使其中已经到了延时时限的非挂起任务进入就绪状态。如图 10.9 所示,经过 3 次 OSTimeTick()函数调用后,任务 3 将被送入就绪表。这里用的是前面介绍过的差分链表。

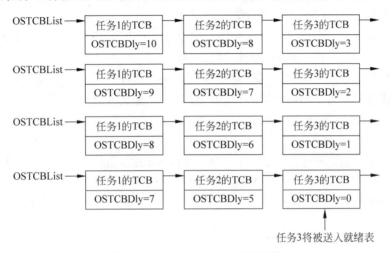

图 10.9　OSTimeTick()应用示例

时钟管理也是嵌入式操作系统的一个核心部分。μCOS-Ⅱ原有的时钟管理系统类似于 Linux,但是比 Linux 简单得多。它仅向用户提供一个周期性的信号 OSTime,时钟频率可以设置在 10~100Hz,时钟硬件周期性地向 CPU 发出时钟中断,系统周期性响应时钟中断,每次时钟中断到来时,中断处理程序更新一个全局变量 OSTime。与时间管理相关的系统服务包括:OSTimeDLY()函数、OSTimeDLYHMSM()函数、OSTimeDlyResume()函数、OSTimeGet()函数、OSTimeSet()函数。

μCOS-Ⅱ 提供的延时基于系统时钟。在系统初始化时,会进行系统时钟的初始化。系统时钟一般由硬件的某个时钟提供,该时钟会定时中断,称为一个 tick。在每个 tick 发生时,系统进入时钟中断 ISR。ISR 调用 OSTimeTick() 函数。OSTimeTick() 函数对 OSTCBList 链表中的每个任务进行延时处理。当 OSTimeDly=0 时,如果任务不被挂起,则将任务就绪,等待调度。OSTCBList 包含了系统中所有创建的任务。任务延时,即将任务从就绪表中删除,将 OSTimeDly 置为合适的值。到 OSTimeDly=0 时,再置为就绪,等待调度。

μCOS-Ⅱ还允许对系统时钟 tick 进行计数,以计算自系统开启以来进行了多少个 tick。

μCOS-Ⅱ提供的接口函数如下。

（1）void OSTimeDly(INT16U ticks)。

功能：延时 ticks 个系统 tick 时长。当成功延时后，进行任务调度。

（2）INT8U OSTimeDlyHMSM(INT8U hours，INT8U minutes，INT8U seconds，INT16U milli)。

功能：提供基于毫秒、秒等容易的用户接口。

（3）INT8U OSTimeDlyResume(INT8U prio)。

功能：恢复延时任务。

（4）INT32U OSTimeGet(void)和 void OSTimeSet(INT32U ticks)

功能：获返回设置的 tick 数和设置系统时钟 tick 计数。

虽然 μCOS-Ⅱ 提供了延时函数，但因为是基于系统时钟中断的，所以对于小于时钟中断时间间隔的延时并不能提供，只能通过软件延时。

在很多情况下，可以通过信号量、邮箱等方式取代延时功能。

特别要注意的是，在多任务的运行环境中，即使任务延时已经完毕，但由于此时有高优先级的任务运行，所以任务仍不能运行。至任务可以运行时，实际的延时已经超过了预期的延时。

用来配合中断服务程序的另外的任务通常被称为 DSR(Deferred Service Routine，延迟的中断服务例程)。这样做的好处是可以使 ISR 看起来不那么臃肿；同时，在 ISR 中与需要实时完成的部分无关的可以放在 DSR 中，从而使中断服务程序的执行效率得到提高。

下面是一个 DSR 和 ISR 相配合的例子。

```
/* Uses to handle data from dataReceiveISR */
dsrTask()
{
    while(1)
    {
        wait_for_signal_from_isr();
        process_data_of_ISR();
    }
}
/* Uses to receive data by interrupt */
dataReceiveISR()
{
    ...
    get_data_from _device();
    send_signal_to_wakeup_dsrTask();
    ...
}
```

μCOS-Ⅱ 时钟中断服务程序的核心是调用 OSTimeTick()函数。OSTimeTick()函数用来判断延时任务是否延时结束，从而将其置于就绪状态。这样就造成了时钟节拍 OSTimeTick()

函数有两点不足：

（1）在时钟中断中处理额外的任务 OSTimeTickHook()函数，这样增加了中断处理的负担，影响了定时服务的准确性。

（2）在关中断情况下扫描任务链表，任务越多，所需要时间越长，而长时间关中断对中断响应有不利影响，是中断处理应当避免的。

针对上述 OSTimeTick()函数的不足之处，可以改进优化时钟节拍函数。在 Linux 中一般对中断的响应分为两部分：立即中断服务和底半中断(bottom half)处理。立即中断服务仅做重要的并且能快速完成的工作，而把不太重要的需要较长时间完成的工作放在底半中断处理部分来完成，这样就可以提高中断响应速度。

μCOS-Ⅱ 不支持底半中断处理，为了减轻时钟中断处理程序的工作量以提高 μCOS-Ⅱ 的时钟精度，可以将一部分在每次时钟中断需要处理的工作内容放在任务级来完成。这样就可以减少每次时钟中断处理的 CPU 消耗，从而提高中断响应速度和 μCOS-Ⅱ 的时钟精确度。为此，定义任务 OSTimeTask()函数，由它来处理原来在 OSTimeTick()函数中需要处理的操作。因为 μCOS-Ⅱ 采用基于优先级的抢占式调度策略，而每次时钟中断处理程序结束后需要首先调度该任务执行，因此让任务 OSTimeTask()函数具有系统内最高优先级。由它执行用户定义的时钟节拍外连 OSTimeTickHook()函数，以及对所有任务的延时时间进行递减，并把到期的任务放入链表 OSTCBRList 中。OSTCBRList 管理所有到期任务。

OSTimeTask()函数伪代码如下：

```
void OSTimeTask() {
  OSTimeTickHook()                    //用户定义的时间处理函数
  while { (除空闲任务外的所有任务)
    对所有任务的延时时间进行递减；
    把所有要到期的任务放入 OSTCBRList 链表中；
}
    任务状态改为睡眠，调用 OSSched()进行任务调度；
}
```

在任务 OSTimeTask()函数中，执行原来在时钟中断处理的用户函数 OSTimeTickHook()，并实现将延时到期的任务放入 OSTCBRList 链表中，这样在时钟中断程序中就只需要扫描任务到期的链表而不需要扫描整个链表，减少了关中断的时间。OSTCBRList 为新建链表，它管理所有到期的任务。

OSTimeTick()函数伪代码如下：

```
void OSTimeTick(void) {
OSTime++；
OS_TCB * ptcb = OSTCBList;           // OSTCBRList 指向所有到期任务的链表
while(ptchb!= null){
    关中断；
    唤醒任务；
```

```
            开中断;
            指针指向下一个任务;
            }
    }
```

10.5　软中断

软中断是一种特殊的中断,也叫编程异常。简单地讲,它是指由人编程设定中断,使该程序段的执行以中断的姿态出现。软中断是通信进程之间用来模拟硬中断的一种信号通信方式。中断源发中断请求或软中断信号后,CPU 或接收进程在适当的时机自动进行中断处理或完成软中断信号对应的功能。软中断程序一般作为嵌入式操作系统的底层接口,使用不同的功能号区分不同的功能函数。

软中断是软件实现的中断,也就是程序运行时其他程序对它的中断;而硬中断是硬件实现的中断,是程序运行时设备对它的中断。软中断发生的时间是由程序控制的,而硬中断发生的时间是随机的。

ARM 中用来标识软中断的就是 SWI 指令,8086 则是 INT 指令。软件的上层应用有时需要对系统进行一些底层操作,但是上层应用所使用的 C 语言又无法进行这样的操作。所以,需要有一个接口,利用这个接口才能触碰到系统的底层,如底层是 ARM 微处理器,那么这个接口就是 SWI。SWI 就像一个中间人,负责在上层应用和操作系统底层之间传递一些命令与数据。C 语言混合编程时,在 C 程序段有一个关键字＿swi,用它声明一个不存在的函数,调用这个函数时就在调用这个函数的地方插入一条 SWI 指令,并且可以指定功能号。同时,这个函数也可以有参数和返回值,其传递规则与一般的函数相同。

例如,声明如下函数:

```
＿swi(0x02) void OS_ENTER_CRITICAL(void);
```

OS_ENTER_CRITICAL(void)这个函数在 C 语言中是不存在的。当用户在 C 语言中调用这个函数时,就会在调用的地方插入 SWI 0x02 这个指令。当编译器识别了这个指令后,就从功能号为 0x02 的地方找到入口。

当执行了上面被＿swi 声明的函数后,开始调用 SWI,引发中断,程序从中断向量表中找到软中断的中断服务程序的入口处(同时进入管理模式)。SWI 0x02 中断处理程序代码如下:

```
LDR SP, StackSvc ; 重新设置堆栈指针
STMFD SP!, {R0 - R3, R12, LR}
MOV R1, SP ; R1 指向参数存储位置
MRS R3, SPSR
TST R3, #T_bit ; 中断前是否是 Thumb 状态
LDRNEH R0, [LR, # - 2] ; 如果是 Thumb 状态,则取得 Thumb 状态 SWI 号
BICNE R0, R0, #0xff00
```

```
LDREQ R0, [LR, # - 4]；如果不是 Thumb 状态,则取得 arm 状态 SWI 号
BICEQ R0, R0, #0xFF000000;
r0 = SWI 号,R1 指向参数存储位置
CMP R0, #1
LDRLO PC, = OSIntCtxSw
LDREQ PC, = __OSStartHighRdy；SWI 0x01 为第一次任务切换
BL SWI_Exception
LDMFD SP!, {R0 - R3, R12, PC}^
StackSvc DCD (SvcStackSpace + SVC_STACK_LEGTH * 4 - 4);(因为是满递减,所以要 - 4.例如,
SvcStackSpace = 0x04, SVC_STACK_LEGTH = 3;SvcStackSpace + SVC_STACK_LEGTH * 4 等于 0x10,减
4 后为 0x0c,如有数据进栈,则数据写入 0x0f、0x0e、0x0d、0x0c 这 4 字节单元中)
```

下面看 μCOS-Ⅱ中软中断的几个例子。一般软中断处理程序都以 SW 作为名称的后缀。

1. OS_TASK_SW()

OS_TASK_SW()是一个软中断,它是在 μCOS-Ⅱ中从低优先级任务切换到最高优先级任务时被调用的。OS_TASK_SW()总是在任务级代码中被调用。另一个函数 OSIntExit()被用来在 ISR 使得更高优先级任务处于就绪状态时,执行任务切换功能。任务切换只是简单地将处理器寄存器保存到将被挂起的任务的堆栈中,并且将更高优先级的任务从堆栈中恢复出来。为了切换任务,可以通过执行 OS_TASK_SW()来产生中断。中断向量地址必须指向汇编语言函数 OSCtxSw()。

例如,在 Intel 或者 AMD 80x86 处理器上可以使用 INT 指令。但是中断处理向量需要指向 OSCtxSw()函数。Motorola 68HC11 处理器使用的是 SWI 指令,同样,SWI 的向量地址仍是指向 OSCtxSw()函数。还有,Motorola 680x0/CPU32 可能会使用 16 个陷阱指令中的一个。当然,选中的陷阱向量地址还是指向 OSCtxSw()函数。

一些处理器如 Zilog Z80 并不提供软中断机制。在这种情况下,用户需要尽自己的所能将堆栈结构设置成与中断堆栈结构一样。OS_TASK_SW()只会简单地调用 OSCtxSw(),而不是将某个向量指向 OSCtxSw()函数。

2. OSCtxSw()

如前所述,任务级的切换问题是通过发软中断命令或依靠处理器执行陷阱指令来完成的。中断服务例程、陷阱或异常处理例程的向量地址必须指向 OSCtxSw()函数。

软中断(或陷阱)指令会强制一些处理器寄存器(如返回地址和处理器状态字)到当前任务的堆栈中,并使处理器执行 OSCtxSw()函数。

OSCtxSw()函数的原型如下:

```
void OSCtxSw(void)
{
保存处理器寄存器;
将当前任务的堆栈指针保存到当前任务的 OS_TCB 中:
OSTCBCur - > OSTCBStkPtr = 堆栈指针;
调用用户定义的 OSTaskSwHook();
```

```
OSTCBCur = OSTCBHighRdy;
OSPrioCur = OSPrioHighRdy;
得到需要恢复的任务的堆栈指针：
堆栈指针 = OSTCBHighRdy->OSTCBStkPtr;
将所有处理器寄存器从新任务的堆栈中恢复出来；
执行中断返回指令；
}
```

由于用户不能直接通过 C 语言访问 CPU 寄存器，所以以上这些代码要写在汇编语言中。

注意：在 OSCtxSw()函数和用户定义的 OSTaskSwHook()函数的执行过程中，中断是禁止的。

3. OSIntCtxSw()

OSIntExit() 函数通过调用 OSIntCtxSw() 函数从 ISR 中执行切换功能。因为 OSIntCtxSw()函数是在 ISR 中被调用的，所以可以断定所有的处理器寄存器都被正确地保存到了被中断任务的堆栈之中。实际上，除了需要的内容外，堆栈结构中还有其他的一些内容。OSIntCtxSw()函数必须要清理堆栈，这样被中断任务的堆栈结构内容才能满足切换的需要。

要想了解 OSIntCtxSw()函数，用户可以参考 μCOS-II 调用该函数的过程。也可以参看图 10.10 来帮助理解下面的描述。假定中断不能嵌套（即 ISR 不会被中断），中断是允许的，并且处理器正在执行任务级的代码。当中断来临时，处理器会结束当前的指令，识别中断并且初始化中断处理过程，包括将处理器的状态寄存器和返回被中断的任务的地址保存到堆栈中。至于究竟哪些寄存器保存到了堆栈中，以及保存的顺序是怎样的，并不重要。

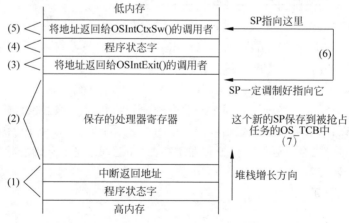

图 10.10   μCOS-II 调用函数过程

接着，CPU 会调用正确的 ISR。μCOS-II 要求用户的 ISR 在开始时要保存剩下的处理器寄存器。一旦寄存器保存好了，μCOS-II 就要求用户要么调用 OSIntEnter()函数，要么将变量 OSIntNesting 加 1。这时，被中断任务的堆栈中只包含了被中断任务的寄存器内容。

现在,ISR 可以执行中断服务了。如果 ISR 发消息给任务(通过调用 OSMboxPost()函数或 OSQPost()函数),恢复任务(通过调用 OSTaskResume()函数),或者调用 OSTimeTick()函数 或 OSTimeDlyResume()函数,有可能使更高优先级的任务处于就绪状态。

假设有一个更高优先级的任务处于就绪状态,μCOS-Ⅱ要求用户的 ISR 在完成中断服务时调用 OSIntExit()函数。OSIntExit()函数会告诉 μCOS-Ⅱ到了返回任务级代码的时间了。调用 OSIntExit()函数会导致调用者的返回地址保存到被中断的任务的堆栈中。

OSIntCtxSw()函数的原型如下:

```
OSIntCtxSw()
void OSIntCtxSw(void)
{
调整堆栈指针去掉在调用 OSIntExit()、OSIntCtxSw()过程中压入堆栈的多余内容;
将当前任务堆栈指针保存到当前任务的 OS_TCB 中:
OSTCBCur - > OSTCBStkPtr = 堆栈指针;
调用用户定义的 OSTaskSwHook();
OSTCBCur = OSTCBHighRdy;
OSPrioCur = OSPrioHighRdy;
得到需要恢复的任务的堆栈指针:
堆栈指针 = OSTCBHighRdy - > OSTCBStkPtr;
将所有处理器寄存器从新任务的堆栈中恢复出来;
执行中断返回指令;
}
```

这些代码必须写在汇编语言中,因为用户不能直接从 C 语言中访问 CPU 寄存器。如果用户的编译器支持插入汇编语言代码,用户就可以将 OSIntCtxSw()函数代码放到 OS_CPU_C.C 文件中,而不放到 OS_CPU_A.ASM 文件中。正如用户所看到的那样,除了上述代码第一行以外,OSIntCtxSw()函数的代码与 OSCtxSw()函数是一样的。这样在移植实例中,用户可以通过"跳转"到 OSCtxSw()函数中来减少 OSIntCtxSw()函数的代码量。

10.6 异步信号机制

在一些操作系统中,软中断机制有时也被称为异步信号机制,但也有一些操作系统的异步信号机制是单独的。异步信号机制用于任务与任务之间、任务与 ISR 之间的异步操作,它被任务(或 ISR)用来通知其他任务某个事件的出现。

从异步信号角度来说,异步信号标志依附于任务。需要处理异步信号的任务由两部分组成:一部分是与异步信号无关的任务主体;另一部分是 ASR(Asynchronous Service Routine,异步信号服务例程)。一个 ASR 对应于一个任务。当向任务发送一个异步信号时,如果该任务正在运行,则中止其自身代码的运行,转而运行与该异步信号相关的服务例程;或者当该任务被激活时,在投入运行前执行 ASR。

信号管理器允许一个任务定义一个 ASR。当一个信号被发送到一个任务时,该任务的执行将会转到 ASR。发送一个信号给一个任务不会影响任务的状态。

异步信号机制与中断机制都具有中断性,都有相应的服务程序,都可以屏蔽其响应。对中断的处理和对异步信号的处理都要先暂时地中断当前任务的运行。根据中断向量,有一段与中断信号对应的服务程序,称为 ISR。根据异步信号的编号,有一段与之对应的服务程序,称为 ASR。外部硬件中断可以通过相应的寄存器操作被屏蔽。任务也可屏蔽对异步信号的响应。

但两者的实质不同,处理时机(或响应时间)不同,执行的环境不同。中断由硬件或者特定的指令产生,不受任务调度的控制;异步信号由系统调用(使用发送异步信号功能)产生,受到任务调度的控制。

异步信号机制与中断机制的比较:中断触发后,硬件根据中断向量找到相应的服务程序执行。在退出中断服务程序之前会进行重调度,所以中断结束后运行的任务不一定是先前被中断的任务。异步信号通过发送异步信号的系统调用触发,但是系统不一定马上开始对它的处理。如果接收异步信号的不是当前任务,则 ASR 要等到接收任务被调度、完成上下文切换后才能执行,之后再执行任务自身的代码。任务也可以给自己发送异步信号,在这种情况下,其 ASR 将马上执行。一般地,ISR 在独立的上下文中运行,操作系统为之提供专门的堆栈空间。ASR 在相关任务的上下文中运行,所以 ASR 也是任务的一个组成部分。

异步信号机制与事件机制的比较:同样是标志着某个事件的发生,事件机制的使用是同步的,而异步信号机制是异步的。对一个任务来说,什么时候会接收到事件是已知的,因为接收事件的功能是它自己在运行过程中调用的。任务不能预知何时会收到一个异步信号,并且一旦接收到了异步信号,在允许响应的情况下,它会中断正在运行的代码而去执行异步信号处理程序。

1. 异步信号机制的主要数据结构

为了支持异步信号控制,设计了一种异步信号机制的数据结构,结构体如下。

(1) enabled:是否使能对异步信号的响应。

(2) handler:处理例程。

(3) attribute_set:ASR 的执行属性。

(4) signals_posted:使能响应时,已发送但尚未处理的信号。

(5) signals_pending:屏蔽响应时,已发送但尚未处理的信号。

(6) nest_level:ASR 中异步信号的嵌套层数。

其中,ASR 的执行属性是指:是否允许任务在执行 ASR 过程中被抢占;是否允许时间片切换;是否支持 ASR 嵌套;是否允许在执行 ASR 过程中响应中断。

2. 异步信号的主要功能

异步信号的主要功能有两个:一个是安装异步信号服务例程;另一个是发送异步信号到任务。

为任务安装一个异步信号服务例程(ASR)。仅当任务已建立了 ASR,才允许向该任务发送异步信号,否则发送的异步信号无效。当任务的 ASR 无效时,发送到任务的异步信号将被丢弃。调用者需要指定 ASR 的入口地址和执行属性。

异步信号服务例程的一般形式如下：

```
void handler(signal_set)
{
    switch(signal_set)
    {
        CASE SIGNAL_1:
            动作 1;
            break;

        CASE SIGNAL_2:
            动作 2;
            break;
        ......
    }
}
```

上面的代码中，signal_set 参数为任务接收到的异步信号集。

任务或 ISR 可以调用该功能发送异步信号到目标任务，发送者指定目标任务和要发送的异步信号集。发送异步信号给任务对接收任务的执行状态没有任何影响。在目标任务已经安装了异步信号服务例程的情况下，如果目标任务不是当前执行任务，则发送给它的异步信号就会等下次该任务占有处理器时再由相应的 ASR 处理，任务获得处理器后，将首先执行 ASR。如果当前运行的任务发送异步信号给自己或收到来自中断的异步信号，在允许ASR 处理的前提下，它的 ASR 会立即执行。

10.7 中断性能评价指标

判定系统的中断性能的指标有 4 个：中断延迟时间、中断响应时间、中断恢复时间和任务响应时间。这 4 个性能指标根据系统的中断方式不同，有不同的计算方式。

中断方式主要有前后台系统的中断方式、抢占式中断方式和非抢占式中断方式。

早期的嵌入式系统中没有操作系统的概念，程序员编写嵌入式程序通常直接面对裸机及裸设备。在这种情况下，通常把嵌入式程序分成两部分：即前台程序和后台程序。应用程序是一个无限的循环，循环中调用相应的函数完成相应的操作，这部分可以看成后台行为。前台程序通过中断来处理事件；后台程序则掌管整个嵌入式系统软、硬件资源的分配、管理以及任务的调度，是一个系统管理调度程序。这就是通常所说的前后台系统。一般情况下，后台程序也叫任务级程序，前台程序也叫事件处理级程序。在程序运行时，后台程序检查每个任务是否具备运行条件，通过一定的调度算法来完成相应的操作。对于实时性要求特别严格的操作，通常由中断来完成，仅在中断服务程序中标记事件的发生，不再做任何工作就退出中断，经过后台程序的调度，转由前台程序完成事件的处理，这样就不会造成在中断服务程序中处理费时的事件而影响后续和其他中断。

前后台系统的中断时序如图 10.11 所示。

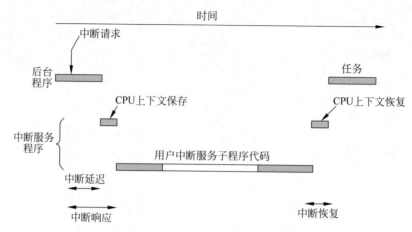

图 10.11　前后台系统的中断时序

在进程处于内核状态或者被中断后,抢占式内核都允许优先级更高的就绪程序得到调度,而非抢占式内核就做不到,从而导致实时任务的调度延时不确定。抢占式内核靠系统时钟控制任务,每隔一定时间就按照任务切换策略执行任务切换。非抢占式内核则靠每个任务内部消息处理或其他方式进行调度,在该任务的处理没结束之前不会切换到另一个任务,即当进程位于内核空间,有一个更高优先级的任务出现时,如果当前内核允许抢占,则可以将当前任务挂起,执行优先级更高的进程。事实上,当内核执行长的系统调用时,实时进程要等到内核中运行的进程退出内核才能被调度,由此产生的响应延迟,在如今的硬件条件下,会长达 100ms 级。

非抢占式和抢占式调度内核的中断时序分别如图 10.12 和图 10.13 所示。

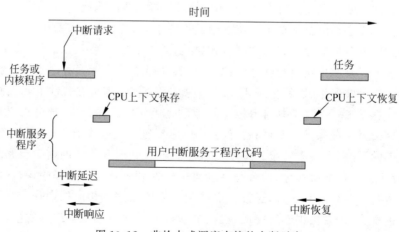

图 10.12　非抢占式调度内核的中断时序

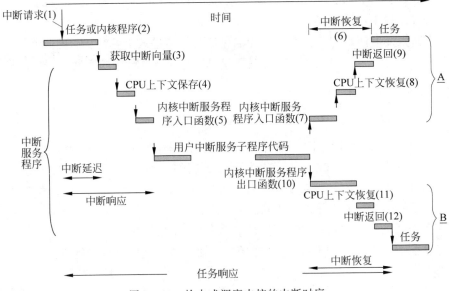

图 10.13 抢占式调度内核的中断时序

中断延迟时间：从硬件中断发生到开始执行中断处理程序第一条指令所用的时间，即从中断发生到中断跳转指令执行完毕之间的这段时间。它是实时内核最重要的指标。由于实时操作系统考虑得更多的是最坏的情况，而不是平均的情况，因此指令执行的时间必须按照最长的指令执行时间来计算。

在前后台系统中：

$$中断延迟时间 = Max\begin{pmatrix} 最长指令 & 关中断的 \\ 时间 & , 最长时间 \end{pmatrix} + \begin{matrix} 中断向量 \\ 跳转时间 \end{matrix}$$

在非抢占式和抢占式内核中：

$$中断延迟时间 = Max\begin{pmatrix} 最长指令 & 用户关 & 内核关 \\ 时间 & , 中断时间 & , 中断时间 \end{pmatrix} + \begin{matrix} 中断向量 \\ 跳转时间 \end{matrix}$$

中断响应时间：从中断发生起到开始执行中断用户处理程序的第一条指令所用的时间，即从中断发生到刚刚开始处理异步事件之间的这段时间，它包括开始处理这个中断前的全部开销。

在前后台系统和非抢占式内核中：

中断响应时间 = 中断延迟时间 + 保存 MCU 内部寄存器的时间

在抢占式内核中：

中断响应时间 = 中断延迟时间 + 保存 MCU 内部寄存器的时间 +
内核进入中断服务函数的执行时间

中断恢复时间：MCU 返回到被中断了的程序代码所需要的时间。

在前后台系统和非抢占式内核中：

中断恢复时间＝恢复 MCU 内部寄存器的时间＋执行中断返回指令的时间

在抢占式内核中：

中断恢复时间＝判定是否有优先级更高的任务进入了就绪状态的时间＋

恢复 MCU 内部寄存器的时间＋执行中断返回指令的时间

习题

1. 中断的定义是什么？μCOS-Ⅱ中是如何实现中断的？

2. 简述 μCOS-Ⅱ中时钟中断如何造成任务调度的过程。

3. 中断评价指标有哪些？各是怎样计算的？试考虑如何在 μCOS-Ⅱ中增加评价指标，使嵌入式操作系统可以在运行时自己报告这些指标。

4. 完成赠送的教辅文档《实验指导》中的实验二，了解中断。

5. 综合前面所有章节的内容，完成赠送的教辅文档《实验指导》中的实验三。

第二部分　嵌入式操作系统及其应用

第 11 章

Linux 操作系统

Linux 是目前流行的操作系统之一。因为嵌入式系统涉及多种应用,是需要使用 Linux 这样比较全面的操作系统的,所以这里对 Linux 操作系统做个大体的介绍。Linux 操作系统不是一个实时的操作系统,但是其内核设计非常有特色。该操作系统把许多操作都当成文件操作,使用户接口相对简单,呈现出统一性。Linux 定位为网络操作系统,它具有非常强的网络功能。另外,开源的思想使得该操作系统对各种应用开发的支持越来越丰富,对层出不穷的各种底层硬件的支持也很丰富,因此具有很强的生命力。下面对 Linux 内核进行分析,并着重讲解如何在 Linux 操作系统上开发驱动程序。

11.1 Linux 内核

首先看一下 GNU/Linux 操作系统的基本体系结构。如图 11.1 所示,最上面是用户空间,是用户应用程序执行的地方。用户空间之下是内核空间,提供了连接内核的系统调用接口,还提供了在用户空间和内核空间之间进行转换的机制。因为内核空间和用户空间的程序使用的是不同的保护地址空间,每个用户空间的进程都使用自己的虚拟地址空间,而内核则占用单独的地址空间,所以需要进行地址空间的转换。

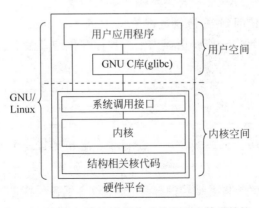

图 11.1　GNU/Linux 操作系统的基本体系结构

Linux 内核的主要模块（或组件）包括：存储管理、进程管理、虚拟文件系统、网络堆栈，以及设备驱动程序、系统调用接口（System Call Interface，SCI）等。Linux 内核的体系结构如图 11.2 所示。

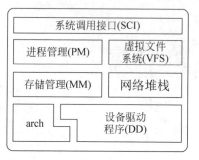

图 11.2　Linux 内核的体系结构图

SCI 提供了某些机制，执行从用户空间到内核空间的函数调用。正如前面讨论的一样，这个接口依赖于体系结构，甚至在相同的处理器家族内也是如此。SCI 实际上是一个非常有用的函数调用多路复用和多路分解服务。它实现了一些基本的功能，如 read 和 write。

当进行进程管理时，内核通过 SCI 提供了一个应用程序编程接口（API）来创建一个新进程（fork、exec 或可移植操作系统接口函数）和停止进程（kill、exit），并在它们之间进行通信和同步（signal 或者 POSIX 机制）。进程管理还包括处理活动进程之间共享 CPU 的需求。内核实现了一种新型的调度算法，不管有多少个线程在竞争 CPU，这种算法都可以在固定时间内进行操作。这种算法就称为 O(1) 调度程序，这个名字表示它调度多个线程所使用的时间和调度一个线程所使用的时间是相同的。O(1) 调度程序也可以支持多处理器（或称为对称多处理器或 SMP）。

内核所管理的另外一个重要资源是内存。为了提高效率，如果由硬件管理虚拟内存，那么内存是按照所谓的内存页方式进行管理的（对于大部分体系结构来说，内存页都是 4KB）。Linux 包括了管理可用内存的方式，以及物理和虚拟映像所使用的硬件机制。

VFS（Virtual File System，虚拟文件系统）是 Linux 内核中非常有用的一个部分，因为它为文件系统提供了一个通用的接口抽象。VFS 在 SCI 和内核所支持的文件系统之间提供了一个交换层。

网络堆栈在设计上遵循模拟协议本身的分层体系结构。IP（Internet Protocol）是 TCP（通常称为传输控制协议或传输协议）下面的核心网络层协议。TCP 上面是 Socket 层，它是通过 SCI 进行调用的。Socket 层是网络子系统的标准 API，它为各种网络协议提供了一个用户接口。从原始帧访问到 IP 协议数据单元（PDU），再到 TCP 和 UDP（User Datagram Protocol，用户数据包协议），Socket 层提供了一种标准化的方法来管理连接，并在各个终点之间移动数据。

Linux 内核中有大量代码都在设备驱动程序中，它们能够运转特定的硬件设备。Linux 源码树提供了一个驱动程序子目录，这个子目录又进一步划分为各种支持设备，如 Bluetooth、I2C 和 Serial 等。

内核还提供依赖于体系结构的代码。尽管 Linux 很大程度上独立于所运行的体系结构，但是有些元素必须考虑体系结构才能正常操作并实现更高效率。/Linux/arch 子目录定义了内核源代码中依赖于体系结构的部分，其中包含了各种特定于体系结构的子目录〔共同组成了板级支持包（Board Support Package，BSP）〕。对于一个典型的桌面系统来说，使用的是 i386 目录。每个体系结构子目录都包含了很多其他子目录，每个子目录都关注内核中的一个特定方面,如引导、内核和内存管理等。

下面以内核代码的驱动模块编写为例对操作系统进行介绍。Linux 内核模块内部组成包括作者信息、许可信息、模块描述信息、参数配置信息等内容。作者信息用于描述驱动开发商,使用 MODULE_AUTHOR 来定义;许可信息用于对该模块授权形式进行阐述,使用 MODULE_LICENSE 来定义;模块描述信息负责解释模块的具体含义,使用 MODULE_DESCRIPTION 来定义;参数配置信息是模块内部全局变量,也是模块和外部连接和通信的接口,可以通过 MODELE_PARAM 来定义。

具体实例如下:

```
MODULE_AUTHOR("bjut");
MODULE_DESCRIPTION("simple char device driver");
MODULE_LICENSE("GPL");
```

上面的程序就表明了内核模块作者是 bjut,主要作用解释为 simple char device driver (简单字符设备),许可授权是 GPL,遵从自由软件协议。

Linux 内核模块的工作流程如下:

(1) 插入模块。

(2) 驱动模块的初始化。

(3) 当操作设备时,调用驱动模块提供的各个服务函数,进行相应的调用响应。

(4) 驱动使用完毕从内核中卸载模块。

由上述 4 个步骤可知,Linux 内核模块操作主要包括初始化、加载、卸载等。

首先,Linux 内核模块加载操作,使用 insmod 或者 modprobe 指令,加载时模块的加载函数会自动被内核执行,完成本模块的初始化工作。如果模块的加载函数执行成功,则返回 0,如果失败,则返回错误码。

在用 insmod 加载模块时,会用到前面描述的模块参数。使用 insmod test. ko aa＝ string bb＝20 带参数的命令加载驱动时,aa 和 bb 的值就会跟随命令传入 test 驱动模块中。具体代码如下:

```
static char * aa = "mybook";
static int bb = 0;
module_param(bb, int, S_IRUGO);
module_param(aa, charp, S_IRUGO);
```

其次,Linux 内核模块要进行初始化操作,分如下 4 步: ①分配并注册主设备号和次设备号;②初始化代表设备的 char_dev 结构体;③将自定义的结构体和内核设备的 cdev 结构体设备连接,其中最重要的操作函数的结构体就是 file_operations,它用来进行设备通用操作的解释,如打开(open)、关闭(close)、释放(release)、定位(ioclt)等函数操作;④模块进入"后备"状态等待进程或中断回调等信号的调用。

最后,Linux 内核模块在卸载时使用 rmmod 指令。此指令功能是将驱动模块脱离 Linux 内核,内核会自动执行模块的卸载操作,卸载操作方法和 insmod 类似,只是用相同的操作实现其逆过程而已。

  Linux 设备驱动程序是 Linux 内核的重要组成部分。在 Linux 设备驱动程序中根据不同的设备对应不同的驱动程序文件,设备驱动表现形式可以以和操作系统一同编译的形式开发而成,也可以以内核模块的形式出现。和操作系统一同编译的形式耗时多,编写依赖性大;模块形式灵活小巧,并且模块化是驱动编程的重要手段之一。

11.2　Linux 文件结构模型

  因为文件操作是 Linux 的非常有名的特性,参与文件处理的各种结构也非常多,所以下面围绕 Linux 驱动对其进行详细讲解。

1. Linux 驱动相关文件结构模型

  在 Linux 下,系统通过 sysfs 文件系统管理设备,sysfs 文件系统将系统中的设备组织成层次结构。

  提到 sysfs,必然要提到统一的设备表示模型。在 Linux 2.5 内核的开发过程中,人们设计了一套新的设备模型,目的是对计算机上的所有设备进行统一的表示和操作,包括设备本身和设备之间的连接关系。这个模型是在分析 PCI 和 USB 的总线驱动过程中得到的,这两个总线类型能代表当前系统中的大多数设备类型,它们都有完善的热插拔机制和电源管理的支持,也都有级联机制的支持,以桥接的 PCI/USB 总线控制器的方式可以支持更多的 PCI/USB 设备。为了给所有设备添加统一的电源管理的支持,而不是让每个设备独立实现电源管理的支持,人们考虑的是如何尽可能地重用代码,而且在有层次模型的 PCI/USB 总线中,必须以合理形式展示出这个层次关系。

  例如,在一个典型的 PC 系统中,中央处理器(CPU)能直接控制的是 PCI 总线设备,而 USB 总线设备以 PCI 设备(PCI-USB 桥)的形式接在 PCI 总线设备上,外部 USB 设备再接在 USB 总线设备上。当计算机执行挂起(suspend)操作时,Linux 内核应该以"外部 USB 设备—USB 总线设备—PCI 总线设备"的顺序通知每个设备将电源挂起,执行恢复(resume)时,则以相反的顺序通知。如果不按此顺序,则将有设备得不到正确的电源状态变化的通知,而无法正常工作。

  sysfs 是 Linux 统一设备模型开发过程中的一项副产品。为了将这些有层次结构的设备以用户程序可见的方式表达出来,人们很自然地想到了利用文件系统的目录树结构(这是 UNIX 系统的基础,一切都是文件)。在这个模型中,有几种基本类型,如表 11.1 所示。

表 11.1　Linux 统一设备模型的基本类型

类　　型	所包含的内容	对应内核数据结构	对应/sys 项
设备(Devices)	设备是此模型中最基本的类型,以设备本身的连接按层次组织	struct device	/sys/devices/ * / * /.../

续表

类　　型	所包含的内容	对应内核数据结构	对应/sys 项
设备驱动（Device Drivers）	在一个系统中安装多个相同设备，只需要一份驱动程序的支持	struct device_driver	/sys/bus/pci/drivers/ * /
总线类型（Bus Types）	在整个总线级别对此总线上连接的所有设备进行管理	struct bus_type	/sys/bus/ * /
设备类别（Device Classes）	这是按照功能进行分类组织的设备层次树，如 USB 接口和 PS/2 接口的鼠标都是输入设备，都会出现在/sys/class/input/下	struct class	/sys/class/ * /

从内核在实现它们时所使用的数据结构来说，Linux 统一设备模型又是以两种基本数据结构进行树形和链表型结构组织的。

（1）kobject：Linux 设备模型中最基本的对象，它的功能是提供引用计数和维持父子（parent）结构、平级（sibling）目录关系。前面的 device、device_driver 等各对象都是在 kobject 基础功能之上实现的。

相关代码如下：

```
struct kobject {
    const char              * name;
    struct list_head        entry;
    struct kobject          * parent;
    struct kset             * kset;
    struct kobj_type        * ktype;
    struct sysfs_dirent     * sd;
    struct kref             kref;
    unsigned int state_initialized:1;
        unsigned int state_in_sysfs:1;
    unsigned int state_add_uevent_sent:1;
    unsigned int state_remove_uevent_sent:1;
};
```

其中，struct kref 内含一个 atomic_t 类型用于引用计数；parent 是单个指向父节点的指针；entry 用于父 kset 以链表头结构将 kobject 结构维护成双向链表。

（2）kset：用来为同类型对象提供一个包装集合，在内核数据结构上它是由内嵌一个 kobject 实现的，因而它同时也是一个 kobject（面向对象概念中的继承关系），具有 kobject 的全部功能。

相关代码如下：

```
struct kset {
    struct list_head list;
```

```
        spinlock_t list_lock;
        struct kobject kobj;
        struct kset_uevent_ops * uevent_ops;
};
```

其中,struct list_head list 用于将集合中的 kobject 按 struct list_head entry 维护成双向链表。

就文件系统实现而言,sysfs 是一种基于 ramfs 实现的内存文件系统,与其他同样以 ramfs 实现的内存文件系统(如 Configfs、debugfs、tmpfs 等)类似。sysfs 也直接以 VFS 中的 struct inode 和 struct dentry 等 VFS 层次的结构体直接实现文件系统中的各种对象;同时在每个文件系统的私有数据(如 dentry—>d_fsdata 等位置)上,使用了名为 struct sysfs_dirent 的结构用于表示/sys 中的每个目录项。

相关代码如下:

```
struct sysfs_dirent {
        atomic_t                s_count;
        atomic_t                s_active;
        struct sysfs_dirent     * s_parent;
        struct sysfs_dirent     * s_sibling;
        const char              * s_name;

        union {
                struct sysfs_elem_dir         s_dir;
                struct sysfs_elem_symlink     s_symlink;
                struct sysfs_elem_attr        s_attr;
                struct sysfs_elem_bin_attr    s_bin_attr;
        };

        unsigned int            s_flags;
        ino_t                   s_ino;
        umode_t                 s_mode;
        struct iattr            * s_iattr;
};
```

在上面的 kobject 对象中可以看到有像 sysfs_dirent 的指针,因此在 sysfs 中用同一种 struct sysfs_dirent 来统一设备模型中的 kset/kobject/attr/attr_group。

具体在数据结构成员上,sysfs_dirent 中有一个 union 共用体包含 4 种不同的结构,分别是目录、符号链接文件、属性文件和二进制属性文件。其中目录类型可以对应 kobject,在相应的 s_dir 中也有对应 kobject 的指针,因此在内核数据结构中,kobject 与 sysfs_dirent 是互相引用的。

有了这些概念,再来看图 11.3 所表达的/sys 目录结构就非常清晰明了。

(1) 在/sys 根目录下的都是 kset,它们组织了/sys 的顶层目录视图。

(2) 在部分 kset 下有二级或更深层次的 kset。

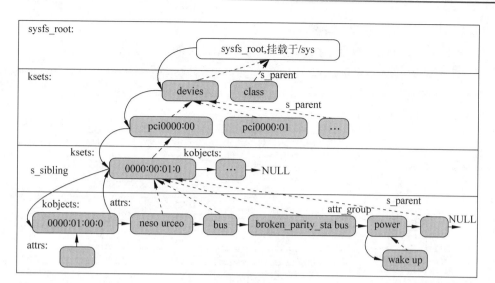

图 11.3 sysfs 目录结构

（3）每个 kset 目录下包含着一个或多个 kobject，这表示一个集合所包含的 kobject 结构体。

（4）在 kobject 下有属性（attrs）文件和属性组（attr_group），属性组就是组织属性的一个目录，它们一起向用户层提供了表示和操作这个 kobject 的属性特征的接口。

（5）在 kobject 下还有一些符号链接文件，指向其他的 kobject，这些符号链接文件用于组织前面所说的 device、driver、bus_type、class、module 之间的关系。

不同类型如设备类型、设备驱动类型的 kobject 都有不同的属性，不同驱动程序支持的 sysfs 接口也有不同的属性文件，而相同类型的设备上有很多相同的属性文件。

Linux 文件目录结构主要分为如下 3 个层次。

Linux 顶层文件结构包括 bin、boot、dev、etc、home、lib、media、mnt、opt、proc、root、sbin、srv、sys 等。

第二级 sys 目录下包括 block、bus、class、devices、firmware、fs、kernel、module、power、drivers 等。各目录的含义如下。

（1）block：块设备文件目录。

（2）bus：系统总线目录。

（3）class：设备分类目录。

（4）devices：系统所有设备目录。

（5）firmware：固件目录。

（6）fs：文件系统目录。

（7）kernel：内核目录。

（8）module：Linux 模块目录。

（9）power：电源目录。

（10）drivers：系统有效设备驱动目录。

第三级 devices 目录，根据总线类型不同进行设备文件划分存储。

ISA、LNXSYSTM、pci0000、platform、pnp0、pnp1、system、virtual 在/sys/devices/目录下是按照设备的基本总线类型分类的目录，再进入查看其中的 PCI 类型的设备。

Linux 文件目录结构如图 11.4 所示。

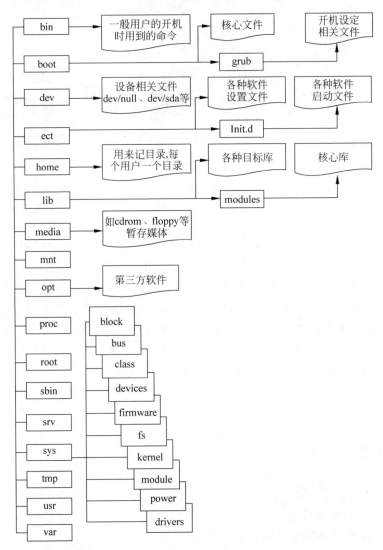

图 11.4　Linux 文件目录结构

2. Linux 的文件节点模型

Linux 的文件节点模型如图 11.5 所示。其中，dentry 的中文名称是目录项，是 Linux 文件系统中某个索引节点(inode)的链接。这个索引节点可以是文件，也可以是目录。

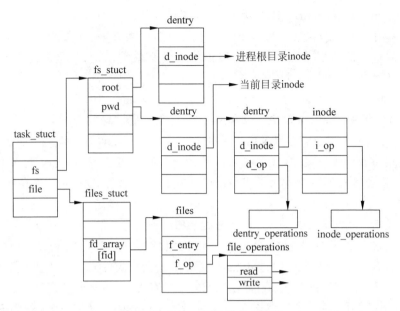

图 11.5 Linux 的文件节点模型

以下是 dentry 的结构体：

```
struct dentry {
atomic_t d_count; 目录项对象使用计数器
unsigned int d_flags; 目录项标志
struct inode * d_inode; 与文件名关联的索引节点
struct dentry * d_parent; 父目录的目录项对象
struct list_head d_hash; 散列表表项的指针
struct list_head d_lru; 未使用链表的指针
struct list_head d_child; 父目录中目录项对象的链表的指针
struct list_head d_subdirs;对目录而言,表示子目录目录项对象的链表
struct list_head d_alias; 相关索引节点(别名)的链表
int d_mounted; 对于安装点而言,表示被安装文件系统根项
struct qstr d_name; 文件名
unsigned long d_time; /* 被 d_revalidate 使用 */
struct dentry_operations * d_op; 目录项方法
struct super_block * d_sb; 文件的超级块对象
vunsigned long d_vfs_flags;
void * d_fsdata;与文件系统相关的数据
unsigned char d_iname [DNAME_INLINE_LEN]; 存放短文件名
};
```

inode(可理解为 ext2 inode)对应物理磁盘上的具体对象,dentry 是一个内存实体,其中的 d_inode 成员指向对应的 inode。也就是说,一个 inode 可以在运行时链接多个 dentry,而 d_count 记录了这个链接的数量。

按照 d_count 的值,dentry 分为以下 3 种状态。

(1) 未使用(unused)状态:该 dentry 对象的引用计数 d_count 的值为 0,但其 d_inode 指针仍然指向相关的索引节点。该目录项仍然包含有效的信息,只是当前没有人引用它。这种 dentry 对象在回收内存时可能会被释放。

(2) 正在使用(inuse)状态:处于该状态下的 dentry 对象的引用计数 d_count 大于 0,且其 d_inode 指向相关的 inode 对象。这种 dentry 对象不能被释放。

(3) 负(negative)状态:与目录项相关的 inode 对象不复存在(相应的磁盘索引节点可能已经被删除),dentry 对象的 d_inode 指针为 NULL。但这种 dentry 对象仍然保存在 dcache 中,以便后续对同一文件名的查找能够快速完成。这种 dentry 对象在回收内存时将首先被释放。

dentry cache(简称 dcache,中文名称是目录项高速缓存)是 Linux 为了提高目录项对象的处理效率而设计的。它主要由两个数据结构组成:一是哈希链表 dentry_hashtable;dcache 中的所有 dentry 对象都通过 d_hash 指针域连到相应的 dentry 哈希链表中;二是未使用的 dentry 对象链表 dentry_unused;dcache 中所有处于 unused 状态和 negative 状态的 dentry 对象都通过其 d_lru 指针域连入 dentry_unused 链表中。该链表也称为 LRU 链表。

目录项高速缓存是索引节点缓存 icache 的主控器(master),即 dcache 中的 dentry 对象控制着 icache 中的 inode 对象的生命期转换。无论何时,只要一个目录项对象存在于 dcache 中(非 negative 状态),相应的 inode 就将总是存在,因为 inode 的引用计数 i_count 总是大于 0。当 dcache 中的一个 dentry 被释放时,针对相应 inode 对象的 iput()方法就会被调用。

代码如下:

```
struct dentry_operations {
int ( * d_revalidate)(struct dentry * );
int ( * d_hash) (struct dentry * , struct qstr * );
int ( * d_compare) (struct dentry * , struct qstr * , struct qstr * );
void ( * d_delete)(struct dentry * );
void ( * d_release)(struct dentry * );
void ( * d_iput)(struct dentry * , struct inode * );
};
```

(1) d_revalidate:用于 VFS 使一个 dentry 重新生效。

(2) d_hash:用于 VFS 向哈希链表中加入一个 dentry。

(3) d_compare:dentry 的最后一个 inode 被释放时(d_count 等于 0),此方法被调用,因为这意味着没有 inode 再使用此 dentry;当然,此 dentry 仍然有效,并且仍然在 dcache 中。

(4) d_delete:用于删除一个 dentry。

(5) d_release:用于清除一个 dentry。

(6) d_iput:用于一个 dentry 释放它的 inode(d_count 不等于 0)。

每个 dentry 都有一个指向其父目录的指针(d_parent)和一个子 dentry 的哈希列表

（d_child）。其中，子 dentry 基本上就是目录中的文件。

函数得到当前文件或目录的 inode 值后，进入 dcache 查找对应的 dentry，然后顺着父目录指针 d_parent 得到父目录的 dentry，这样逐级向上直到 dentry＝root，就得到全部目录名称，如图 11.6 所示。

3. Linux 设备数据结构模型

Linux 内核通过 kobject、kset、bus_type、device、device_driver、class、class-interface 等数据结构来构建设备模型，如图 11.7 所示。

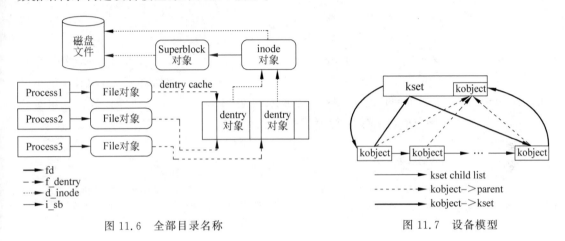

图 11.6 全部目录名称　　　　　　　　图 11.7 设备模型

代码如下：

```
struct kobject {
        const char          * k_name;
        char                name[KOBJ_NAME_LEN];
        struct kref         kref;      //该 kobject 的引用计数
        struct list_head    entry;
        struct kobject      * parent;
        struct kset         * kset;
        struct kobj_type    * ktype;
        struct dentry       * dentry;
    };
```

其中，k_name 指针指向 kobject 名称的起始位置，如果名称长度小于 KOBJ_NAME_LEN，那么该 kobject 的名称便存放到 name 数组中，k_name 指向数组头；如果名称长度大于 20，则动态分配足够大的缓冲区来存放 kobject 的名称，这时 k_name 指向缓冲区。kref 是该 kobject 的引用计数。entry 是指链表的节点，用于挂接该 kobject 对象到 kset。所有同一子系统下的所有相同类型的 kobject 被连接成一个链表组织在一起，成员 kset 就是嵌入相同类型结构的 kobject 集合。parent 指向该 kobject 所属分层结构中的上一层节点，所有内核模块的 parent 是 module。下面将对其具体结构组成做详细介绍。ktype 是指向对象类型描述符的指针，属于 kobj_type 类型。dentry 文件系统中该对象对应的文件节点入口,从而可以看出前面的文件模型 inode 将与设备模型通过此属性联系起来。

代码如下:

```
struct kset {
    struct subsystem          * subsys;
    struct kobj_type          * ktype;
    struct list_head          list;
    spinlock_t                list_lock;
    struct kobject            kobj;
    struct kset_uevent_ops    * uevent_ops;
};
```

其中,subsys 是所在的 subsystem 的指针;ktype 是指向该 kset 的 kobject 对象类型描述符的指针,被该 kset 的所有 kobject 共享;list 用于连接该 kset 所拥有的 kobject 的链表头;list_lock 是用于同步的自旋锁;kobj 是嵌入的 kobject 对象,用于引用计数,这也是该 kset 的引用计数;uevent_ops 是事件操作集。

代码如下:

```
struct kobj_type {
    void ( * release)(struct kobject * );      //kobject 引用计数减至 0 时要调用的析构函数
    struct sysfs_ops * sysfs_ops;              //属性操作
    struct attribute ** default_attrs;         //默认属性
};
struct sysfs_ops {
    ssize_t ( * show)(struct kobject * kobj, struct attribute * attr, char * buffer);
    ssize_t ( * store)(struct kobject * kobj, struct attribute * attr, const
    char * buffer, size_t size);
};
```

11.3　Linux 驱动编写

依据 Linux 系统设备种类将驱动划分为 4 个类别:字符设备驱动、块设备驱动、网络设备驱动和其他设备的驱动。设备种类如表 11.2 所示。

表 11.2　设备种类

设备种类	访问方式	具体实现函数	特　　点
字符设备	以字节为单位,顺序访问	read、write 等实现	不需要经过缓存
块设备	以块为单位	read、write 等实现	需要经过缓存,缓冲满后再发送
网络设备		socket(套接字)实现	
其他设备(如 PCI、IIC、USB)		具体问题具体分析	

　　字符设备是一个数据通道,依据字节流被顺序访问,接收数据过程中,不需要经过缓存,直接接收数据即可。通常,任何一个字符设备都需要根据设备的结构来实现特定的读取、写入、打开、关闭、定位等函数。

　　块设备是以块为单位进行访问的,不同介质块设备取块的大小和字节数可以不同。软件在访问时是通过加载文件系统节点来访问的。内存需要缓存一块之后再进行发送,这点与字符设备不同。常用的块设备有光盘、磁盘、软盘、磁带等。

　　网络设备没有像字符设备和块设备一样的设备号,主要通过 Socket 实现网络数据的接收和发送。

　　其他设备如 PCI、IIC、USB 等传输设备。

　　如图 11.8 所示,当系统的进程进行系统调用时,系统陷入(trap)内核状态,通过文件子系统调用写好的设备驱动程序,驱动程序负责驱动硬件设备进行相应的响应。

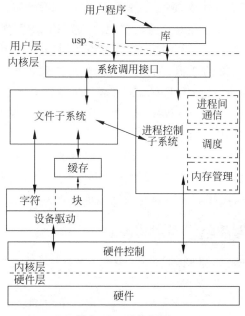

图 11.8　系统框图

　　用户进程在运行到标准库函数时,应用程序通过系统接口陷入内核状态执行,在完成内核状态功能后,通过接口返回应用状态,继续执行进程后续操作。这样做的好处:使应用程序开发人员不必关心系统函数的具体实现,可以专心投入具体应用程序的开发,同时可以有效防止应用程序对操作系统内核的破坏。

　　为了进一步简化应用程序开发,C 语言实现了标准库,这些库函数很多是负责和系统调用接口打交道的。这样进一步把应用程序更好地和系统调用分开了。常把直接调用系统接口的开发称为系统编程,在接口包装好的标准库上进行的开发称为应用程序开发。

　　驱动程序编程是指进入系统调用后,根据进程中请求的设备号,系统调用接口会通过文件子系统找到相应的系统设备节点,再通过节点的驱动程序控制硬件设备的数据或控制寄存器,达到对硬件操作的目的。

11.4 Linux 驱动的编写实例——字符设备驱动

设备驱动程序是内核的一部分,是操作系统内核和计算机硬件之间的接口,可以使用中断、DMA(Direct Memory Access,直接存储器访问)等操作。设备驱动程序为应用程序屏蔽了硬件的细节,这样在应用程序看来,硬件设备只是一个设备文件,应用程序可以像操作普通文件一样对硬件设备进行操作。设备驱动程序完成以下功能:对设备初始化和释放;把数据从内核传送到硬件和从硬件读取数据;读取应用程序传递给设备文件的数据和回送应用程序请求的数据;检测和处理设备出现的错误。

在 Linux 操作系统下有 3 类主要的设备文件类型:字符设备、块设备及网络设备。字符设备和块设备的主要区别是:在对字符设备发出读写请求时,实际的硬件 I/O 一般就紧接着发生了;块设备则不然,它利用一块系统内存作为缓冲区,当用户进程对设备请求能满足用户的要求时,就返回请求的数据,如果不能就调用请求函数来进行实际的 I/O 操作。字符设备的驱动编写比较简单,因此下面将以其为例进行说明。

网络设备驱动不同于字符设备和块设备的驱动,不在/dev 下以文件节点代表,而是通过单独的网络接口来代表硬件设备。

任何网络事物都要通过一个网络接口,即一个能够和其他主机交换数据的设备,通过接口代表一个硬件设备。内核和网络驱动间的通信完全不同于内核和字符设备驱动以及块设备前驱动程序之间的通信,内核调用一套与数据包传输相关的函数。

11.4.1 字符设备驱动原理分析

字符设备驱动原理分析如图 11.9 所示。

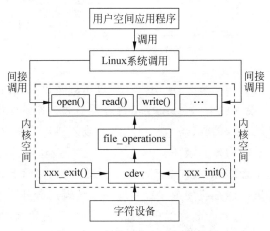

图 11.9 字符设备驱动原理分析

全局数组 chrdevs(见图 11.10)包含了 255(CHRDEV_MAJOR_HASH_SIZE 的值)个 struct char_device_struct 的元素,每个对应一个相应的主设备号。如果分配了一个设备号,就会创建一个 struct char_device_struct 的对象,并将其添加到 chrdevs 中。这样,通过 chrdevs 数组,就可以知道分配了哪些设备号。

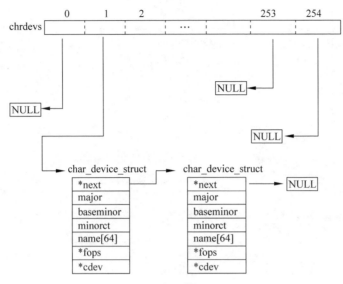

图 11.10　全局数组 chrdevs

相关函数如下:

register_chrdev_region()函数分配指定的设备号范围。

alloc_chrdev_region()函数动态分配设备范围。

注意:这两个函数仅是注册设备号。如果要和 cdev 关联起来,还要调用 cdev_add() 函数。

register_chrdev()函数申请指定的设备号,并将其注册到字符设备驱动模型中。它所做的事情如下:

(1) 注册设备号,通过调用 register_chrdev_region()函数来实现。

(2) 分配一个 cdev,通过调用 cdev_alloc()函数来实现。

(3) 将 cdev 添加到驱动模型中,这一步将设备号和驱动关联起来。通过调用 cdev_add() 函数来实现。

(4) 将前面创建的 struct char_device_struct 对象的 cdev 指向步骤(2)中分配的 cdev。由于 register_chrdev()函数是老的接口,所以这一步在新的接口中并不需要。

每个字符驱动由一个 cdev 结构体来表示。在设备驱动模型中,使用 kobject mapping domain 来记录字符设备驱动。这是由 struct kobj_map 结构来表示的。它内嵌了 255 个 struct probe 指针数组。

对于一个字符设备文件,其 inode—>i_cdev 指向字符驱动对象 cdev,如果 i_cdev 为

NULL,则说明该设备文件没有被打开。由于多个设备可以共用同一个驱动程序,所以通过字符设备的 inode 中的 i_devices 和 cdev 中的 list 组成一个链表,如图 11.11 所示。

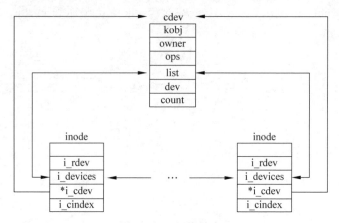

图 11.11　组成链表

系统调用 open()函数打开一个字符设备时,通过一系列调用,最终会执行到 chrdev_open()函数。

11.4.2　字符设备驱动数据结构

字符设备驱动数据结构如图 11.12 所示。

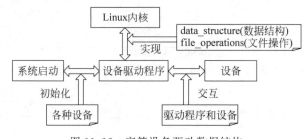

图 11.12　字符设备驱动数据结构

在内核中使用 cdev 结构体描述字符设备,cdev 结构体定义在文件/Linux/cdev.h 中。
cdev 结构体如下:

```
struct cdev{
struct kobject kobj;
struct module * owner;
const struct file_operations * ops;
struct list_head list;
dev_t dev;
unsigned int count;}
```

其主要成员作用如下:

（1）kobj 是内嵌的 kobject 对象，用于设备模型中内核对该设备引用计数的管理。

（2）owner 是该字符设备驱动所属模块指针。

（3）ops 是文件操作结构体指针，它指向字符设备驱动提供给虚拟文件系统的接口函数。

（4）dev 定义了设备号，是一个 32 位数据，其中高 12 位为主设备号，低 20 位为次设备号。文件操作结构体是字符设备驱动程序设计的主要内容，它的成员函数就是用户应用程序进行系统调用的最终被调用者。

字符设备提供给应用程序的控制接口有 open、close、read、write/ioctl，添加一个字符设备驱动程序，实际上是给上述操作添加对应的代码，Linux 通过 file_operations 结构体对这些操作统一做了抽象。file_operations 结构体如下：

```
struct file_operations{
struct module * owner;
loff_t( * llseek)(struct file * ,loff_t,int);
ssize_t( * read)(struct file * ,char __ user * ,size_t,loff_t * );
ssize_t( * write)(struct file * ,const char __ user * ,size_t,loff_t * );
int( * ioctl)(struct inode * ,struct file * ,unsigned int,unsigned long);
int( * mmap)(struct file * ,struct vm_area_struct * );
int( * open)(struct inode * ,struct file * );
int( * release)(struct inode * ,struct file * );
…………};
```

其中，常用的成员函数如下：

（1）llseek()函数用来修改一个文件的当前读写位置。如果执行成功，则将新位置返回；如果执行失败，则返回一个负整数。

（2）read()函数用来从设备中读取数据，如果成功时，则函数返回读取的字节数；如果失败时，则返回一个负整数。

（3）write()函数用于向设备写入数据，如果成功时，则该函数返回写入的字节数；如果失败时，则返回一个负整数。

如果此函数在设备驱动程序中未被实现，当用户进行 write()系统调用时，就返回-EINVAL。

（4）ioctl()函数提供设备相关控制命令的实现，如果调用成功，则返回给调用程序一个非负值。内核本身识别部分控制命令，而不必调用设备驱动中的 ioctl()函数。如果设备不提供 ioctl()函数，对于内核不能识别的命令，当用户进行 ioctl()系统调用时，就将返回-EINVAL。

（5）mmap()函数将设备内存映像到进程内存中，如果设备驱动未实现此函数，当用户进行 mmap()系统调用时，就将返回-EINVAL。这个函数对于帧缓冲等设备特别有意义。

（6）打开设备文件时，设备驱动的 open()函数最终被调用。如果驱动程序没有实现这个函数，设备的打开操作就永远成功。与 open()函数对应的是 release()函数。

11.4.3　字符设备驱动的编写步骤

下面通过一个实例对字符设备以及编写驱动程序的方法进行说明。通过下面的分析，可以了解一个设备驱动程序的编写过程以及注意事项。虽然这个驱动程序没有什么实用价值，但是也可以通过它对一个驱动程序进行编写，特别是对字符设备驱动程序有一定的认识。

设备驱动程序在结构上是非常相似的，在 Linux 中，驱动程序一般用 C 语言编写，有时也支持一些汇编语言和 C++ 语言。

1. 头文件、宏定义和全局变量中的修改

一个典型的设备驱动程序一般都包含一个专用头文件。这个头文件中包含一些系统函数的声明、设备寄存器的地址、寄存器状态位和控制位的定义，以及用于此设备驱动程序的全局变量的定义。另外，大多数驱动程序还使用一些标准的头文件。例如：

（1）param.h：包含一些内核参数。

（2）dir.h：包含一些目录参数。

（3）user.h：用户区域的定义。

（4）tty.h：终端和命令列表的定义。

（5）fs.h：包括 buffer header 信息。

下面是一些必要的头文件。

```
# include < Linux/kernel.h >
# include < Linux/module.h >
# if CONFIG_MODVERSIONS == 1    /* 处理 CONFIG_MODVERSIONS */
# define MODVERSIONS
# include < Linux/modversions.h >
# endif
/* 下面是针对字符设备的头文件 */
# include < Linux/fs.h >
# include < Linux/wrapper.h >
/* 对于不同的版本 需要做一些必要的事情 */
# ifndef KERNEL_VERSION
# define KERNEL_VERSION(a,b,c) ((a) * 65536 + (b) * 256 + (c))
# endif
# if LINUX_VERSION_CODE > KERNEL_VERSION(2,4,0)
# include < asm/uaccess.h >
# endif
# define SUCCESS 0
/* 声明设备 */
/* 这是本设备的名字,它将会出现在 /proc/devices */
# define DEVICE_NAME "char_dev"
/* 定义此设备消息缓冲的最大长度 */
# define BUF_LEN 100
/* 为了防止不同的进程在同一时间使用此设备,定义此静态变量跟踪其状态 */
```

```
static int Device_Open = 0;
/* 当提出请求时,设备将读写的内容放在下面的数组中 */
static char Message[BUF_LEN];
/* 在进程读取这个内容时,这个指针指向读取的位置 */
static char * Message_Ptr;
/* 在这个文件中,主设备号作为全局变量以便于这个设备在注册和释放时使用 */
static int Major;
```

2. 完成 open()函数

功能：无论一个进程何时试图打开这个设备，都会调用这个函数。

```
static int device_open(struct inode * inode, struct file * file)
{
static int counter = 0;
# ifdef DEBUG
printk ("device_open( % p, % p)\n", inode, file);
# endif
printk("Device: % d. % d\n", inode -> i_rdev >> 8, inode -> i_rdev & 0xFF);
/* 这个设备是一个独占设备,为了避免同时有两个进程使用这个设备,需要采取一定的措施 */
if (Device_Open)
return - EBUSY;
Device_Open++;
/* 下面是初始化消息,注意不要使读写内容的长度超出缓冲区的长度,特别是运行在内核模式时,
否则可能导致系统的崩溃 */
sprintf(Message, "If I told you once, I told you % d times -  % s", counter++, "Hello, world\n");
Message_Ptr = Message; /* 当这个文件被打开时, 必须确认该模块还没有被移走并且增加此模块
的用户数目(在移走一个模块时会根据这个数目决定可否移走,如果不是 0,则表明还有进程正在使
用这个模块,不能移走) */
MOD_INC_USE_COUNT;
return SUCCESS;
```

3. 完成 release()函数

功能：当一个进程试图关闭这个设备特殊文件时，调用这个函数。

```
# if LINUX_VERSION_CODE > = KERNEL_VERSION(2,4,0)
static int device_release(struct inode * inode,

struct file * file)
# else
static void device_release(struct inode * inode, struct file * file)
# endif
{
# ifdef DEBUG
printk ("device_release( % p, % p)\n", inode, file);
# endif
/* 为下一个使用这个设备的进程做准备 */
Device_Open -- ;
```

```
/* 减少这个模块使用者的数目,否则一旦打开这个模块以后,就永远都不能释放掉它 */
MOD_DEC_USE_COUNT;
#if LINUX_VERSION_CODE >= KERNEL_VERSION(2,4,0)
return 0;
#endif
}
```

4. 完成 read()函数

功能:当一个进程已经打开此设备文件并且试图去读它时,调用这个函数。

```
#if LINUX_VERSION_CODE >= KERNEL_VERSION(2,4,0)
static ssize_t device_read(struct file * file, char * buffer, size_t length,loff_t * offset)
                                                    /* 把读出的数据放到这个缓冲区 */
#else
static int device_read(struct inode * inode, struct file * file, char * buffer, int length)
#endif
{
/* 实际上读出的字节数 */
int bytes_read = 0;
/* 如果读到缓冲区的末尾,则返回 0,类似文件的结束 */
if ( * Message_Ptr == 0)
return 0;
/* 将数据放入缓冲区中 */
while (length && * Message_Ptr) {
/* 由于缓冲区是在用户空间而不是内核空间,所以必须使用 copu_to_user()函数将内核空间中的
数据复制到用户空间 */
copy_to_user(buffer++, * (Message_Ptr++), length -- );
bytes_read ++;
}

#ifdef DEBUG
printk ("Read % d bytes, % d left\n", bytes_read, length);
#endif
/* read() 函数返回一个真正读出的字节数 */
return bytes_read;
}
```

5. 完成 write()函数

功能:当试图将数据写入设备文件时,这个函数被调用。

```
#if LINUX_VERSION_CODE >= KERNEL_VERSION(2,4,0)
static ssize_t device_write(struct file * file, const char * buffer, size_t length, loff_t * offset)
#else
static int device_write(struct inode * inode, struct file * file, const char * buffer, int length)
#endif
{
int i;
```

```
#ifdef DEBUG
printk ("device_write(% p, % s, % d)", file, buffer, length);
#endif
# if LINUX_VERSION_CODE > = KERNEL_VERSION(2, 4, 0)
copy_from_user(Message, buffer, length);
Message_Ptr = Message;
/* 返回写入的字节数 */
return i;
}
```

6. 将设备驱动程序提供给文件系统的接口

当一个进程试图对生成的设备进行操作时,就利用下面这个结构,这个结构就是提供给操作系统的接口,它的指针保存在设备表中,在 init_module()函数中被传递给操作系统。

代码如下:

```
struct file_operations Fops = {
read: device_read,
write: device_write,
open: device_open,
release: device_release
};
```

7. 完成模块的初始化和模块的卸载

init_module()函数调用 module_register_chrdev,把设备驱动程序添加到内核的字符设备驱动程序表中,它返回这个驱动程序所使用的主设备号。

代码如下:

```
/* 取消注册的设备 */
ret = module_unregister_chrdev(Major, DEVICE_NAME);
/* 如果出错则显示出错信息 */
if (ret < 0)
printk("Error in unregister_chrdev: % d\n", ret);
}
int init_module()
{
/* 试图注册设备 */
Major = module_register_chrdev(0, DEVICE_NAME, &Fops);

/* 失败时返回负值 */
if (Major < 0) {
printk (" % s device failed with % d\n", "Sorry, registering the character", Major);
return Major;
}
```

```
printk ("%s The major device number is %d.\n", "Registeration is a success.", Major);
printk ("If you want to talk to the device driver,\n");
primtk ("you'll have to create a device file. \n");
printk ("We suggest you use:\n");
printk ("mknod <name> c %d <minor>\n", Major);
printk ("You can try different minor numbers %s", "and see what happens. \n");
return 0;
}
/* 这个函数的功能是卸载模块,主要是从/proc 中取消注册的设备特殊文件 */
void cleanup_module()
{
int ret;
}
```

11.4.4　驱动程序的编译和加载

写完了设备驱动程序,下一项任务就是对驱动程序进行编译和加载。在 Linux 中,除了直接修改系统内核的源代码,把设备驱动程序加进内核外,还可以把设备驱动程序作为可加载的模块,由系统管理员动态地加载它,使之成为内核的一部分;也可以由系统管理员把已加载的模块动态地卸载下来。在 Linux 中,模块可以用 C 语言编写,用 GCC(GNU Compiler Collection,GNU 编译器套件)编译成目标文件(不进行链接,作为 *.o 文件存盘),为此需要在 GCC 命令行中加上-c 的参数。在编译时,还应该在 GCC 的命令行中加上这样的参数:-D＿KERNEL＿-DMODULE。由于在不链接时 GCC 只允许一个输入文件,因此一个模块的所有部分都必须在一个文件中实现。

编译好的模块 *.o 放在/lib/modules/xxxx/misc 目录下(xxxx 表示内核版本),然后用 depmod -a 使此模块成为可加载模块。模块用 insmod 命令加载,用 rmmod 命令卸载,并且可以用 lsmod 命令查看所有已加载的模块的状态。

编写模块程序时,必须提供两个函数:一个是 int init_module(void),供 insmod 在加载此模块时自动调用,负责进行设备驱动程序的初始化工作,init_module()函数返回 0 表示初始化成功,返回负数表示失败;另一个是 void cleanup_module(void),在模块被卸载时调用,负责进行设备驱动程序的清除工作。

在成功地向系统注册了设备驱动程序后(调用 register_chrdev()函数成功后),就可以用 mknod 命令把设备映像为一个特别文件。其他程序使用这个设备时,只要对此特别文件进行操作即可。

习题

1. Linux 的文件目录结构是怎样的?
2. Linux 的驱动编写过程是怎样的? 分成几步完成?

μCLinux 操作系统

μC/OS 和 μCLinux 操作系统是当前得到广泛应用的两种免费且公开源码的嵌入式操作系统。μC/OS 适合小型控制系统,具有执行效率高,占用空间小,实时性能优良和可扩展性强等特点,最小内核可编译至 2KB。μCLinux 则是继承标准 Linux 的优良特性,针对嵌入式处理器的特点设计的一种操作系统,具有内嵌网络协议,支持多种文件系统,开发者可利用标准 Linux 先验知识等优势。其编译后目标文件可控制在几百千量级。

μCLinux 是一种优秀的嵌入式 Linux 操作系统。同标准 Linux 相比,它集成了标准 Linux 操作系统的稳定性、强大网络功能和出色的文件系统等主要优点。但是由于没有 MMU(内存管理单元),其多任务的实现需要一定的技巧。

μCLinux 的进程调度沿用了 Linux 的传统,系统每隔一定时间挂起进程,同时系统产生快速和周期性的时钟计时中断,并通过调度函数(定时器处理函数)决定进程什么时候拥有它的时间片,然后进行相关进程切换,这是通过父进程调用 fork 函数生成子进程来实现的。

μCLinux 系统中 fork 函数调用完成后,或者子进程代替父进程执行(此时父进程已经休眠),直到子进程调用 exit 函数退出;或者调用 exec 函数执行一个新的进程,这时产生可执行文件的加载,即使这个进程只是父进程的副本,这个过程也不可避免。当子进程执行 exit 函数或 exec 函数后,子进程使用 wakeup 函数把父进程唤醒,使父进程继续往下执行。

μCLinux 由于没有 MMU 管理存储器,其对内存的访问是直接的,所有程序中访问的地址都是实际的物理地址。操作系统对内存空间没有保护,各个进程实际上共享一个运行空间。这就需要在实现多进程时进行数据保护,也导致了用户程序使用的空间可能占用到系统内核空间,这些问题在编程时都需要多加注意,否则容易导致系统崩溃。

12.1 μCLinux 内核

由上述分析可知,μCLinux 在结构上继承了标准 Linux 的多任务实现方式,仅针对嵌入式处理器的特点进行了改良。它要实现实时性效果,则需要使系统在实时内核的控制下运行,RT-Linux 就是可以实现这个功能的一种实时内核。所谓文件系统,是指负责存取和管理文件信息的机构,也可以说是负责文件的建立、撤销、组织、读写、修改、复制及对文件管理所需要的资源(如目录表、存储介质等)实施管理的软件。

μCLinux 继承了 Linux 完善的文件系统性能。它采用的是 romfs 文件系统,这种文件系统相对于一般的 ext2 文件系统要求更小的空间。空间的节约来自两个方面:首先,内核支持 romfs 文件系统比支持 ext2 文件系统需要更少的代码;其次,romfs 文件系统相对简单,建立文件系统超级块需要更小的存储空间。romfs 文件系统不支持动态擦写保存,对于系统需要动态保存的数据采用虚拟 RAM 盘(RAM 盘将采用 ext2 文件系统)的方法进行处理。

μCLinux 还继承了 Linux 网络操作系统的优势,可以很方便地支持网络文件系统且内嵌 TCP/IP,这为 μCLinux 开发网络接入设备提供了便利。因此,在复杂的需要较多文件处理的嵌入式系统中,μCLinux 是一个不错的选择。

μCLinux 系统主要由用户进程、系统调用接口、μCLinux 内核、硬件控制器 4 个部分组成。用户进程是用户根据自己的设计和功能要求开发的应用程序,通过调用系统的功能函数来实现系统功能。系统调用接口通过系统调用实现用户与系统内核的接口,这些调用和服务也可以看成系统内核的一部分。μCLinux 内核是操作系统的灵魂,它抽象了许多硬件细节,将所有的硬件抽象成统一的虚拟接口,使程序可以一种统一的方式进行数据处理,它主要包括基于优先级的进程调度、内存管理、文件系统、网络接口、进程间通信 5 个部分。硬件控制器则包含了系统需要的所有可能的物理设备。以上 4 个部分的每个子系统都只能跟邻近的系统进行通信。

μCLinux 的设备管理系统是嵌入式操作系统的重要组成部分,它可以分为:下层,与设备相关,即所谓的设备驱动程序,直接与相应的设备打交道,并向上提供一组访问接口;上层,与设备无关,根据输入/输出请求,通过特定设备驱动提供的接口与设备进行通信,如通用的串口、网卡等驱动程序在 μCLinux 中都可以找到。

12.2 μCLinux 移植

由于 μCLinux 其实是 Linux 针对嵌入式系统的一种改良,其结构比较复杂,因此相对于 μCOS,μCLinux 的移植也复杂得多。一般而言,要移植 μCLinux,目标处理器需要具有足够容量(几百千字节以上)的外部 ROM 和 RAM。

μCLinux 的移植大致可以分为 3 个层次。

(1) 结构层次的移植。如果待移植处理器的结构不同于任何已经支持的处理器结构,则需要修改 Linux/arch 目录下相关处理器结构的文件。虽然 μCLinux 内核代码的大部分是独立于处理器和其体系结构的,但是其最低级的代码也是特定于各个系统的。这主要表现在它们的中断处理上下文、内存映像的维护、任务上下文和初始化过程都是独特的。这些例行程序位于 Linux/arch/目录下。由于 Linux 所支持体系结构的种类繁多,所以对一个新型的体系,其低级例程可以模仿与其相似的体系例程编写。

(2) 平台层次的移植。如果待移植处理器是某种 μCLinux 已支持体系的分支处理器,则需要在相关体系结构目录下建立相应目录并编写相应代码。例如,MC68EZ328 就是基于无

MMU 的 m68k 内核的。此时的移植需要创建 Linux/arch/m68knommu/PLATFORM/
MC68EZ328 目录并在其下编写跟踪程序(实现用户程序到内核函数的接口等功能)、中断
控制调度程序和向量初始化程序等。

(3) 板级移植。如果所用处理器已被 μCLinux 支持,就只需要板级移植了。板级移植
需要在 Linux/arch/PLATFORM/中建立一个相应板的目录,再在其中建立相应的启动代
码 crt0_rom.s 或 crt0_ram.s 和链接描述文档 rom.ld 或 ram.ld。板级移植还包括驱动程
序的编写和环境变量设置等内容。

12.3　μCLinux 驱动编写

μCLinux 嵌入式系统不能像 Linux 一样动态加载驱动程序模块,而只能同内核一起编
译,与应用程序、其他驱动程序一起固化到可擦写的 Flash 上,驱动程序常驻内存,是静态驱
动程序。μCLinux 系统根据设备性质的不同,将设备分为 4 种类型:字符设备(char)、块设
备(block)、网络接口(net)和其他设备。在下载的 μCLinux 源代码包中,可以在 μCLinux/
Linux/drivers 目录下看到通用设备如 char、block、net、cdrom、scsi、sound 等。系统对于每
个设备都对应一个主设备号和一个次设备号,不同的设备可以对应相同的主设备号,应用程
序访问设备时通过不同的次设备号来识别设备。在 Linux 系统/dev 目录下通过输入 ls-l 命
令可以查到系统已注册的设备,因此编写新的驱动程序时必须向系统注册。该设备在
μCLinux 系统中,通过 register_chrdev 函数实现注册。

μCLinux 系统将所有硬件抽象成虚拟的文件系统,所有的字符设备、块设备都支持文件
操作接口,因此可以对这种虚拟的设备文件系统进行文件操作。通常对设备文件进行的操
作有 open、read、write、release,即打开、读、写、释放文件。每个设备驱动程序实质上是用来
完成特定任务的一组函数集。驱动程序拥有一个名为 file_operations 的数据结构,其中包
含指向驱动程序内部大多数函数的指针。引导系统时,内核调用每个驱动程序的初始化函
数,将驱动程序的主设备号以及程序内部的函数地址结构的指针传输给内核。这样,内核就
能通过设备驱动程序的主设备号索引访问驱动程序内部的子程序,完成打开、读、写等操作。
程序员经常面临的一项工作就是为系统的新设备编写驱动程序。下面介绍 CAN 总线应用
于 μCLinux 嵌入式系统的驱动编程。

1. CAN 总线的性能特点

CAN(Controller Area Network,控制器局域网络)总线目前已形成国际标准 Version2.0。
该技术规范包括 A 和 B 两部分。2.0A 给出了 CAN 报文标准格式,而 2.0B 给出了出厂标准
和扩展两种格式。CAN 总线是应用最广泛的现场总线之一。CAN 为多主方式工作,网络上
任意一节点均可在任意时刻主动向网络上其他节点发送信息而不分主从,通信方式灵活,且不
需要站地址等节点信息。CAN 网络上的节点信息分成不同的优先级,可满足不同的实时要
求。CAN 采用非破坏性总线仲裁技术,当多个节点同时向总线发送信息时,优先级较低的节
点会主动地退出发送,而最高优先级的节点可不受影响地继续传输数据;CAN 只要通过报文
滤波即可实现点对点、一点对多点及全局广播等几种方式传送和接收数据,不需要专门的"调

度"。CAN 的直接通信距离最远可达 10km(速率 5kb/s 以下),通信速率最高可达 1Mb/s(此时通信距离最长为 40m)。CAN 上的节点数主要取决于总线驱动电路,目前可达 110 个;采用短帧结构,传输时间短,受干扰概率低,具有极好的检错效果;CAN 的通信介质可为双绞线、同轴电缆或光纤等。CAN 总线的数据通信具有突出的可靠性、实时性和灵活性。

2. CAN 总线的嵌入式系统硬件设计

本设计选用 Samsung 公司的 S3C4510B 作为嵌入式系统的微处理器芯片,该处理器是 16/32 位 RISC 微处理控制器,内含由 ARM 公司设计的 16/32 位 ARM7TDMI RISC 处理器核,适用于价格及功耗敏感的场合。除内核外,该微处理器的片内外围功能模块包括:2 个带缓冲描述符的 HDLC(High-level Data Link Control,高级数据链路控制)通道、2 个 UART 通道、2 个 GDMA 通道、2 个 32 位定时器及可编程 I/O 口。CAN 控制器选用 Philips 公司的 SJA1000,该芯片与 PCA82C200 电气兼容,带 64 字节先进先出(FIFO)堆栈,兼容协议 CAN2.0B,支持 11 位和 29 位识别码,位速率可达 1Mb/s、24MHz 时钟频率,芯片内含寄存器,可由用户配置 CAN 总线波特率,设置验收屏蔽标识码,可配置系统为 PeliCAN 模式或 BasicCAN 模式,以及出错告警等。

该系统采用 PCA82C250 作为收发器,硬件连线如图 12.1 所示。AD0～AD7 与 S3C4510B 的 p0～p7 连线,CS 接 p12,ALE 接 p13,RD 接 p14,WR 接 p15,INT 接 XINTREQ0。

3. 驱动软件设计

在本设计中,CAN 总线驱动程序作为一个模块放在 Linux/deriver/char/文件夹中。CAN 总线初始化框图如图 12.2 所示,其设计详细介绍如下。

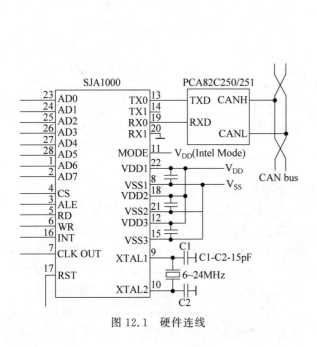

图 12.1 硬件连线   图 12.2 CAN 总线初始化框图

模块首先对引用的库函数进行声明,并且定义:

```
#define IOPMOD ( * (volatile unsigned * )0x3ff5000)
#define IOPDATA ( * (volatile unsigned * )0x3ff5008)
#define IOPCON ( * (volatile unsigned * )0x3ff5004)
#define EXTDBWTH ( * (volatile unsigned * )0x3ff5
#define SYSCFG ( * (volatile unsigned * )0x
```

主要有以下几个模块:

```
void can_init(void)
{
SYSCFG = SYSCFG & 0x0fffffffd;
EXTDBWTH = EXTDBWTH& 0x00ff0ff;
IOPMOD = 0xf0ff;
IOPDATA = 0x6000; 寄存器地址 0,MOD 寄存器
IOPDATA = IO_PDATA&0xdfff; ALE = 0 配置 MOD 寄存器
IOPDATA = IO_PDATA|0x3f; 复位模式、使能
IOPDATA = 0x6006; 寄存器地址 6,总线定时器 0 寄存器
IOPDATA = IO_PDATA&0xdfff; ALE = 0 配置寄存器
IOPDATA = IO_PDATA|0x3f; 跳转宽度、波特率设置
......;配置总线定时器 1、验收代码寄存器等
IOPDATA = 0x6000; SJA1000 寄存器地址 0,MOD 寄存器
IOPDATA = IO_PDATA&0xdfff; ALE = 0 配置 MOD 寄存器
IOPDATA = IO_PDATA&0xfe;写复位,进入工作模式
result = register_chrdev(254,"can",&can_fops);申请主设备号
if (result < 0) {
printk(KERN_WARNING "CAN:can't getmajor ", result);
return result;
}
```

在该驱动程序中,定义结构变量 can_fops 为应用程序访问内核的接口:

```
static struct file_operations can_fops = {
read: can_read,
write: can_write,
open: can_open,
release: can_release,
};
static int can_release(struct inode * inode, struct file * file)
{
MOD_DEC_USE_COUNT; ;用户减计数
Return 0;
}
static int can_open(struct inode * inode,struct file * file)
{
Scull_Dev * dev;
Int num = NUM(inode -> i_rdev); 设备号
```

```
Int type = TYPE(inode->i_rdev); 设备类型
If (num >= scull_nr_devs) return -ENODEV;
dev = &scull_devices[num];
flip->private_data = dev;

MOD_INC_USE_COUNT; 用户数人工计数
IOPCON = 0x16; //xIRQ0
disable_irq(INT_can);
if(request_irq(INT_can, &can_rx,SA_INTERRUPT, "can rx isr","can")) {
printk("s3c4510-can: Can't get irq %d\n",INT_SJA1000);
return -EAGAIN;
}
printk("can has get irq 0\n");
enable_irq(INT_can);
......; 配置 SJA1000 内部中断及屏蔽寄存器
return 0;
}
```

习题

1. μCLinux 的驱动编写重点在哪里？
2. μCLinux 移植有哪些特点？分为几个层次？

第13章

Android 操作系统

Android 一词的本义指"机器人",同时也是 Google 公司于 2007 年 11 月 5 日宣布的基于 Linux 平台的开源手机操作系统的名称。该平台由操作系统、中间件、用户界面和应用软件组成。Android 被号称是首个为移动终端打造的真正开放和完整的移动软件。目前,Android 最新版本为 Android 3.1 Honeycomb 和 Android 4.0 Ice Cream Sandwich。其早期由原名为 Android 的公司开发,Google 公司在 2005 年收购 Android 公司后,继续对 Android 系统开发运营。Android 系统采用了软件堆层(Software Stack,又名软件叠层)的架构。底层 Linux 内核只提供基本功能,其他的应用软件则由各公司自行开发,部分程序以 Java 编写。2011 年年初的数据显示,仅正式上市两年的 Android 系统已经超越称霸十年的 Symbian 系统,成为全球最受欢迎的智能手机平台。2011 年 11 月的数据显示,Android 占据全球智能手机操作系统市场 52.5% 的份额,中国市场占有率为 58%。现在,Android 系统不但应用于智能手机,也在平板电脑市场急速扩张,在智能 MP4 方面也有较大发展。

Android 自推出以来如此受追捧,网络巨头 Google 的大力扶持是一个重要的原因,而 Android 自身所具有的特性才是吸引全球开发者的更重要的原因。其特性如下:

(1) 具有应用程序框架:可以方便地重用和替换手机组件。

(2) 具有 Dalvik 虚拟机:专为移动设备优化过的虚拟机。

(3) 内部集成浏览器:基于开源的 WebKit 引擎。

(4) 具有优化的图形系统:其中自定义了 2D 图形库,3D 图形库基于 OpenGL ES 1.0,可选硬件加速。

(5) 具有 SQLite:集成了轻量级数据库管理系统。

(6) 支持多媒体:支持常见的音频和视频,以及各种图片格式,如 MPEG-4、H. 264、MP3、AAC、AMR、JPG、PNG、GIF 等。

(7) 支持 GSM 技术、蓝牙、EDGE、3G 和 WiFi:需要硬件支持。

(8) 支持摄像头、GPS、罗盘、加速度计:需要硬件支持。

(9) 开发环境完备:包括设备模拟器、调试工具、内存和性能分析工具,以及用于 Eclipse 开发环境的插件。

13.1　Android 系统构架

从宏观的角度来看,Android 是个开放的软件系统,它包括众多的源代码。从下至上,Android 系统包含了 4 个层次:Linux 内核(Linux Kernel)、开发库(Libraries)和运行时环境(Android Runtime)、应用框架(Application Framework)以及应用程序(Applications)。操作系统层使用 C 语言编写,运行于内核空间。底层库和 Java 虚拟机使用 C 语言编写,运行于用户空间。Java 框架和 Java 应用程序使用 C 语言编写,运行于用户空间。

Android 系统的第 1 层由 C 语言实现,第 2 层由 C 语言和 C++语言实现,第 3、4 层主要由 Java 语言实现。第 1 层和第 2 层之间,从 Linux 操作系统的角度来看,是内核空间与用户空间的分界线,第 1 层运行于内核空间,第 2、3、4 层运行于用户空间。第 2 层和第 3 层之间是本地代码层和 Java 代码层的接口。第 3 层和第 4 层之间是 Android 系统 API 的接口。对于 Android 应用程序的开发,第 3 层以下的内容是不可见的,仅考虑系统 API 即可。

Android 系统构架如图 13.1 所示。

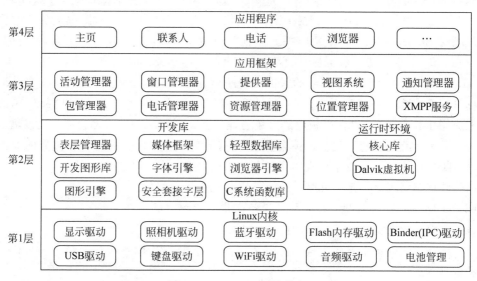

图 13.1　Android 系统构架

1. Linux 内核

Android 的核心系统服务依赖于 Linux 2.6 内核,包括安全性、内存管理、进程管理、网络协议栈和驱动模型。Linux 内核同时也作为硬件和软件栈之间的抽象层。

除了标准的 Linux 内核外,Android 系统还需要添加其他的驱动程序,如 Binder(IPC)驱动、显示驱动、输入设备驱动、蓝牙驱动、WiFi 驱动等,这些内容为 Android 系统的运行提供了基础的支持。Android 也适合使用 Linux 的标准驱动作为系统与硬件的接口。

2．开发库

Android 包含一些 C/C++库，这些库能被 Android 系统中不同的组件使用。它们通过 Android 应用程序框架为开发者提供服务。

（1）C 系统函数库：一个从 BSD（Berkeley Software Distribution，伯克利软件套）继承来的标准 C 系统函数库，是专门为基于嵌入式 Linux 的设备定制的。

（2）媒体库：基于 Packet Video OpenCore，该库支持多种常用的音频、视频格式回放和录制。

（3）Surface Manager（显示管理）：对显示子系统进行管理并提供图层功能。

（4）WebCore：一个最新的 Web 浏览器引擎，支持 Android 浏览器和一个可嵌入的 Web 视图。

（5）SGL（Skia Graphics Library，Skia 图形库）：包括 Skia 图形库和底层 2D 图形引擎。

（6）3DLibraries：基于 OpenGL 实现，该库可以使用硬件 3D 加速（如果可用）或者使用高度优化的 3D 软加速。

（7）FreeType（自由类型）：包括位图（bitmap）和矢量（vector）字体显示。

3．运行时环境

Android 包括了一个核心库，该核心库提供了 Java 编程语言核心库的大多数功能。每个 Android 应用程序都在它自己的进程中运行，都拥有一个独立的 Dalvik 虚拟机实例。

Dalvik 被设计成一个设备可以同时高效地运行多个虚拟系统。Dalvik 虚拟机执行 Dalvik 可执行文件，该格式文件针对小内存使用做了优化。同时虚拟机是基于寄存器的，所有的类都经由 Java 编译器编译，然后通过 SDK（Software Development Kit，软件开发工具包）中的 dx 工具转化成 .dex 格式由虚拟机执行。

Dalvik 虚拟机依赖于 Linux 内核的一些功能，如线程机制和底层内存管理机制。

4．应用框架

在 Android 系统中，开发人员也可以完全访问核心应用程序所使用的 API 框架。该应用程序的架构设计简化了组件的重用，任何一个应用程序都可以发布它的功能块，并且任何其他的应用程序都可以使用其所发布的功能块（不过要遵循框架的安全性限制）。同样，该应用程序重用机制也使用户可以方便地替换程序组件。隐藏在每个应用后面的是一系列的服务和系统，其中包括：

（1）丰富而又可扩展的视图（Views），可以用来构建应用程序，它包括列表（lists）、网格（grids）、文本框（text boxes）、按钮（buttons），甚至可嵌入的 Web 浏览器。

（2）上下文提供器（Content Providers），使应用程序可以访问另一个应用程序的数据（如联系人数据库），或者共享它们自己的数据。

（3）资源管理器（Resource Manager），提供非代码资源的访问，如本地字符串、图形和布局文件（layout files）。

（4）通知管理器（Notification Manager），使应用程序可以在状态栏中显示自定义的提示信息。

（5）活动管理器（Activity Manager），用来管理应用程序生命周期并提供常用的导航回退功能。

13.2　Android SDK 开发环境

Android SDK 开发环境使用预编译的内核和文件，屏蔽了 Android 软件构架第 3 层及以下的内容，这样开发者可以基于 Android 的系统 API 配合进行应用程序层的开发。在 SDK 的开发环境中，可以使用 Eclipse 等作为 IDE 的开发环境。

Android 提供的 SDK 分别对应 Windows 和 Linux 平台，SDK 的目录如下。

（1）add-one：附加的包。

（2）docs：HTML 格式的离线文档。

（3）platforms：包括 SDK 的核心内容。

（4）tools：开发工具包。

Android 的 SDK 还需要 ADT（Abstract Data Type，抽象数据类型）配合使用，ADT 是 Eclipse 集成开发环境中的一个插件，可以扩展 Eclipse 的功能。通过扩展后的 Eclipse 集成开发环境，可以更好地编辑和调试 Android 应用程序。

Windows 环境下的 SDK 需要以下内容的支持：

（1）JDK 1.5 或者 JDK 1.6。

（2）Eclipse 3.4 或者 Eclipse 3.5。

（3）ADT。

（4）Android SDK。

其中，ADT 和 Android SDK 在 Android 的开发者网站下载。

13.3　Android 平台开发环境搭建

要开发 Android 平台开发应用程序，首先必须搭建开发环境。Android 平台的开发同时支持 Windows、Linux 和 Mac OS 系统。本节以 Windows 系统为例介绍如何搭建 Android 平台应用程序开发环境，在 Windows 和 Mac OS 系统上进行 Android 应用程序开发，具体开发环境的搭建可参考 Android 开发官网及 Android 开发文档。

Windows 操作系统下，Android 开发平台的搭建需要 5 个部分的支持，分别是 Java JDK 的安装、Eclipse 的安装、Android SDK 的安装、ADT 的安装和创建 AVD（Android Virtual Device，Android 运行的虚拟设备）。

因为 Android 问世之初制定支持其应用开发的语言为 Java，所以 Android 平台的应用程序的开发需要 Java JDK 的支持。但是需要注意的是，只能使用 JDK 1.5 或者 JDK 1.6 版本。所以在搭建 Android 的开发环境之前，先搭建 Java JDK，同时配置好环境变量。

Eclipse 集成开发环境是 Android 平台在 Windows 操作系统下指定的集成开发工具。

Android SDK 的安装主要是通过在 Android 的开发者网站下载 Windows 操作系统下 Android-sdk_r05-Windows.zip 开发包来帮助完成的。下载完成后,解压到任意路径,然后运行 SDK Setup.exe,单击 Available Packages 按钮。如果没有出现可安装的包,单击 Settings 按钮,选中 Misc 选项中的 Force https://选项,再单击 Available Packages 按钮。同时选择希望安装的 SDK 及其文档或者其他包,单击 Installation Selected、Accept All、Install Accepted 选项,开始安装所选包。完成后,在用户变量中新建 PATH 值为 Android SDK 中的 tools 绝对路径(本机为 D:\AndroidDevelop\Android-sdk-Windows\tools),如图 13.2 所示。

图 13.2　编辑用户变量

安装好 Android SDK 之后,打开 Eclipse IDE,选择菜单命令 Help→Install New Software,单击 Add 按钮,在弹出的对话框中要求设置 Name 和 Location 内容,Name 可由用户自己取,Location 设置为 http://dl-ssl.google.com/Android/eclipse,如图 13.3 所示。

图 13.3　设置 Name 和 Location 内容

确定返回后,在 Work with 下拉列表中选择刚才添加的 ADT,然后可以看到下面出现了 Developer Tools,展开它会出现 Android DDMS 和 Android Development Tool,勾选这两项,如图 13.4 所示。

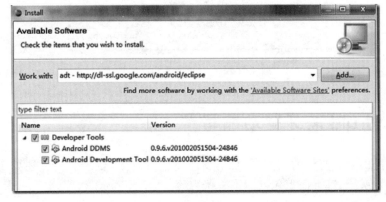

图 13.4　设置选项

接下来,按照提示一步一步设置即可。完成之后,在 Eclipse 的菜单中选择 Window→ Preferences,在左侧面板选择 Android,然后在右侧单击 Browse 并选中 Android SDK 路径,之前已经在 D 盘下安装了 Android SDK,因此设置为 D:\AndroidDevelop\Android-sdk-Windows,然后依次单击 Apply 和 OK 按钮,配置完成,到此,Windows 环境下的 Android 开发环境已经搭建成功。

为使 Android 应用程序可以在模拟器上运行,必须创建 AVD。在 Eclipse 中,选择 Windows→Android SDK and AVD Manager 命令,在对话框中单击左侧面板的 Virtual Devices,在右侧单击 New,设置 Name、Target、SD Card 和 Skin,Hardware 保持默认值,单击 Create AVD 按钮即可完成创建 AVD,如图 13.5 所示。

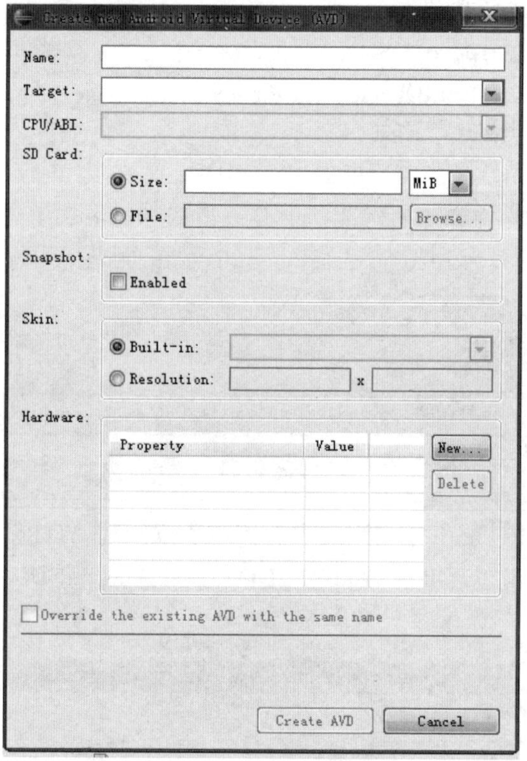

图 13.5 创建 AVD

13.4 Android 蓝牙驱动编写

Android 提供了对蓝牙的支持,但目前功能还比较有限,更多的特性还处于开发阶段。Android 的蓝牙系统,自下而上包括以下一些内容:

(1) Linux 内核的蓝牙驱动程序。

(2) Linux 内核的蓝牙协议层。

（3）BlueZ(蓝牙在用户空间的库)。

（4）Android. bluetooth 包中的各个类(蓝牙框架层)。

（5）蓝牙应用层。

Android 蓝牙部分的结构如图 13.6 所示。

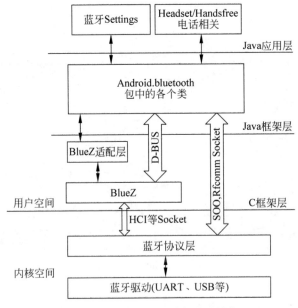

图 13.6　Android 蓝牙部分的结构

Android 所采用的蓝牙库空间是 BlueZ。它是一套 Linux 平台的完整的蓝牙开源协议栈,广泛用在各 Linux 发行版,并被移植到众多移动平台上。BlueZ 通过 D-BUS IPC 机制来提供应用层接口。

D-BUS 是一套应用广泛的进程间通信(IPC)机制,是一个设计目标为应用程序间通信的消息总线系统。它是一个 3 层架构的进程间通信系统,包括函数库 libdbus,用于两个应用程序呼叫联系和交互消息;一个基于 libdbus 构造的消息,总线守护进程可同时与多个应用程序相连,并能把来自一个应用程序的消息分送到 0 或者多个其他程序;一系列基于特定应用程序框架的 Wrapper 库。

BlueZ 的体系结构如图 13.7 所示。BlueZ 的底层协议部分主要实现在内核代码中,一般 Linux 2.6 的内核都已经支持最新的 BlueZ 协议部分的实现。图 13.7 中的下层部分就是 BlueZ 内核部分的实现,其中左侧为各种底层协议的实现,通过各个协议对应的 socket 与上层各个 profile 部分沟通,并通过 HCI(Host Controller Interface,主机控制接口)与蓝牙硬件沟通。Android 的 Headset 等 profile,在 Java 框架层中实现,通过 JNI(Java Native Interface,Java 本地支持接口)操作这些 socket,使底层协议可以传送数据。

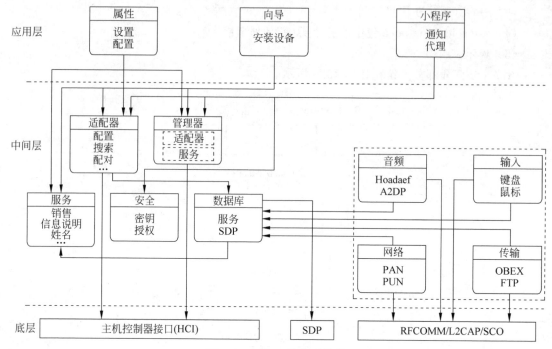

图 13.7　BlueZ 的体系结构

底层协议如下：

（1）HCI：重要的主机控制接口协议，完成与蓝牙硬件的交互。

（2）SDP(Service Discovery Protocol)：服务发现协议，访问其他服务的基础协议。

（3）RFCOMM：串口仿真协议，为上层服务提供接口，是多种服务实现的基础协议。

（4）L2CAP(Logical Link Control and Adaptation Protocol)：逻辑链路控制和适配协议，是 RFCOMM、SDP 等协议的基础。

（5）SCO：同步数据交互协议，为语音等需要同步传送数据的服务提供支持。

图 13.7 中的中间层是 BlueZ 应用层的实现，应用层左侧是基于 HCI 的具体功能实现，BlueZ 在这里提供多个支持设备管理、服务注册等相关操作的类。

（1）Adapter(适配器)：一个 Adapter 对应一个蓝牙设备，管理设备相关信息。

（2）Manager(管理器)：管理主机上的蓝牙设备和服务列表。

（3）Service(服务)：服务相关模块。

（4）Database(数据库)：管理组织服务列表等信息。

应用层右侧是各种服务，包括 Audio(语音服务)、Network(网络服务)等。在 Android 系统中，蓝牙协议栈体系结构如图 13.8 所示。

底层硬件模块由 LMP(Link ManagerProtocol，链路管理协议)、BB(Base Band，基带)、RF(Radio Frequency，射频)组成。射频(RF)通过 2.4GHz 的 ISM 频段实现数据流的过滤和传输。基带(BB)提供两种不同的物理链路，即 SCO(Synchronous Connection Oriented,

同步面向连接链路)和 ACL(Asynchronous Connection Less,异步无连接链路),负责跳频和蓝牙数据及信息帧的传输,且对所有类型的数据包提供不同层次的 FEC(Frequency Error Correction Sepectocol,向前纠错码)或 CRC(Cyclic Redundancy Check,循环冗余度差错校验)。链路管理协议(LMP)负责两个或多个设备链路的建立和拆除,以及链路的安全和控制,如鉴权和加密、控制和协商基带包的大小等,它为上层软件模块提供了不同的访问入口。主机控制器接口(HCI)是蓝牙协议中软、硬件之间的接口,提供了一个调用下层 BB、LMP、状态和控制寄存器等硬件的统一命令,上、下两个模块接口之间的消息和数据的传递必须通过 HCI 的解释才能进行。

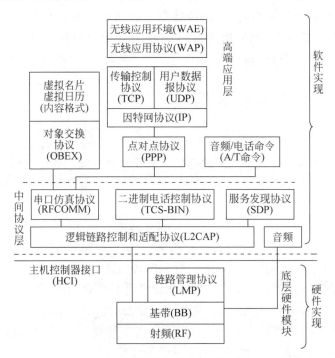

图 13.8　蓝牙协议栈体系结构

中间协议层由逻辑链路控制和适配协议(L2CAP)、服务发现协议(SDP)、串口仿真协议(RFCOMM)或称线缆替换协议和二进制电话控制协议(TCS-BIN)组成。L2CAP 位于基带(BB)之上,向上层提供面向连接的和无连接的数据服务,它主要完成数据的拆装、服务质量控制、协议的复用、分组的分割和重组及组提取等功能。SDP 是一个基于客户—服务器结构的协议,它工作在 L2CAP 层之上,为上层应用程序提供一种机制来发现可用的服务及其属性,服务的属性包括服务的类型及该服务所需的机制或协议信息。RFCOMM 是一个仿真有线链路的无线数据仿真协议,符合 ETSI 标准的 TS07.10 串口仿真协议,它在蓝牙基带上仿真 RS-232 的控制和数据信号,为原先使用串行连接的上层业务提供传送能力。TCS(Telephony Control protocol Spectocol,电话控制协议)定义了用于蓝牙设备之间建立语音和数据呼叫的控制信令(Call Control Signalling),并负责处理蓝牙设备组的移动管理过程。

高端应用层由 PPP(Point-to-Point Protocol,点对点协议)、传输控制协议/因特网协议(TCP/IP)、UDP(User Datagram Protocol,用户数据报协议)、OBEX(Object Exchange Protocol,对象交换协议)、WAP(Wireless Application Protocol,无线应用协议)、WAE(Wireless Application Environment,无线应用环境)组成。PPP 定义了串行点对点链路应当如何传输因特网协议数据,主要用于 LAN 接入、拨号网络及传真等应用规范。TCP/IP、UDP 定义了因特网与网络相关的通信及其他类型计算机设备和外围设备之间的通信。OBEX 支持设备间的数据交换,采用客户—服务器模式提供与 HTTP(Hyper Text Transfer Protocol,超文本传输协议)相同的基本功能,可用于交换的电子商务卡、个人日程表、消息和便条等格式。WAP 用于在数字蜂窝电话和其他小型无线设备上实现因特网业务,支持移动电话浏览网页、收取电子邮件和其他基于因特网的协议。WAE 提供用于WAP 电话和个人数字助理(Personal Digital Assistant,PDA)所需的各种应用软件。

13.5 Android 平台蓝牙编程

Android 平台支持蓝牙网络协议栈,实现蓝牙设备之间数据的无线传输。Android 平台提供蓝牙 API 来实现蓝牙设备之间的通信。蓝牙设备之间的通信主要包括 3 个步骤:设置蓝牙设备、找寻局域网内可能或者匹配的设备、连接设备和设备之间的数据传输。以下是建立蓝牙连接所需的一些基本类。

(1) BluetoothAdapter 类:代表一个本地蓝牙适配器。它是所有蓝牙交互的入口,利用这个类可以发现其他的蓝牙设备,查询绑定的设备,使用已知的 MAC 地址实例化一个蓝牙设备和建立一个 BluetoothServerSocket 监听来自其他设备的连接。

(2) BluetoothDevice 类:代表了一个远端的蓝牙设备,使用它请求远端蓝牙设备连接或者获取远端蓝牙设备的名称、地址、种类和绑定状态(其信息封装在 BluetoothSocket 中)。

(3) BluetoothSocket 类:代表了一个蓝牙套接字的接口(类似于 tcp 中的套接字),是应用程序通过输入/输出流与其他蓝牙设备通信的连接点。

(4) BlueboothServerSocket 类:代表打开服务连接来监听可能到来的连接请求(属于服务器端)。为了连接两个蓝牙设备,必须有一个设备作为服务器打开一个服务套接字。当远端设备发起连接请求,并且已经连接上,BlueboothServerSocket 类将会返回一个BluetoothSocket。

(5) BluetoothClass 类:描述了一个蓝牙设备的一般特点和能力。它的只读属性集定义了设备的主、次设备类和一些相关服务。然而,它并没有准确地描述所有该设备所支持的蓝牙文件和服务,而是作为对设备种类的一个小小暗示。

具体的编程实现如下。

首先,必须保证设备支持蓝牙,保证蓝牙可用。可以采用两种方法:一种是在系统设置中开启蓝牙;另一种是在应用程序中启动蓝牙。本设计采用第二种方法。通过调用静态方法 getDefaultAdapter()获取蓝牙适配器 BluetoothAdapter,以后就可以使用该对象了。如

果返回值为空,则说明设备不支持蓝牙。获取蓝牙适配器的代码如下:

```
BluetoothAdapter mBluetoothAdapter = BluetoothAdapter.getDefaultAdapter();
if (mBluetoothAdapter == null) {
// 设备不支持蓝牙
}
```

其次,调用 isEnabled()来查询当前蓝牙设备的状态。如果返回值为 false,则表示蓝牙设备没有开启,然后需要封装一个 ACTION_REQUEST_ENABLE 请求到 Intent 里面,调用 startActivityForResult()方法使能蓝牙设备,代码如下:

```
if (!mBluetoothAdapter.isEnabled()) {
Intent enableBtIntent = new Intent(BluetoothAdapter.ACTION_REQUEST_ENABLE);
startActivityForResult(enableBtIntent, REQUEST_ENABLE_BT);
}
```

蓝牙设备开启之后,使用 BluetoothAdapter 类提供的方法,查找远端设备(10m 左右范围内)或者查询已经在手机上绑定或匹配的蓝牙设备。如果发现设备,将返回一些对方设备的信息,如名字、MAC 地址等,利用这些信息,可以向对方初始化一个连接。第一次连接时会发送一个配对请求给要连接的设备。当设备配对成功之后,该设备的一些基本信息,如名字和 MAC 等将被保存起来,同时可以使用蓝牙的 API 来读取。如果知道对方的 MAC 地址,可以直接对远端的蓝牙设备发起连接请求。

匹配好的设备和连接上的设备是有区别的:匹配好只是说明双方拥有一个共同的识别码,并且可以连接;连接上表示当前设备共享一个 RFCOMM 信道,并且两者之间可以交换数据。也就是说,蓝牙设备在建立 RFCOMM 信道之前,必须是已经配对好的。

习题

1. Android 操作系统框架是怎样的?
2. 该如何在 Android 上编写驱动程序?

第 14 章

Windows CE 操作系统

Windows CE 是微软公司嵌入式、移动计算平台的基础,它是一个开放的、可升级的 32 位嵌入式操作系统,是基于掌上电脑的电子设备操作系统,是精简的 Windows 95。Windows CE 的图形用户界面相当出色。

Windows CE 操作系统是 Windows 家族中最新的成员。这样的操作系统可使完整的可携式技术与现有的 Windows 桌面技术整合工作。Windows CE 被设计成针对小型设备(典型的拥有有限内存的无磁盘系统)的通用操作系统。

Windows CE 可以通过设计一层位于内核和硬件之间的代码来设定硬件平台,这就是众所周知的 HAL(Hardware Abstract Layer,硬件抽象层)

Windows CE 是有优先级的多任务操作系统,它允许多重功能、进程在相同时间系统中运行,Windows CE 支持最大的 32 位同步进程。一个进程包括一个或多个线程,每个线程代表进程的一个独立部分,一个线程被指定为进程的基本线程,进程也能创造一个未定数目的额外线程,额外线程实际数目仅由可利用的系统资源限定。

Windows CE 利用基于优先级的时间片演算法安排线程的执行。Windows CE 支持 8 个不同的优先级(见表 14.1),优先级由 0～7,0 代表最高级,优先级在头文件 Winbasw.h 中定义。

表 14.1 Windows CE 支持的优先级

优先级	描 述
0	关键进程所使用的优先级,是最高级别,相当于 Windows 中的 Ring0
1	最高线程优先级,比 0 级优先级低
2	高于通常线程优先级,常被较底层的进程所使用
3	通常线程优先级,比较基础
4	低于常规线程优先级,有时会被后台线程用到
5	最低线程优先级
6	高于 IDLE 的线程优先级
7	最低级别的线程优先级

级别 0 和 1 通常作为实时过程和设备驱动器;级别 2～4 作为线程和通常功能;级别 5～7 低于其他功能级别,级别 6 是目前状态并有稳定连接。

类似于 Windows,拥有高级优先权的线程安排优先运行,而同一优先级的线程会以循环优先级方式运行,即每个线程接受定制的时间或时间片,定量时间默认值为 25ms(Windows CE 2.0 支持在 MIPS 平台更改定量时间)。较低优先权的线程要直到较高级线程完成之后再运行,即直到它们放弃或停止。一个重要的例外是最高优先级的线程(级别0)不与其他的线程共享时间片,这些线程连续执行直到它们完成。不像其他的 Windows 操作系统,Windows CE 是固定的,不能改变。它不匹配基于引进优先级的中断,它们能够暂时改动,但仅能通过 Windows CE 内核以避免所谓的"优先权倒置"。

1. 线程同步

实时系统必须保证进程和线程同步。例如,如果实时应用的一部分在另一部分获得最多当前数据前即完成,那么此应用的管理进程可能不稳定,同步将确保在应用线程间交换正确。

如同其他的 Windows 操作系统一样,Windows CE 为线程同步提供了丰富的"等待对象",包括关键部分、事件请求和互斥体,这些等待对象允许一个线程减缓它的运行并且等待直到指定事件发生。

Windows CE 将互斥体、关键部分和事件请求按"先入先出(FIFO)"顺序排列。不同的先入先出顺序序列定义成 8 个不同的优先级,在给定的优先级的线程请求将被放在优先级列表末尾,当优先级倒置出现时,调度程序调整这些序列。

除了等待对象,Windows CE 支持标准的 Win 32 时间 API 函数,这些是来自内核的应用,软件中断将获得时间间隔,它被用来管理实时应用。通过调用 GetTickCont 函数,它能够返回几毫秒,线程能够使用系统间隔时间。Windows CE 内核也支持 Win 32 API 函数 QueryPerformanceCounter 和 QueryPerformanceFrequency。OEM 必须为这些调用提供硬件和软件支持。

2. 中断处理

Windows CE 的中断处理机制基于 IRQs(Interrupt Requests,中断请求)、ISRs(Interrupt Service Routines,中断服务程序)和 ISTs(Interrupt Service Threads,中断服务线程)。实时应用被设立在指定的时间间隔内,对外部事件做出反应,实时应用使用中断作为一种确保外部事件由操作系统获知的方式。在 Windows 中,内核和 OEM 适应层(OAL)被设定成使系统其他部分的中断和调度最优化。Windows CE 平衡操作,并通过把中断过程分成两部分使执行更加容易,它分为中断服务程序(ISR)和中断服务线程(IST)两部分。

每条硬件中断申请线(IRQ)与一个 ISR 相连。当中断成立和中断出现时,内核为此调用寄存的 ISR,ISR 为中断处理的内核模式部分应尽可能短时间地保存。它首先将内核放在适合的 IST 上。

ISR 执行它的最小处理并返回一个 ID 号到内核,内核检查返回的中断 ID 号,并设置相关事件,中断服务线程等待事件。当内核设置事件时,IST 停止等待并开始执行附加的中断进程。中断处理大部分实际上出现在 IST 中,两个最高的线程优先权(级别 0 和 1)通常指定为 ISTS,以保证这些线程运行得足够快。

正如前面所说,处在最高级的 ISTS 不能被其他的线程占用,这些线程持续执行,直到它们截止或放弃。

Windows CE 不能支持群体中断,这就意味着在一个中断处理中,另一个不能接受服务,也就是当内核位于 ISR 时,如果中断出现,在为新的 IRQ 开始 ISR 前,它将一直执行,直到 ISR 结束,这将引起硬件中断和 ISR 开始之间的延迟。

14.1 内核与驱动

系统调用是操作系统内核和应用程序之间的接口,设备驱动程序是操作系统内核和计算机硬件之间的接口。设备驱动程序为应用程序屏蔽了硬件细节。在应用程序看来,硬件只是一个设备文件,应用程序可以像操作普通文件一样对硬件设备进行操作。

设备驱动程序完成以下功能:对设备初始化和释放;把数据从内核传送到硬件和从硬件读取数据;读取应用程序传送给设备文件的数据和回送应用程序请求的数据;检测和处理设备出现的错误。

应用程序运行在用户模式(非特权模式,Ring 3),代码被严格约束执行,如不能执行硬件 I/O 指令。所有的这些被阻止的操作如果想运行,必须通过陷阱门来请求操作系统内核。

操作系统内核运行在内核模式(特权模式,Ring 0),可以执行所有有效的 CPU 指令,包括 I/O 操作,可访问任何内存区。

整个硬件系统资源在驱动程序面前是赤裸裸的,驱动程序可以使用所有系统资源。编写驱动程序时必须格外小心驱动代码的边界条件,确保它们不会损坏整个操作系统。

14.2 Windows CE 系统驱动简介

Windows CE 毕竟是一个嵌入式系统,有其自身的特殊性,为了提高运行效率,所有驱动皆为动态链接库,驱动实现中可以调用所有标准的 API。而在其他 Windows 系统中可能的驱动文件还有.vxd、.sys 和动态链接库。

Windows CE 驱动从结构上分为本地驱动(Native Driver)和流接口驱动(Stream Driver)。本地驱动主要用于低级、内置的设备。实现它们的接口并不统一,而是针对不同类型的设备相应设计。因此开发过程相对复杂,没有固定的模式,一般做法是通过移植、定制现有的驱动样例来实现。流接口驱动是最基本的一种驱动结构,它的接口是一组固定的流接口函数,具有很高的通用性,Windows CE 的所有驱动程序都可以通过这种方式来实现。流接口驱动程序通过文件系统调用从设备管理器和应用程序接收命令。该驱动程序封装了将这些命令转换为它所控制的设备上的适当操作所需的全部信息。

流接口驱动是动态链接库,由一个名为设备管理程序的特殊应用程序加载、管理和卸载。与本地驱动程序相比,所有流接口驱动程序使用同一组接口函数集,包括:

（1）实现函数：XXX_Init、XXX_Deinit、XXX_Open、XXX_Close、XXX_Read、XXX_Write、XXX_PowerUp、XXX_PowerDown、XXX_Seek、XXX_IOControl，这些函数与硬件打交道。

（2）用户函数：CreateFile、DeviceIoControl、ReadFile、WriteFile，这些函数方便用户使用驱动程序。

1．Windows CE下驱动的加载方式

（1）通过GWES（Graphics Windowing and Events Subsystem）：主要加载与显示和输入有关的驱动，如鼠标、键盘驱动等。这些驱动一般为本地驱动。

（2）通过设备管理器：两种结构的驱动都可加载，加载的本地驱动主要有PCMCIA Host Controller、USB Host Controller驱动，主要是总线类的驱动；流接口驱动主要有音频驱动、串并口驱动。

（3）动态加载：前两者都是系统启动时加载的，动态加载则允许设备挂载上系统时将驱动调入内核，主要有外接板卡驱动、USB设备驱动等。

2．流接口驱动函数介绍

（1）DWORD XXX_Init(LPCTSTR pContext,LPCVOID lpvBusContext)。

pContext：指向一个字符串，包含注册表中该流接口活动键值的路径。

该函数是驱动挂载后第一个被执行的，主要负责完成对设备的初始化操作和驱动的安全性检查。由ActiveDeviceEx通过设备管理器调用。其返回值一般是一个数据结构指针，作为函数参数传递给其他流接口函数。

（2）BOOL XXX_Deinit(DWORD hDeviceContext)。

hDeviceContext：XXX_Init的返回值。

该函数在整个驱动中最后执行，用来停止和卸载设备。由DeactivateDevice触发设备管理器调用，如果成功，则返回TRUE。

（3）DWORD XXX_Open(DWORD hDeviceContext,DWORD AccessCode,DWORD ShareMode)。

hDeviceContext：XXX_Init的返回值。

AccessCode：访问模式标志，读、写或其他。

ShareMode：驱动的共享方式标志。

该函数用于打开设备，为后面的操作初始化数据结构准备相应的资源。应用程序通过CreateFile函数间接调用。返回一个结构指针，用于区分哪个应用程序调用了驱动，这个值还作为参数传递给其他接口函数XXX_Read、XXX_Write、XXX_Seek、XXX_IOControl。

（4）BOOL XXX_Close(DWORD hOpenContext)。

hOpenContext：XXX_Open返回值。

该函数用于关闭设备，释放资源。由CloseHandle函数间接调用。

（5）DWORD XXX_Read(DWORD hOpenContext,LPVOID pBuffer,DWORD Count)。

hOpenContext：XXX_Open返回值。

pBuffer：缓冲区指针，接收数据。

Count：缓冲区长度。

该函数由 ReadFile 函数间接调用，用来读取设备上的数据。返回读取的实际数据字节数。

（6）DWORD XXX_Write(DWORD hOpenContext,LPCVOID pBuffer,DWORD Count)。

hOpenContext：XXX_Open 返回值。

pBuffer：缓冲区指针，接收数据。

Count：缓冲区长度。

该函数由 WriteFile 函数间接调用，把数据写到设备上，返回实际写入的数据数。

（7）BOOL XXX_IOControl（DWORD hOpenContext,DWORD dwCode,PBYTE pBufIn,DWORD dwLenIn,PBYTE pBufOut,DWORD dwLenOut,PDWORD pdwActualOut)。

hOpenContext：XXX_Open 返回值。

dwCode：控制命令字。

pdwActualOut：实际输出数据长度。

该函数用于向设备发送命令，应用程序通过 DeviceIoControl 调用来实现该功能。要调用这个接口，还需要在应用层和驱动之间建立一套相同的命令，通过宏定义 CTL_CODE (DeviceType,Function,Method,Access)来实现。例如：

```
#define IOCTL_INIT_PORTS \
CTL_CODE(FILE_DEVICE_UNKNOWN,0X801,METHOD_BUFFERED,FILE_ANY_ACCESS)
```

（8）void XXX_PowerDown(DWORD hDeviceContext)。

hDeviceContext：XXX_Init 的返回值。

该函数负责设备的上电控制。

（9）void XXX_PowerUp(DWORD hDeviceContext)。

hDeviceContext：XXX_Init 的返回值。

该函数负责设备的断电控制。

（10）DWORD IOC_Seek(DWORD hOpenContext,long Amount,WORD Type)。

hOpenContext：XXX_Open 返回值。

Amount：指针的偏移量。

Type：指针的偏移方式。

该函数用于将设备的数据指针指向特定的位置，应用程序通过 SetFilePointer 函数间接调用。不是所有设备的属性都支持这项功能。

3. 流接口驱动的加载和注册表设置

系统启动设备管理程序，设备管理程序读取 HKEY_LOCAL_MACHINE\Drivers\BuiltIn 键的内容并加载已列出的流接口驱动程序，因此注册表对于驱动的加载有着关键作用。下面是一个例子：

```
【HKEY_LOCAL_MACHINE\Drivers\BuiltIn\SampleDev】
"Prefix" = "XXX"
"Dll" = "drivername.dll"
```

其中,"Prefix"="XXX"中的 XXX 要和 XXX_Init 等函数中的一样。CreateFile 创建的驱动名前缀也必须和它们一致。SampleDev 为任意与其他项目不重名的字符串,是文件名。

4. 驱动程序的编写、编译及其相关目录、配置文件的格式和修改

(1) 首先必须在相应平台的 drivers 目录下建立要创建的驱动所在的目录。例如,在 x:\Wince420\platform\smdk2410\drivers 目录下建立一个 IOCtrol 目录(自己起名)。

(2) 修改 drivers 目录下的 dirs 文件。

(3) 创建驱动源文件 XXX.c,在该文件中实现上述流接口函数,并且加入 DLL 入口函数:

```
BOOL DllEntry(HINSTANCE hinstDll, /* @parm Instance pointer. */
DWORD dwReason, /* @parm Reason routine is called. */
LPVOID lpReserved /* @parm system parameter. */
```

(4) 创建 makefile、sources 和.def 文件,控制编译。

(5) 使用 CEC Editor 修改 .cec 文件,编译添加的新特性。

(6) 复制新生成的 4 个文件到 Release 目录下,修改注册表文件 platform. reg 和 platform. bib。

(7) 生成 image。

(8) 下载 image。

14.3　Windows CE 驱动程序实例

在 Windows CE 中,最简单的驱动程序莫过于一个内置(Built-in)设备的流接口驱动。对于一个不支持热插拔的设备,最快捷的方法就是为其实现一个内置的流接口驱动。

对于这样一类驱动程序,只需要按一种特定的规则实现一个动态库,其中实现对所有的硬件功能的调用,再将这个动态库加入系统中,然后设置相关的注册表项,使设备管理器在系统启动时能识别并且加载这个设备即可。

1. 实现动态链接库

此动态链接库与应用程序层所用的库差别不太大,源文件可以是 C 语言、C++,甚至汇编语言,它要实现以下函数。

(1) DllEntry(HINSTANCE DllInstance,INT Reason,LPVOID Reserved)。

这个函数是动态链接库的入口,每个动态链接库都需要输出这个函数,它只在动态库被加载和卸载时被调用,也就是设备管理器调用 LoadLibrary 而引起它被装入内存和调用 UnloadLibrary 将其从内存释放,因而它是每个动态链接库最早被调用的函数,一般用它做一些全局变量的初始化。

参数如下:

DllInstance:DLL 的句柄,与一个 EXE 文件的句柄功能类似,一般可以通过它得到

DLL 中的一些资源,如对话框,除此之外,一般没什么用处。

Reason:一般只关心两个值,即 DLL_PROCESS_ATTACH 与 DLL_PROCESS_DETACH。Reason 等于前者表示动态库被加载,等于后者表示动态库被释放。所以,可以在 Reason 等于前者时初始化一些资源,等于后者时将其释放。

(2) DWORD XXX_Init(LPCTSTR pContext,LPCVOID lpvBusContext)。

它是驱动程序的动态库被成功装载以后第一个被调用的函数。其调用时间仅次于DllEntry;而且当一个库用来生成多于一个的驱动程序实例时,仅调用一次 DllEntry,而XXX_Init 会被调用多次。驱动程序应当在这个函数中初始化硬件,如果初始化成功,则分配一个自己的内存空间(通常用结构体表示),将自己的状态保存起来,并且将此内存块的地址作为一个 DWORD 值返回给上层。设备管理器就会在调用 XXX_Open 时将此句柄传回,就能访问自己的状态。如果初始化失败,则返回 0,以通知这个驱动程序没有成功加载,先前所分配的系统资源应该全部释放,此程序的生命即告终结。

当这个函数成功返回时,设备管理器对这个程序就不做进一步处理,除非它设置了更多的特性。至此一个名为 XXX 的设备就已经加载成功。当用户程序调用 CreateFile 来打开这个设备时,设备管理器就会调用 XXX_Open 函数。

参数如下:

pContext:系统传入的注册表键,通过它可以得到在注册表中设置的配置信息。

lpvBusContext:一般不用,在这里不做讲解。

实际上,很多程序中将这个函数写成了 DWORD XXX_Init(DWORD pContext),只需要将 pContext 转化成 LPCTSTR 即可。

(3) DWORD XXX_Open(DWORD hDeviceContext,DWORD dwAccess,DWORD dwShareMode)。

当用户程序调用 CreateFile 打开这个设备时,设备管理器就会调用此驱动程序的 XXX_Open 函数。

参数如下:

hDeviceContext:XXX_Init 返回给上层的值,也就是在 XXX_Init 中分配的用来记录驱动程序信息的那个结构体的指针,可以在这个函数中直接将其转化成所定义的结构,从而获取驱动程序的信息。

dwAccess:上层所要求的访问方式可以是读或者写;或者是 0,既不读也不写。

dwShareMode:上层程序所请求的共享模式,可以是共享读、共享写这两个值的逻辑或;或者是 0,即独占式访问。

系统层对设备文件的存取权限及共享方法已经做了处理,所以在驱动程序中对这两个参数一般可以不用理会。

这个函数一般不用做太多处理,可以直接返回 hDeviceContext 表示成功。对于一个不支持多个用户的硬件,在设备已经打开后,应该总是返回 0 以致失败,则 CreateFile 调用不成功。

（4）DWORD XXX_Close（DWORD hDeviceContext）。

当用户程序调用 CloseHandle 关闭这个设备句柄时，这个函数就会被设备管理器调用。参数如下：

hDeviceContext：为 XXX_Open 返回给上层的那个值。

这个函数做与 XXX_Open 相反的事情，具体包括释放 XXX_Open 分配的内存，将驱动程序被打开的计数减少等。

（5）DWORD XXX_Deinit（DWORD hDeviceContext）。

这个函数在设备被卸载时调用，它应该实现与 XXX_Init 相反的操作，主要为释放前者占用的所有系统资源。

参数如下：

hDeviceContext：XXX_Init 函数返回给上层的那个句柄。

（6）void XXX_PowerUp（DWORD hDeviceContext）。

（7）void XXX_PowerDown（DWORD hDeviceContext）。

正如其名称中体现的那样，这两个函数在系统 PowerUp 与 PowerDown 时被调用，这两个函数中不能使用任何可能引起线程切换的函数，否则会引起系统死机。所以，在这两个函数中，实际上几乎是什么都做不了，一般在 Power Down 时做一个标记，让驱动程序知道自己曾经被 Power Down 过。在 Power Down/On 的过程中，硬件可能会掉电，所以，在 Power On 以后，原来的 I/O 操作仍然会接着执行，但可能会失败。如果发现一次 I/O 操作失败，是因为程序曾经进入过 Power Down 状态，就重新初始化一次硬件，再做同样的 I/O 操作。

（8）BOOL XXX_IOControl（

　　　　　　　　　DWORD hDeviceContext，

　　　　　　　　　DWORD dwCode，

　　　　　　　　　PBYTE pBufIn，

　　　　　　　　　DWORD dwLenIn，

　　　　　　　　　PBYTE pBufOut，

　　　　　　　　　DWORD dwLenOut，

　　　　　　　　　PDWORD pdwActualOut

　　　　　　　　　）。

几乎可以说一个驱动程序的所有功能都可以在这个函数中实现。对于一类 Windows CE 自身已经支持的设备，它们已经被定义了一套 I/O 操作，只需要按照各类设备已经定义的内容去实现所有的 I/O 操作。但当实现一个自定义的设备时，就可以随心所欲地定义自己的 I/O 操作。

参数如下：

hDeviceContext：XXX_Open 返回给上层的那个句柄，即自己定义的用来存放程序所有信息的一个结构。

dwCode：I/O 操作码，如果是 Windows CE 已经支持的设备类，就用它已经定义好的码值,否则就可以自己定义。

pBufIn:传入的 Buffer,每个 I/O 操作码都会定义自己的 Buffer 结构。

dwLenIn:pBufIn 以字节计的大小。

pBufOut 和 dwLenOut:分别为传出的 Buffer 及其以字节计的大小。

pdwActualOut:驱动程序实际在 pBufOut 中填入的数据以字节计的大小。

其中,前两个参数是必要的,其他的任何一个都有可能是 NULL 或 0。

所以,当给 pdwActualOut 赋值时,应该先判断它是否为一个有效的地址。

2. 设置注册表

(1) 在注册表中添加如下项目(一般放在 Platform.reg 中):

```
[HKEY_LOCAL_MACHINE\Drivers\BuiltIn\SampleDev]
    "Prefix" = "XXX"
    "Dll" = "MyDev.Dll"
    "Order" = dword:1
```

(2) 在 BIB 文件中添加如下项目,将所用到的文件加入 BIN 文件(一般放在 Platform. bib 中)。

```
MyDev.dll    $(_FLATRELEASEDIR)\MyDev.dll    NK  SH
```

注意:

(1) SampleDev 为任意与其他项目不重名的字符串。

(2) 每个函数名的前缀 XXX 可以是任意大写的字符串,只要保证与注册表中 Prefix 后面的值相同即可。

3. 编译程序

现在读者已经知道了需要实现哪些东西,一定想知道如何去实现它们。一个最直接的方法就是在 platform/BSP/drivers 下新建一个目录,然后在 drivers 目录中的 dirs 文件中加入新建的目录名。

在刚新建的目录下,新建 C 语言源代码文件,在其中实现上面所述的函数及其功能。新建名称分别为 sources、makefile、mydev. def 的文件。其内容如下。

(1) makefile 文件只需要这样一行代码:

```
!INCLUDE $(_MAKEENVROOT)\makefile.def
```

(2) mydev. def 文件定义需要输出的函数,这些函数能够被其他代码用动态加载的方法调用。

格式如下:

```
LIBRARY    MyDev(这个字符串要和将要生成的动态库的文件名一样)

EXPORTS
    XXX_Init
```

```
XXX_Deinit
XXX_Open
XXX_Close
XXX_PowerOff
XXX_Power_Down
XXX_IOControl
```

（3）sources 文件很重要，内容也多，最基本的一个文件应有如下内容：

```
TARGETNAME = MyDev(指定要生成的动态库的名称)
TARGETTYPE = DYNLINK(指定要生成的是一个动态库)
(下面两项指定需要与哪些动态库链接，一般要第一项就足够了)
TARGETLIBS = $(_COMMONSDKROOT)\lib\ $(_CPUINDPATH)\coredll.lib
SOURCELIBS = $(_COMMONOAKROOT)\lib\ $(_CPUINDPATH)\ceddk.lib \
DEFFILE = MyDev.def(指定.def 文件)
DLLENTRY = DllEntry(指定动态库的入口函数)
SOURCES = (在这里写上所有源文件的名字，它们将会被编译)
```

4．用一个 Project 文件来编译驱动程序库文件

如果用 Windows CE 5.0，那么用一个 Project 文件来构造一个驱动程序将是一个不错的选择，即在新建一个 Project 文件时设置其类型为 DLL，其他设置根据提示操作即可，并且可以将注册表放在 Project 文件所在文件夹。

如果编译通过，那么一个 Windows CE 的驱动就编写好了。如果需要进一步确认每个驱动的步骤都正确，那么可以对编译好的驱动进行调试。

5．基本调试方法

一般驱动程序可以用 Debug 版调试，也可以用输出调试信息的方法。一般用这两个函数输出调试信息：RETAILMSG 和 DEBUGMSG。后者只能在 Debug 版中输出；而前者在 Release 和 Debug 版中都可以输出，而且可以在系统运行时根据 Debug Zone 选择让 DEBUGMSG 输出哪些调试信息。

驱动程序的调试一般可以分为以下几步：

（1）看驱动程序的 DllEntry 是否被调用。如果这个函数被调用，则说明驱动程序的文件已经在 Windows CE 的 image 中，而且与注册表中设置的文件名相同。

（2）看 Init 函数是否被调用。如果它被调用，则说明注册表设置正确。如果它没有被调用，一般是因为注册表中的 Prefix 设置与 Init 函数前面那三个字符不相同，或者.def 文件中没有定义 Init 函数。如果这个函数能够被调用，但驱动程序还是不能正确加载，则应该详细检查代码。

习题

1．WindowsCE 上的驱动该如何编写？

2．WindowsCE 与 Windows 的关系如何？